"十三五"江苏省高等学校重点教材（2017-2-135）

智能制造技术基础

主　编　葛英飞
副主编　邱胜海　李光荣
参　编　贾晓林　贾丙辉　程　科

机械工业出版社

本教材是"十三五"江苏省高等学校重点教材（2017-2-135），全书共七章，内容包括：智能制造技术概述、智能设计技术、智能加工技术、加工过程的智能监测与控制、智能制造系统、智能制造装备、人工智能。

本教材基于二十大报告中关于"深入实施人才强国战略""坚持尊重劳动、尊重知识、尊重人才、尊重创造"的要求，在详细讲授基础理论知识的同时融入探索性实践内容，以增强学生的自信心和创造力，即用学科理论知识促进学生活跃思维、敢于创新，尽可能地将新思路在实践中进行创造性的转化，推动科学技术实现创新性发展。

本教材内容适当，适合作为机械类（机械设计制造及自动化、机械电子、机械工程、智能制造等）专业课程或品牌专业核心课程的教材，也可作为研究生的专业课程教材或相关工程技术人员的参考资料。

图书在版编目（CIP）数据

智能制造技术基础/葛英飞主编. —北京：机械工业出版社，2019.9
（2025.1 重印）
"十三五"江苏省高等学校重点教材
ISBN 978-7-111-63353-2

Ⅰ. ①智⋯ Ⅱ. ①葛⋯ Ⅲ. ①智能制造系统-高等学校-教材
Ⅳ. ①TH166

中国版本图书馆 CIP 数据核字（2019）第 165604 号

机械工业出版社（北京市百万庄大街 22 号　邮政编码 100037）
策划编辑：余　皞　责任编辑：余　皞　张亚捷
责任校对：陈　越　封面设计：张　静
责任印制：单爱军
保定市中画美凯印刷有限公司印刷
2025 年 1 月第 1 版第 13 次印刷
184mm×260mm · 17.75 印张 · 437 千字
标准书号：ISBN 978-7-111-63353-2
定价：55.80 元

电话服务　　　　　　　　　网络服务
客服电话：010-88361066　　机 工 官 网：www.cmpbook.com
　　　　　010-88379833　　机 工 官 博：weibo.com/cmp1952
　　　　　010-68326294　　金 书 网：www.golden-book.com
封底无防伪标均为盗版　机工教育服务网：www.cmpedu.com

前　言

制造业是国民经济的基础和产业主体，是经济增长的引擎和重要保证，也是国民经济和综合国力的重要体现。尤其对人口众多的我国而言，吸纳劳动力最多的制造业是我国的立国之本、兴国之器、强国之基。改革开放以来所取得的辉煌成绩，充分体现了制造业对国民经济、社会进步及人民富裕起到的关键作用。制造业所依靠的制造技术发展至今，智能化是其重要标志。智能制造技术是当前世界各国，特别是发达国家的研究和发展重点。为适应工业化进入后期阶段的发展特征，应对新科技革命和产业变革的挑战，近年来，我国中央政府、地方政府和企业都制定、实施了一系列促进智能制造技术和智能制造产业发展的战略、政策和具体措施，以推动智能制造的发展和普及。2015 年我国发布了《中国制造 2025》，指出今后将着力推动 3D 打印、云计算、移动互联网、生物工程、新能源、新材料等领域的突破和创新。智能制造正在引领中国制造方式的变革，我国制造业转型升级、创新发展迎来重大机遇。2017 年世界智能制造大会在南京成功举办，标志着我国在智能制造技术方面取得了举世瞩目的成绩。制造技术的飞速发展使得社会对掌握相关技能人才的需求剧增，同时对高水平教材的需求也非常迫切。因此，本教材的编写较好地切合了时代和社会背景，顺应了社会对相关专业人才培养的要求。

在现有的智能制造技术教材中，主要偏重智能制造技术在工程实际中的具体应用，专业性较强而基础性不足。本教材编写组从 2017 年 10 月教材立项〔"十三五"江苏省高等学校重点教材（2017-2-135）〕以来，开展了一年多的编写工作。在参考了若干同类教材和大量国内外相关文献的基础上，对编写大纲和主要内容做了充分研究和规划。本教材的特色是着重对智能制造技术的出现、兴起、发展、概念形成、关键技术、应用和发展趋势进行了较为全面而深入浅出的讲解，与其他同类教材相比，本教材更偏重各种与智能制造技术有关的背景、概念、术语、关键基础技术、应用及其典型案例的阐述。本书各章节及其主要内容如下：

第 1 章　智能制造技术概述，主要阐述智能制造技术的产生、兴起、发展以及智能制造技术的概念、内涵和特征，并对智能制造技术体系及关键技术进行了综述，最后对智能制造技术的发展趋势进行了总结。

第 2 章　智能设计技术，主要对智能设计的产生与发展、智能设计与决策、智能设计系统、智能设计方法等基础概念和知识进行了综述。

第 3 章　智能加工技术，主要对智能制造过程中各种基础关键技术及其典型应用、制造加工过程中的智能预测、智能制造数据库及其建模、智能制造专家系统设计等重要和基础内容进行了阐述。

第 4 章　加工过程的智能监测与控制，主要对智能监测与控制的主要内容、各种智能监测技术及其具体应用、加工过程的智能诊断、机床加工精度的控制等进行了综述。

第 5 章　智能制造系统，重点对智能制造系统的特征与体系架构、智能制造系统调度控制、智能制造系统供应链管理、智能管理与服务等内容进行了阐述。

第 6 章　智能制造装备，主要对智能数控机床、工业机器人、3D 打印装备、智能生产线与智能工厂等内容进行了综述。

第 7 章　人工智能，主要对人工智能的定义和发展、知识表示方法、确定性推理、状态空间搜索、专家系统、机器学习、人工神经网络等进行了阐述。

参加本教材编写的人员有：葛英飞（第 1、3、7 章）、李光荣（第 2、3 章）、邱胜海（第 3、5、7 章）、贾丙辉（第 4 章）、贾晓林（第 6 章）、程科（第 7 章）。本教材由葛英飞任主编并负责统稿，邱胜海、李光荣任副主编。

由于编者水平有限，书中难免存在不足和错误，恳请广大读者批评指正。

编　者

目 录

第1章

智能制造技术概述

1.1 智能制造技术的发展、内涵和特征

1.1.1 智能制造概念的产生、兴起和发展

制造业是国民经济的基础和产业主体，是经济增长的引擎和重要保证，也是国民经济和综合国力的重要体现。尤其对人口众多的我国而言，吸纳劳动力最多的制造业是我国的立国之本、兴国之器、强国之基。改革开放以来所取得的辉煌成绩，充分体现了制造业对国民经济、社会进步及人民富裕起到的关键作用。

客户需求变化、全球市场竞争和社会可持续发展的需求使得制造环境发生了根本性转变。如图 1-1 所示，制造系统的追求目标从 20 世纪 60 年代的大规模生产、70 年代的低成本制造、80 年代的产品质量、90 年代的市场响应速度、21 世纪的知识和服务，到如今以德国"工业 4.0"而兴起的泛在感知和深入智能化。信息技术、网络技术、管理技术和其他相关技术的发展有力地推动了制造系统追求目标的实现，生产过程从手工化、机械化、刚性化逐步过渡到柔性化、服务化、智能化。制造业已从传统的劳动和装备密集型，逐渐向信息、知识和服务密集型转变，新的工业革命即将到来（见图 1-2）。

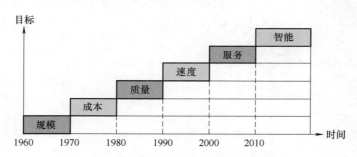

图 1-1　不同阶段制造系统的追求目标

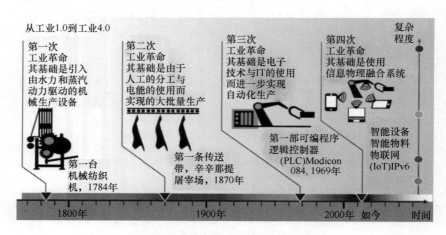

图 1-2　制造技术的发展与四次工业革命

　　目前，全球制造业孕育着制造技术体系、制造模式、产业形态和价值链的巨大变革，延续性特别是颠覆性技术的创新层出不穷。云计算、大数据、物联网、移动互联网等新一代信息技术开始大爆发，从而开启了全新的智慧时代。机器人、数字化制造、3D 打印等技术的重大突破正在重构制造业技术体系。云制造、网络众包、异地协同设计、大规模个性化定制、精准供应链、电子商务等网络协同制造模式正在重塑产业价值链体系。随着制造业飞速发展，机械产品的市场竞争越来越激烈，从而给制造企业提出了越来越高的要求，产品制造过程的国际分工也发生了深刻的变化，如图 1-3 所示。

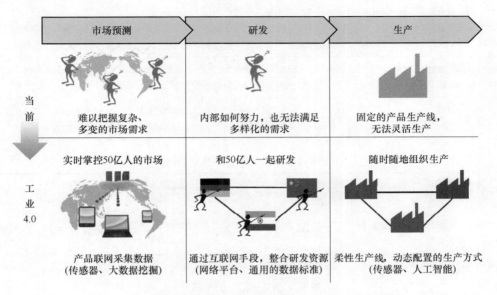

图 1-3　产品制造过程国际分工的变化

　　当前，信息技术、新能源、新材料、生物技术等重要领域和前沿方向的革命性突破和交叉融合，正在引发新一轮产业变革。英国学者保罗·麦里基在《制造业和创新：第三次工业革命》中认为，新一轮工业革命的核心是以机器人、3D 打印机和新材料等为代表的智能制造业。这一轮产业革命本质可概括为"一主多翼"："一主"就是信息技术和生产服务领域的深度融合，出现数字化、网络化和智能化生产；所谓"多翼"是包括新能源、生物技术及新材料等新的发展领域。当前及今后一段时间最重要的表现形式还是"一主"，"多翼"的主要影响则在其后。因此，计算机及其衍生的信息通信和智能技术革命是本轮工业革命的标志或原因。装备制造业、研发部门及其生产性服务业作为新一轮工业革命主导产业，凸显了制造业"智能化"革命的重要性，这些部门的核心工作就是使整个国民经济系统智能化，因此智能化将成为新一轮工业革命的本质内容之一。

　　2008 年国际金融危机之后，为了刺激本国经济增长，重新塑造在实体经济领域的竞争力，许多国家都实施了一系列国家战略，见表 1-1。中、美、德、日都将先进制造业特别是智能制造视为 21 世纪的制造技术和尖端科学，并认为是国际制造业科技竞争的制高点，四国制造业的发展动态见表 1-2。

表 1-1 一些国家对智能制造的政策计划

政策名称	国家	时间	政策目标
"再工业化"计划	美国	2009 年	发展先进制造业，实现制造业的智能化，保持美国制造业价值链上的高端位置和全球控制者地位
"工业 4.0"计划	德国	2013 年	由分布式、组合式的工业制造单元模块，通过组建多组合、智能化的工业制造系统，应对以智能制造为主导的第四次工业革命
"创新 25 战略"计划	日本	2006 年	通过科技和服务创造新价值，以"智能制造系统"作为该计划核心理念，促进日本经济的持续增长，应对全球大竞争时代
"高价值制造"战略	英国	2014 年	应用智能化技术和专业知识，以创造力带来持续增长和高经济价值潜力的产品、生产过程和相关服务，达到重振英国制造业的目标
"新增长动力规划及发展战略"	韩国	2009 年	确定三大领域 17 个产业为发展重点推进数字化工业设计和制造业数字化协作建设，加强对智能制造基础开发的政策支持
"印度制造"计划	印度	2014 年	以基础设施建设、制造业和智慧城市为经济改革战略的三根支柱，通过智能制造技术的广泛应用将印度打造成新的"全球制造中心"

表 1-2 四国制造业的发展动态

国 家	美国	中国	德国	日本
提出时间	2011 年	2014 年	2011 年	2014 年
规划名称	AMP（先进制造业伙伴关系）	中国制造 2025	工业 4.0	机器人新战略
口 号	制造业回流	智能制造	智慧工厂	人机共存
纲 领	强化先进材料、生产技术、先进制程、数据与设计等产业共通基础	发展智能制造设备、新一代移动通信、三网融合、物联网、云计算等战略性产业技术	以物联网为范畴，发展水平整合价值网络、终端对终端流程整合、垂直整合制造网络、工作站基础及 CPS 等技术	未来工厂传感器、控制/驱动系统、云端运算、人工智能等技术发展机器人，且让其相互联网

1. 美国

2008 年金融危机以来，美国为重振本国制造业，密集出台了多项政策文件，对未来的制造业发展进行了重新规划，体现了美国抢占新一轮技术革命领导权，通过发展智能制造重塑国家竞争优势的战略意图。美国 2011 年提出"先进制造业伙伴计划"（Advanced Manufacturing Partnership，AMP），通过规划加强先进制造布局，提高美国国家安全相关行业的制造业水平，保障美国在未来的全球竞争力。2012 年美国推出"先进制造业国家战略计划"（A National Strategic Plan for Advanced Manufacturing，2012），该计划的主要政策包括，为先进制造业提供良好的创新环境，促进先进制造技术规模的迅速扩大和市场渗透，促进公共和私人部门对先进制造技术基础设施进行投资等。在智能制造领域，美国在 2011 年专门成立智能制造领导联盟（Smart Manufacturing Leadership Coalition，SMLC），该联盟发表了《实施 21 世纪智能制造》（Implementing 21st Century Smart Manufacturing，2011）报告。该报告给出了智能制造企业框架，智能制造企业将融合所有方面的制造，从工厂运营到供应链，并且使得对固定资产、过程和资源的虚拟追踪横跨整个产品的生命周期。最终结果将是在一个柔性的、敏捷的、创新的制造环境中，优化性能和效率，并且使业务与制造过程有效串联在一起。2011年6月奥巴马总统宣布启动国家机器人技术计划，并于2013年制定了《从互联网到机器人——美国机器人路线图》，从战略意义、研究路线图、重点发展领域等方面分析了美国制造机器人、医疗保健机器人、服务机器人、空间机器人、国防机器人的发展路线图，推动机器人技术在各领域的广泛应用。2012年，美国通用电气（GE）公司发布了《工业互联网：突破智慧和机器的界限》（Industrial Internet：Pushing the Boundaries of Minds and Machines，2012），正式提出"工业互联网"概念。它倡导将人、数据和机器连接起来，形成开放而全球化的工业网络。工业互联网系统由智能设备、智能系统和智能决策三大核心要素构成，形成数据流、硬件、软件和智能的交互。由智能设备和网络收集的数据存储之后，利用大数据分析工具进行数据分析和可视化，由此产生的"智能信息"可以由决策者在必要时进行实时判断处理，成为大范围工业系统中工业资产优化战略决策过程的一部分。

2. 德国

2008年国际金融危机之后，德国经济在2010年领先欧洲其他发达国家回升，其制造业出口贡献了国家经济增长的2/3，是德国经济恢复的重要力量。德国始终重视制造业发展，并且专注于工业科技产品的创新和对复杂工业过程的管理。2010年，德国发布《高技术战略2020》，着眼于未来科技和全球竞争，并将工业4.0战略作为十大未来项目之一。德国提出的"工业4.0"也是在全球具有广泛影响的战略。2013年4月，德国发表了《保障德国制造业的未来——关于实施工业4.0战略的建议》（Securing the future of German manufacturing industry：Recommendations for implementing the strategic initiative Industries 4.0，2013）报告，正式推出了"工业4.0"战略。报告指出，德国在制造技术创新、复杂工业过程管理以及信息技术领域都表现出很高的水平和能力，在嵌入式系统和自动化工程方面也颇有建树，这些因素共同奠定了德国在制造行业的领军地位。其工业4.0战略的核心是，通过信息物理系统实现人、设备与产品的实时连通、相互识别和有效交流，构建一个高度灵活的个性化和数字化的智能制造模式。在这种模式下，规模效应不再是工业生产的关键因素，未来产品都将完全按照个人意愿进行生产，极端情况下将成为自动化、个性化的单件制造；用户甚至可以广泛、实时参与生产和价值创造的全过程。

3. 英国

2008年的国际金融危机中，曾一度推行去工业化战略的英国实体经济遭受沉重打击，迫使英国政府重新摸索重振制造业的方法。为增强英国制造业对全球的吸引力，英国政府积极推进制造基地建设，面向境外企业进行招商。2011年12月，英国政府提出"先进制造业产业链倡议"，支持范围不仅包括汽车、飞机等传统产业，还包括在全球领先的可再生能源和低碳技术等领域，政府计划投资1.25亿英镑，打造先进制造业产业链，从而带动制造业竞争力的恢复。随着新科学技术、新产业形态的不断涌现，传统制造模式和全球产业格局都发生了深刻的变化，英国政府于2012年1月启动了对未来制造业进行预测的战略研究项目。该项目是定位于2050年英国制造业发展的一项长期战略研究，通过分析制造业面临的问题和挑战，提出英国制造业发展与复苏的政策。2013年10月，英国政府科技办公室发布报告

《未来制造业：一个新时代给英国带来的机遇与挑战》。报告认为制造业并不是传统意义上的"制造之后进行销售"，而是"服务＋再制造（以生产为中心的价值链）"，并在通信、传感器、发光材料、生物技术、绿色技术、大数据、物联网、机器人、增材制造、移动网络等多个技术领域开展布局，从而形成智能制造的格局。2014 年，英国商业、创新和技能部发布了《工业战略：政府与工业之间的伙伴关系》，旨在增强英国制造业的竞争性，促使其可持续发展，并减少未来的不确定性。报告分析了当前产业现状，明确了重点扶持领域及前沿技术，提出通过创新平台，加强创新研发与工业的衔接，并且提出完善技能培训体系，支持高成长性的小企业进行技术创新，激励商业合作创新，建立公平、透明的政府采购体系等多项政策措施，重点支持大数据、高能效计算，卫星及航天商业化，机器人与自动化，先进制造业等多个重大前沿产业领域。

4. 日本

早在 1990 年 6 月，日本通产省就提出了智能制造研究的十年计划，并联合欧洲共同体委员会、美国商务部协商共同成立 IMS（智能制造系统）国际委员会。早在 2004 年日本就制定了《新产业创造战略》，其中将机器人、信息家电等作为重点发展的新兴产业。日本 2013 年版《制造业白皮书》将机器人、新能源汽车及 3D 打印等作为今后制造业发展的重点领域；2014 年和 2015 年连续发布了《机器人白皮书》和《机器人新战略》，后者提出机器人发展的三核心目标，即"世界机器人创新基地""世界第一的机器人应用国家""迈向世界领先的机器人新时代"。2014 年版《制造业白皮书》中指出，日本制造业在发挥 IT 作用方面落后于欧美，建议日本转型为利用大数据的"下一代"制造业。

5. 中国

为适应工业化进入后期阶段的发展特征，应对新科技革命和产业变革的挑战，近年来，我国中央政府、地方政府和企业都制定、实施了一系列促进智能制造和智能制造产业发展的战略、政策和具体措施，以推动智能制造的发展和普及。中央政府连续出台政策力推智能制造，国家层面智能制造战略框架逐渐清晰完善。2010 年 10 月，国务院发布《关于加快培育和发展战略性新兴产业的决定》，明确提出要加大培育和发展高端装备制造产业等七大战略性新兴产业，并将智能制造装备列为高端装备制造产业的重点方向之一。2012 年 5 月，工业和信息化部发布《高端装备制造业"十二五"发展规划》，指出在智能制造装备领域将重点发展智能仪器仪表与控制系统、关键基础零部件、高档数控机床与基础制造装备、重大智能制造成套装备等四大类产品。2012 年 3 月 27 日，科技部发布《智能制造科技发展"十二五"专项规划》，布局了基础理论与技术研究、智能化装备、制造过程智能化成套技术与装备、智能制造基础技术与部件、系统集成与重大示范应用等五项重点任务。从 2011 年到 2014 年连续四年，国家发展和改革委员会同财政部、工业和信息化部共同实施《智能制造装备发展专项》，重点突破以自动控制系统、工业机器人、伺服和执行部件为代表的智能装置，加大对智能制造的金融财税政策支持力度。2015 年 3 月，工业和信息化部启动智能制造试点示范专项行动，并且部署了智能制造综合标准化体系建设。2015 年 5 月 19 日，我国发布了《中国制造 2025》报告，指出当前各国都在加大科技创新力度，推动 3D 打印、云计算、移动互联网、生物工程、新能源、新材料等领域的突破和创新。智能制造正在引领制造方式的变革，我国制造业转型升级、创新发展迎来重大机遇。在战略任务和重点方面，要把智能制造作为"两化"深度融合的主攻方向，推进生产过程智能化，全面提升企业在创新研发、生产、管理和服务领域的智能化水平。

1.1.2　智能制造的概念、内涵和特征

1. 智能制造的概念

智能制造的概念起源于 20 世纪 80 年代，智能制造是伴随信息技术的不断普及而逐步发展起来的。1988 年，美国纽约大学的怀特教授（P. K. Wright）和卡内基梅隆大学的布恩教授（D. A. Bourne）出版了《智能制造》一书，首次提出了智能制造的概念，并指出智能制造的目的是通过集成知识工程、制造软件系统、机器人视觉和机器控制对制造技工的技能和专家知识进行建模，以使智能机器人在没有人工干预的情况下进行小批量生产。

日本在 1989 年提出一种人与计算机相结合的"智能制造系统（Intelligent Manufacturing System，IMS）"，并且于 1994 年启动了 IMS 国际合作研究项目，率先拉开了智能制造的序幕。

早期的"智能制造系统"将人工智能（AI）视为核心技术，以"智能体（Agent）"为智能载体，其目的是试图用技术系统突破人的自然智力的局限，达到对人脑智力的部分代替、延伸和加强。

人类对人工智能的正式研究是 20 世纪 50 年代中期开始的。1956 年，"人工智能"这个概念在美国新罕布什尔州的达特茅斯大学正式诞生。随后，人们从逻辑推理、语音识别、数学运算处理、自动化控制、学习模拟等多个领域进行研究，建立了具有不同能力的人工智能系统。例如，能够进行数据处理、分析集成电路、模拟光路系统、识别人类的语言、识别手写、进行情报信息收集等的人工智能设备。

人工智能历史上有三个学派：符号主义、联结主义与行为主义。这三派智能理论中，符号主义关注人脑的抽象思维的特性；联结主义只模仿人的形象思维；行为主义则着眼于人类或人造系统智能行为特性及进化过程，它们都从不同的角度致力于推动机器智能接近人的智能水平。行为主义在工业界的影响是比较大的。

由于人的智能是多功能、多层次、多侧面、全方位的，而三派 AI 的模型原理本身存在门户之别，并未走向统一和融合。此外 AI 在学习算法、稳定性分析、商业化应用等方面屡屡遭遇技术的"瓶颈"，始终制约着系统"智能化"水平与智能制造技术的提升，也导致一度兴旺的 IMS 在其发源国日本被政府和工业界放弃。

近年来，随着机器学习尤其是深度学习技术的突破，AI 热潮再度兴起。最为经典的案例是谷歌公司的"AlphaGo"，仅仅通过一年多的学习进化，就在最复杂的博弈游戏——围棋中迅速战胜了中日韩顶尖高手。AI 的最新进展再度让智能制造燃起新的希望。

人工智能是由机器和智能控制系统组成的工作系统，所以也称机器智能，它是由计算机科学、机械设计制造学、信息传感收集与处理科学、语言学、生命科学等多个领域互相交叉发展形成的一门综合的科学。人工智能是以计算机系统为基础，通过各种信息收集、信息处理、执行命令，以达到模拟人类的判断和活动是人类的智能和工作能力得以延伸的科学。

广义而论，智能制造是一个大概念，是先进制造技术与新一代信息技术的深度融合，贯穿于产品、制造、服务全生命周期各个环节，以及制造系统集成，实现制造业数字化、网络

化、智能化，不断提升企业产品质量、效益、服务水平，推动制造业创新、绿色、协调、开放、共享发展。

美国能源部对智能制造的定义是先进传感、仪器、监测、控制和过程优化的技术和实际的组合，它们将信息和通信技术与制造环境融合在一起，实现工厂和企业中能量、生产率和成本的实时管理。

当今，智能制造一般指综合集成信息技术、先进制造技术和智能自动化技术，在制造企业的各个环节（如经营决策、采购、产品设计、生产计划、制造、装配、质量保证、市场销售和售后服务等）融合应用，实现企业研发、制造、服务、管理全过程的精确感知、自动控制、自主分析和综合决策，具有高度感知化、物联化和智能化特征的一种新型制造模式。

2. 智能制造的内涵和特征

智能制造（Intelligent Manufacturing，IM）是以新一代信息技术为基础，配合新能源、新材料、新工艺，贯穿设计、生产、管理、服务等制造活动各个环节，具有信息深度自感知、智慧优化自决策、精准控制自执行等功能的先进制造过程、系统与模式的总称。智能制造技术是制造技术与数字技术、智能技术及新一代信息技术的融合，是面向产品全生命周期的具有信息感知、优化决策、执行控制功能的制造系统，旨在高效、优质、柔性、清洁、安全、敏捷地制造产品和服务用户。虚拟网络和实体生产的相互渗透是智能制造的本质：一方面，信息网络将彻底改变制造业的生产组织方式，大大提高制造效率；另一方面，生产制造将作为互联网的延伸和重要节点，扩大网络经济的范围和效应。以网络互联为支撑，以智能工厂为载体，构成了制造业的最新形态，即智能制造。这种模式可以有效缩短产品研制周期、降低运营成本、提高生产效率、提升产品质量、降低资源能源消耗。从软硬结合的角度看，智能制造即是一个"虚拟网络 + 实体物理"的制造系统。美国的"工业互联网"、德国"工业 4.0"以及我国的"互联网 +"战略都体现出虚拟网络与实体物理深度融合——智能制造的特征。

智能制造是未来制造业产业革命的核心，是制造业由数字化制造向智能化制造转变的方向，是人类专家和智能化机器共同组成的人机一体化的智能系统，特征是将智能活动融合到生产制造全过程，通过人与机器协同工作，逐渐增大、拓展和部分替代人类在制造过程中的脑力劳动，已由最初的制造自动化扩展到生产的柔性化、智能化和高度集成化。智能制造不但采用新型制造技术和设备，而且将由新一代信息技术构成的物联网和服务互联网贯穿整个生产过程，在制造业领域构建的信息物理系统，将彻底改变传统制造业的生产组织方式，它不是简单地用信息技术改造传统产业，而是信息技术与制造业融合发展和集成创新的新型业态。智能制造要求实现设备之间、人与设备之间、企业之间、企业与客户之间的无缝网络链接，实时动态调整，进行资源的智能优化配置。它以智能技术和系统为支撑点，以智能工厂为载体，以智能产品和服务为落脚点，大幅度提高生产效率、生产能力。

智能制造包括智能制造技术与智能制造系统两大关键组成要素和智能设计、智能生产、智能产品、智能管理与服务 4 大环节。其中智能制造技术是指在制造业的各个流程环节，实现了大数据、人工智能、3D 打印、物联网、仿真等新型技术与制造技术的深度融合。它具有学习、组织、自我思考等功能，能够对生产过程中产生的问题进行自我分析、自我推理、自我处理；同时，对智能化制造运行中产生的信息进行存储，对自身知识库不断积累、完善、共享和发展。智能制造系统就是要通过集成知识工程、智能软件系统、机器人技术和智能控制等来对制造技术与专家知识进行模拟，最终实现物理世界和虚拟世界的衔接与融合，使得智能机器在没有人干预的情况下进行生产。智能制造系统相较于传统系统更具智能化的自治能力、容错功能、感知能力、系统集成能力。

智能制造的内容包括：制造装备的智能化，设计过程的智能化，加工工艺的优化，管理的信息化和服务的敏捷化、远程化。

3. 传统智能制造

在 2010 年前，中文的"智能制造"主要是指传统智能制造。IM 是 20 世纪 80 年代末随着计算机集成制造系统（Computer Integrated Manufacturing Systems，CIMS）的研究开始兴起的，核心是借助 IM 系统实现制造过程的自测量、自适应、自诊断、自学习，达到制造柔性化、无人化。制造智能主要表现在智能调度、智能设计、智能加工、智能操作、智能控制、智能工艺规划、智能测量和诊断等多方面。

人工智能广泛地应用于制造，使制造知识的获取、表示、存储和推理成为可能，推动了制造智能的发展与制造技术的智能化。智能行为最早体现在计算机的符号推理中，即专家系统，如基于专家系统的机床自适应控制。专家系统将人类思维的一般规律研究转为知识的研究，并导致知识工程学科的诞生。大量的专家系统开发应用与实践证实了专家系统是人工智能的重要部分，但其是建立在符号推理基础之上的，有内在不足，专家系统存在对领域专家的依赖性、知识获取困难以及解决问题的灵活性差等问题。

为摆脱传统人工智能在感知、理解、学习、联想和协作等方面遇到的困难，智能模拟方法进入了一个全新的发展时期，以数据为基础的计算智能技术包括人工神经网络（Artificial Neural Network，ANN）、模糊逻辑（Fuzzy Logic，FL）、启发式算法（Heuristic Algorithms，HA）、多智能体（Multi-agent）分布式人工智能等智能技术获得诸多领域专家学者的广泛关注。由于专家系统基于符号推理，对于一些纯符号技术无法解决的问题往往束手无策，这时可用 ANN 等计算智能方法来解决。ANN 具有自学习、容错抗错、并行计算和联想能力的特点，擅长解决模糊非线性映射问题，常应用于有噪声污染环境下的预报或模式识别、制造过程控制和故障诊断领域。由于制造过程的复杂性、随机性和不确定性，模糊逻辑常用来处理常规方法难以解决的带有模糊信息的问题，如模糊逻辑故障诊断、模糊生产决策及模糊控制等，但模糊逻辑的学习能力很差，在知识获取方面十分软弱。

模糊逻辑和 ANN 在许多方面具有关联性和互补性，两者有机结合可以弥补模糊系统学习机制的不足和神经网络难以表达基于规则的知识的缺点。

另一方面，虽然 ANN 比起过去基于规则的系统在很多方面显示出优越性，但其实际使用的多数是只含有一层隐层节点的浅层模型，同时训练样本特征的好坏成为制约整个系统性能的瓶颈。大数据时代的到来对智能化分析和预测提出了巨大需求，大数据中含有丰富的信息维度，传统的 ANN 模型通常处于欠拟合状态，因而需要引入深度学习（Deep Learning，DL），或称深度神经网络（Deep Neural Network，DNN）。DL 的实质是通过构建具有很多隐层的多层感知学习模型和海量的训练数据，从大量输入数据中学习有效的特征表示，并对未来或未知事件做出更精准的预测。区别于传统的 ANN，DL 的不同在于：①强调了模型结构的深度，通常有 5 层、6 层甚至 10 多层的隐层；②突出了特征学习的重要性，通过逐层特征变换，从底层到高层逐级提取输入数据的特征，避免显式的特征提取，学习得到的特征对数据有更本质的刻画，从而深刻揭示海量数据中所承载的丰富信息。DL 已受到学术界和工业界的广泛重视，目前初步应用于语音图像的智能识别等。

启发式算法是在搜索过程中模拟自然过程、利用一些启发式规则来指导算法寻优，从而加速问题求解过程的一类优化算法。如群智能算法（粒子群优化算法、蚁群算法、鱼群算法和蜂群算法等）、遗传算法、免疫算法、和声搜索算法、模拟退火算法和文化算法等。这类算法具有不需要先验知识及隐含的并行性等优势，可以快速近似求解一些复杂优化问题，如 NP 难题。多智能体是由具有感知、通信、协作、学习、反馈等功能属性的智能体构成的相互协作的系统，大型复杂问题被划分为复杂程度相对较低的子问题，再由不同智能体经过沟通协作和自主决策完成，多智能体是分布式人工智能最重要的研究领域之一。多智能体技术广泛应用于柔性制造和智能制造领域。然而，由于人工智能进展缓慢，传统的智能制造技术未能在企业中获得广泛应用。

综上所述，为了克服基于知识的传统人工智能的缺点，人工智能研究重点已转向计算智能。计算智能主要包括神经网络、模糊系统、启发式算法等，是人工智能发展的新阶段，特别是在 ANN 基础之上发展起来的 DL，应用于制造工程领域，将大大加速推进智能制造向前发展。另一方面，泛在计算、云计算、物联网、信息物理系统及大数据等新一代信息技术的出现，形成了基于泛在感知数值计算的普适智能及社会感知计算（Socially Aware Computing，SAC）。社会感知计算是借助泛在环境大规模新型多种类传感设备来感知现实世界的实时、多源数据，经过分析和处理，通过大量作动器和智能设备直接作用于现实世界，同时支持社群的互动、沟通和协作，从而高效地支持社会目标的实现。SAC 的核心在于"感知"，首先感知现实世界，然后觉察并做出响应，其灵活性、通用性及严密性明显优于基于知识的传统人工智能，进而对智能制造产生革命性影响。与此同时，制造业已向社会化和服务化方向发展，与当初提出 AM 时的背景有根本性的不同，因此对 AM 进行研究时也应考虑这些因素。

4. 新一代智能制造模式

在 2010 年后，中文的"智能制造"是指 IM 或 Smart Manufacturing（SM）或两者。SM 又被译为智慧制造。2008 年，IBM 提出"智慧地球"的概念，从而拉开了新一代信息技术应用的大幕，先是物联网技术，接着是移动宽带、云计算技术、信息物理系统，然后是大数据。这些新一代信息技术具有诸多有别于传统 IT 技术的特点，将其应用于制造系统将从根本上改变当前的制造模式发展格局，从诸多方面改变制造业信息化建设的路径，使得智能制造范畴有了较大扩展。新一代信息技术极大地推动了新兴制造模式的发展，其中具有代表性的先进制造模式有：以社会化媒体/Web2.0 为支撑平台的社会化企业、以云计算为使能技术的云制造、以物联网（Internet of Things，IoT）为支撑的制造物联、以泛在计算（Ubiquitous Computing，UC）为基础的泛在制造、以信息物理系统（Cyber Physical Systems，CPS）为核心的工业 4.0 下的智能制造、以大数据为驱动力的预测制造乃至主动制造等。

5. 智能制造的特点

第一，生产过程高度智能。智能制造在生产过程中能够自我感知周围环境，实时采集、监控生产信息。智能制造系统中的各个组成部分能够依据具体的工作需要，自我组成一种超柔性的最优结构并以最优的方式进行自组织，以最初具有的专家知识为基础，在实践中不断完善知识库，遇到系统故障时，系统具有自我诊断及修复能力。智能制造能够对库存水平、需求变化、运行状态进行反应，实现生产的智能分析、推理和决策。

第二，资源的智能优化配置。信息网络具有开放性、信息共享性，由信息技术与制造技术融合产生的智能化、网络化的生产制造可跨地区、跨地域进行资源配置，突破了原有的本地化生产边界。制造业产业链上的研发企业、制造企业、物流企业通过网络衔接，实现信息共享，能够在全球范围内进行动态的资源整合，生产原料和部件可随时随地送往需要的地方。

第三，产品高度智能化、个性化。智能制造产品通过内置传感器、控制器、存储器等技术具有自我监测、记录、反馈和远程控制功能。智能产品在运行中能够对自身状态和外部环境进行自我监测，并对产生的数据进行记录，对运行期间产生的问题自动向用户反馈，使用户可以对产品的全生命周期进行控制管理。产品智能设计系统通过采集消费者的需求进行设计，用户在线参与生产制造全过程成为现实，极大地满足了消费者的个性化需求。制造生产从先生产后销售转变为先定制后销售，避免了产能过剩。

1.2　智能制造模式和技术体系

1.2.1　智能制造模式

1. 社会化企业

社会化企业是将 Web2.0 应用于企业而引申出来的概念，可将其定义为"企业内部、企业与企业之间，以及企业与其合作伙伴、用户间对社会软件的运用"。企业借助 Web2.0 等社会化媒体工具，使用户能够参与到产品和服务活动中，通过用户的充分参与来提高产品创新能力，形成新的服务理念与模式。Web2.0 通过社会性软件拓展和延伸了社会世界，使人们的相互沟通交流、知识共享和协作等产生了革命性变化。具体到制造领域，企业可以利用大众力量进行产品创意设计、品牌推广等，产品研发围绕用户需求，极大地增强了用户体验；用户也通过价值共享获得回报，从而达到企业与用户的双赢。就企业和用户的关系而言，用户由产品购买者转变为产品制造者和产品创意者。社会化企业背景下产生了众包生产、产品服务系统等制造模式。

社会化企业具有以下特点：

1）开放协作。社会化企业破除了传统企业和外部的边界，面向更广泛的群体、面向整个社会，充分利用外部优质资源，以此博采众长和资源共享，在全社会范围内对产品研发、设计、制造、营销和服务等阶段进行大规模协同，整合产生效益，实现企业从有边界到无边界的突破、从"企业生产"到"社会生产"的转变。

2）平等共享。平等就是去中心化、去等级化，传统的集中经营活动将被社会化企业分散经营方式取代，层级化的管理结构将转变为以节点组织的扁平化结构，产品采取模块化研发生产方式，以适应顾客的个性化需求。

3）社会化创新。产品创新的思想往往来自用户，社会化企业注重客户参与的互动性、知识运用、隐性知识的集成，通过社会性网络能够充分利用群体智慧的认知与创新能力，提供任务解决方案，发现创意或解决技术问题，帮助进行产品、服务创新。

2. 云制造

云制造是以云计算技术为支撑的网络化制造新形态。云制造通过采用物联网、虚拟化和云计算等网络化制造与服务技术对制造资源和制造能力进行虚拟化和服务化的感知接入，并进行集中高效管理和运营，实现制造资源和制造能力的大规模流通，促进各类分散制造资源的高效共享和协同，从而动态、灵活地为用户提供按需使用的产品全生命周期制造服务。目前，云制造的相关研究内容包括总体框架和模式、制造资源的虚拟化和服务化、云制造服务平台的综合管理、制造云资源组合优选、云环境下的普适人机交互及其他相关应用等。

云制造具有以下特点：①云制造以云计算技术为核心，将"软件即服务"的理念拓展至"制造即服务"，实质上就是一种面向服务的制造新模式；②云制造以用户为中心，以知识为支撑，借助虚拟化和服务化技术，形成一个统一的制造云服务池，对制造云服务进行统一、集中的智能化管理和经营，并按需分配制造资源及能力；③云制造提供了一个产品的研发、设计、生产、服务等全生命周期的协同制造、管理与创新平台，引发了制造模式变革，进而转变了产业发展方式。

3. 工业4.0下的智能制造——信息物理系统

工业化经历了机械化的工业1.0、电气化的工业2.0、自动化的工业3.0之后，将跨入基于互联网、物联网、云计算、大数据等新一代信息技术的工业4.0阶段。工业4.0是德国政府提出的一个高科技战略计划，旨在提升制造业的智能化水平，建立具有适应性、资源效率及人因工程学的智慧工厂。

为应对工业4.0的挑战，中国政府推出了"中国制造2025"计划，并确定以智能制造为主攻方向。在工业4.0战略内涵中，包括机器人、3D打印和物联网等基于现代信息技术和互联网技术兴起的产业，其核心就是通过CPS网络实现人、设备与产品的实时联通、相互识别和有效交流，从而构建一个高度灵活的个性化和数字化的智能制造模式。

信息物理系统（Cyber Physical Systems，CPS）实质上是通过智能感知、分析、优化和协同等手段，使计算、通信和控制实现有机融合和深度协同，实现实体空间和网络空间的相互指导和映射。CPS的典型应用包括智能交通领域的自主导航汽车，生物医疗领域的远程精准手术系统、植入式生命设备以及智能电网、精细农业、智能建筑等，是构建未来智慧城市的基础。在制造领域，CPS是实现智能制造的重要一环，但其应用仍处于初级阶段，目前研究集中在抽象建模、概念特征及使用规划等方面。

工业4.0理念下的智能制造是面向产品全生命周期的、泛在感知条件下的制造，通过信息系统和物理系统的深度融合，将传感器、感应器等嵌入制造物理环境中，通过状态感知、实时分析、人机交互、自主决策、精准执行和反馈，实现产品设计、生产和企业管理及服务的智能化，如图1-4所示。

工业4.0模式下，智能装备的控制方式和人机交互将会有很大的变化，基于平板电脑、手机和可穿戴设备等泛在计算设备越来越普及；机器具有自适应性和局部的自主权以及广泛的人机合作和协同，机器与机器（物与物）之间、人与机器之间能够相互进行通信，感知相关设备和环境的变化，协同完成加工任务；智能工厂还可以通过云计算和服务网络连接成庞大的社会化制造系统，必将导致工业结构、经济结构和社会结构从垂直向扁平转变、从集中向分散转变。

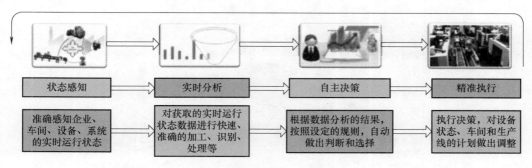

状态感知	实时分析	自主决策	精准执行
准确感知企业、车间、设备、系统的实时运行状态	对获取的实时运行状态数据进行快速、准确的加工、识别、处理等	根据数据分析的结果，按照设定的规则，自动做出判断和选择	执行决策，对设备状态、车间和生产线的计划做出调整

图 1-4 工业 4.0 下的智慧工厂

4. 泛在制造

泛在计算又称普适计算、环境智能等，强调计算资源普存于环境中，并与环境融为一体，人和物理世界更依赖"自然"的交互方式。与桌面计算相反，基于环境感知、内容感知能力，泛在计算不只依赖命令行、图形界面进行人机交互，它可以采用新型交互技术（如触觉显示、有机发光显示等），使用任何设备、在任何位置并以任何形式进行感知和交流。因此，从根本上改变了人去适应机器计算的被动式服务思想，使得用户能在不被打扰的情形下主动地、动态地接受信息服务。国际电信联盟（International Telecommunications Union，ITU）将泛在计算描述为物联网基础的远景，泛在计算由此成为物联网通信技术的核心。事实上，泛在计算被应用到各种领域，如 U- 城市、U- 家庭、U- 办公、U- 校园、U- 政府、U- 医疗等，无疑也会影响制造业。

如图 1-5 所示，泛在制造即泛在计算在制造全生命周期的应用，包括市场分析、概念形成、产品设计、原材料准备、毛坯生产、零件加工、装配调试、产品使用和维护及回收处理等阶段。基于泛在计算交互设备，如无线射频识别（Radio Frequency IDentification，RFID）设备、可穿戴设备、语音及手势交互终端、掌上电脑（Personal Digital Assistant，PDA）、各种无线（或有线）网络设备等，制造企业可以自动、实时、准确、详细、随时随地、透明地获取企业物理环境信息。此外，用户（包括产品生命周期各阶段的不同角色参与者）不再只局限于通过鼠标和键盘的操作模式查找相关信息，而是通过更加普适化、虚拟化、智能化和个性化的方式，来实现制造全生命周期不同制造阶段、不同制造环境的信息交互，从而提高业务效率。

5. 制造物联

发展和采用物联网技术是实施智能制造的重要一环，我国"十二五"制造业信息化科技工程规划明确提出大力发展制造物联技术，以嵌入式系统、RFID 和传感网等构建现代制造物联（Internet of Manufacturing Things，IoMT），增强制造与服务过程的管控能力，催生新的制造模式。

图 1-5　泛在制造的制造全生命周期应用

虽然制造企业已经实施了几十年的传感器和计算机自动化，但是这些传感器、可编程序逻辑控制器和层级结构控制器等与上层管理系统在很大程度上是分离的，而且是基于层级结构的组织方式，系统缺乏灵活性；由于是针对特定功能而设计的，各类工业控制软件之间的功能相对独立且设备采用不同的通信标准和协议，使得各个子系统之间形成了自动化孤岛，如图 1-6a 所示。而 IoMT 采用更加开放的体系结构以支持更广范围的数据共享，并从系统整体的角度考虑进行全局优化，支持制造全生命周期的感知、互联和智能化，如图 1-6b 所示。体系架构方面，IoMT 采用可伸缩的、面向服务的分布式体系结构，制造资源和相关功能模块经过虚拟化并抽象为服务，通过企业服务总线提供制造全生命周期的业务流程应用。IoMT 各子系统之间具有松耦合、模块化、互操作性和自主性等特征，能够动态感知物理环境信息，采取智能行动和反应来快速响应用户需求。

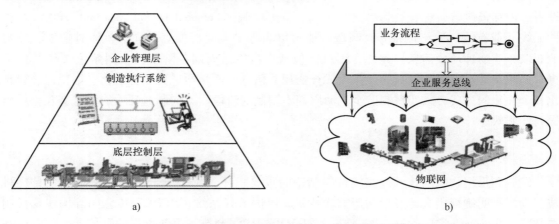

图 1-6　传统企业信息系统集成与制造物联的对比

a）传统企业集成模型　　b）制造物联

采用物联网对传统的制造方式进行改造，可以加强产品和服务信息的管理，实时采集、动态感知生产现场（包括物料、机器、现场设备和产品）相关数据，并进行智能处理与优化控制，以更好地协调生产的各环节，提高生产过程的可控性，减少人工干预。此外，通过情景感知和信息融合，还可以实现新产品的快速制造、市场需求的动态响应及生产供应链的实时优化，提高产品的定制能力和服务创新能力，借此获得经济、效率和竞争力等多重效益。

6. 基于大数据的预测制造及主动制造

"大数据"一词于 2011 年 5 月最早出现在麦肯锡发布的研究报告——《大数据：创新、竞争和生产力的下一个新领域》中，其潜在价值被越来越多的国家所认识，并将其置于国家战略高度。美国发布了"大数据研究与发展计划"，韩国积极推进"大数据中心战略"，中国制定了《大数据产业发展规划（2016—2020 年）》。

从数据到信息、从信息到知识、从知识到智慧决策，是商务智能形成的闭环。在生产制造领域，随着数字工厂、泛在感知智能物件、物联网的深入应用，生产管理系统、控制系统、自动化设备以及传统的企业资源规划和制造执行系统等将产生大量数据。从高频率、大容量、种类繁多的海量工业数据中挖掘出有价值的信息，提升业务洞察力，指导运营决策，改进生产流程，降低产品、服务成本，已经成为未来企业提高综合竞争力的重要策略。

目前的制造设施，由于控制系统独立、数据分散而引起许多效率低下的问题，若数据只是某个单元或部门，不能贯穿整个企业，则其产生的价值就是有限的。诚然，产品数据管理、产品生命周期管理等系统通过固化生产流程来实现业务效率和产品质量的提升，但是数据质量并没有从根本上得到改善。此外，数据接入方式的普适化和数据分析的实时化问题突出，难以实现制造过程的全方位实时监控、制造资源的智能调度与运营决策优化。

与传统的制造或实时制造（泛在制造、IoMT 等）相比，大数据驱动预测制造及主动制造可较好地利用实时数据和历史数据进行预测，传统制造（反应型制造）主要搜索过去的历史数据，只是利用了数据的浅层价值，而且涉及的数据量和种类及范围也相对较小。虽然实时制造可感知并利用生产实时数据（信息），但仍与传统制造模式类似，大多采用事后的被动策略。主动制造是一种基于数据全面感知、收集、分析、共享的人机物协同制造模式，它利用无所不在的感知收集各类相关数据，通过对所收集的（大）数据进行深度分析，挖掘出有价值的信息、知识或事件，自主地反馈给业务决策者（包括企业人员、客户和合作企业等），并根据系统健康状态、当前和过去信息及情境感知，预测用户需求，主动配置和优化制造资源，从而实现感知、分析、定向、决策、调整、控制于一体的人机物协同的主动生产，进而为用户提供客户化、个性化的产品和服务。通过大数据挖掘来主动、实时地将社会需求与企业制造能力有机地结合起来，从而更好地满足客户的个性化需求，增强用户体验。

总体来看，上述新兴的新一代智能制造模式概念还比较割裂，但实质上，无论是 IoMT、云制造还是基于大数据的预测制造、主动制造，都是未来智能制造的一部分，它们各自起到不同的作用。基于新一代信息技术的制造模式对比见表 1-3，社会化企业强调社群的互动、沟通和协作，通过移动设备及 Web2.0 等组成的具有交互性和参与性的社会网络，可以对群体信息进行收集、分析和共享，进而聚集大众的知识、智慧、经验和技能，为产品、服务创新提供原始驱动力。

表 1-3　基于新一代信息技术的制造模式对比

制造模式	关键使能技术	目　标	内　涵	主要研究内容
云制造	云计算	制造资源、能力按需使用	基于云计算等技术，将各类制造资源虚拟化、服务化，并进行统一的集中管理和经营，为产品全生命周期过程提供可随时获取的制造服务	制造资源虚拟化和服务化、运营管理、服务组合、资源共享和优化配置
IoMT	物联网	构建现代IoMT网络	以物联网为支撑，实现对制造资源、产品信息的动态感知、智能处理与优化控制的一种新型制造模式	资源感知、虚拟接入、物联网络开发服务平台和应用系统等
信息物理生产系统	CPS	建立具有适应性、资源效率及人因工程学的智慧工厂	将机器、存储系统和生产设施融入CPS，形成能自主感知制造现场状态、自主连接生产设施对象、确定感知模型，自主判断，形成控制策略，并自主调节的智能制造系统	信息物理组件集成、CPS的优化调度与自治机制、安全性、可靠性和可验证性
泛在制造	泛在计算	泛在感知的产品全生命周期应用	将泛在计算等相关技术应用于制造过程，以便随时随地采集、传输和预处理各类产品全生命周期数据或事件	制造现场环境感知技术、生产事件自动处理与消息推送、制造过程的全面可视化技术
社会化企业	Web 2.0	聚集大众智慧，公众参与	借助Web 2.0等社会化媒体工具，使用户能够参与到产品和服务活动中来，通过用户的充分参与提高产品创新能力	用户体验与社区、内容管理、开放式创新、复杂社会网络特性
预测制造、主动制造	大数据	更深刻的业务洞察	对制造设备本身及产品制造过程中产生的数据进行系统研究，转换成实际有用的信息或知识，并通过这些信息、知识对外部环境及情形做出判断并采取适当的行动	制造全生命周期大数据建模、集成与共享、存储、深度分析挖掘和可视化

　　泛在制造强调产品全生命周期的信息感知，并且这种感知是动态、实时的，无时间上的滞后或延迟；IoMT强调基于物联网开发制造服务平台与应用系统，解决产品设计、制造与服务过程中的信息传输和共享，增强制造与服务过程的管控能力；信息物理生产系统（Cyber Physical Production Systems，CPPS）强调对生产、调度、运输、使用和售后等各环节相关资源的实时控制和自主调节。从驱动技术来看，物联网强调应用，泛在计算则强调支撑这些应用的技术本身，CPPS强调通过计算、通信和物理过程的高度集成实现物理实体的自治能力，CPPS比物联网具有更好的自主调节和适应性与协同性，是物联网的进一步延伸和拓展。泛在制造、IoMT、CPPS三者有相互渗透趋同的趋势。

　　云制造伴随着云计算的发展产生，是"制造服务"的一种具体体现形式。虽然目前的云制造也融入了IoMT、CPS、泛在计算等新一代信息技术，但云制造的立足点在于云计算，其本质和关键特性还在于对制造资源进行虚拟化、服务化封装、存储及按需使用。

　　基于大数据的主动制造强调对产品研发、生产、运营、营销和服务过程中的海量数据与信息进行大数据分析与深度挖掘，厘清关键环节及价值点，实现制造预测、精准匹配、制造服务主动推送等应用。主动制造还可以为产品在使用中提供更广泛的增值数据服务，提供面向用户服务链与价值链的一站式创新服务，实现从设备、系统、集群到社区智能化的有效整合。

以上这些新兴制造模型是从不同视角提出来的，有着不同的产生背景和侧重点，但从制造系统的观点来看，它们可以统一在智慧制造框架内。智慧制造借鉴欧盟第七框架对未来互联网研究的成果，将务联网、物联网、内容及知识网（简称知识网）、人际网与制造技术相融合，形成以客户为中心、以人为本、面向服务、基于知识运用、人机物协同的制造系统。其中，物联网关注的重点在于智能传感和互联互通，知识网关注的重点是（大）数据分析、数据模型和算法工具，务联网关注的重点是业务运营网络与客户体验，人际网关注的重点是用户沟通交互与社会化开放式创新。

综合智能制造相关方式可以总结归纳和提升出三种智能制造的基本范式，也就是数字化制造、数字化网络化制造、数字化网络化智能化制造（即新一代智能制造）。智能制造三个基本范式次第展开、迭代升级，体现着国际上智能制造发展历程中三个阶段。

数字化制造是智能制造的第一种基本范式，可以称为第一代智能制造，是智能制造的基础。以计算机数字控制为代表的数字化技术广泛运用于制造业，形成"数字一代"创新产品和以计算机集成系统（CIMS）为标志的集成解决方案。需要说明的是，数字化制造是智能制造的基础，它的内涵不断发展，贯穿于智能制造的三个基本范式和全部发展历程。这里定义的数字化制造是作为第一种基本范式的数字化制造，是一种相对狭义的定位，国际上有比较广义的定位和理论，在有些理论看来，数字化制造就等于智能制造。

数字化网络化制造是智能制造的第二种基本范式，也可称为"互联网＋制造"或第二代智能制造。20世纪末互联网技术开始广泛运用，"互联网＋"不断推进制造业和互联网融合发展，网络将人、数据和事物连接起来，通过企业内、企业间的协同，以及各种社会资源的共享和集成，重塑制造业价值链，推动制造业从数字化制造向数字化网络化制造转变。德国工业 4.0 和美国工业互联网完善地阐述了数字化网络化制造范式，提出了实现数字化网络化制造的技术路线。我国工业界大力推进"互联网＋制造"，一批数字化制造基础较好的企业成功转型，实现了数字化网络化制造。今后一个阶段，我国推进智能制造的重点是大规模地推广和全面应用数字化网络化制造，即第二代智能制造。

数字化网络化智能化制造是智能制造的第三种基本范式，可以称为新一代智能制造。近年来人工智能加速发展，实现了战略性突破，先进制造技术和新一代人工智能技术深度融合，形成了新一代智能制造。新一代智能制造的主要特征表现在制造系统具备了学习能力，通过深度学习、增强学习等技术应用于制造领域，知识产生、获取、运用和传承效率发生革命性变化，显著提高创新与服务能力，新一代智能制造是真正意义上的智能制造。

1.2.2　智能制造技术体系

1. 智能制造体系

智能制造是一种全新的智能能力和制造模式，核心在于实现机器智能和人类智能的协同，实现生产过程中自感知、自适应、自诊断、自决策、自修复等功能。从结构方面，智能工厂内部灵活可重组的网络制造系统的纵向集成，将不同层面的自动化设备与 IT 系统集成在一起。

参考德国工业 4.0 的思路，智能制造体系主要有三个特征：一是通过价值链及网络实现企业之间横向的集成；二是贯穿整个价值链端到端的工程数字化集成；三是企业内部灵活可重构的网络化制造体系的纵向集成。本体系的核心是实现资源、信息、物体和人之间的互联，产品要与机器互联，机器与机器之间、机器与人之间、机器与产品之间互联，依托传感器和互联网技术实现互联互通。智能制造的核心是智能工厂建设，实现单机智能设备互联，不同设备的单机和设备互联形成生产线，不同的智能生产线组合成智能车间，不同的智能车间组成智能工厂，不同地域、行业和企业的智能工厂的互联形成一个制造能力无所不在的智能制造系统，这个制造系统是广泛的系统，智能设备、智能生产线、智能车间及智能工厂自由动态的组合，满足变化的制造需求。

从系统层级方面，完整的智能制造系统主要包括 5 个层级，如图 1-7 所示，包括设备层、控制层、车间层、企业层和协同层。在系统实施过程中，目前大部分工厂主要解决了产品、工艺、管理的信息化问题，很少触及制造现场的数字化、智能化，特别是生产现场设备及检测装置等硬件的数字化交互和数据共享。智能制造可以从 5 个方面认识和理解，即产品的智能化、装备的智能化、生产的智能化、管理的智能化和服务的智能化，要求装备、产品之间，装备和人之间，以及企业、产品、用户之间全流程、全方位、实时的互联互通，能够实现数据信息的实时识别、及时处理和准确交换的功能。其中实现设备、产品和人相互间的互联互通是智能工厂的主要功能，智能设备和产品的互联互通、生产全过程的数据采集与处理、监控数据利用、信息分析系统建设等都将是智能工厂建设的重要基础，智能仪器及新的智能检测技术主要集中在产品的智能化、装备的智能化、生产的智能化等方面，处在智能工厂的设备层、控制层和车间层。

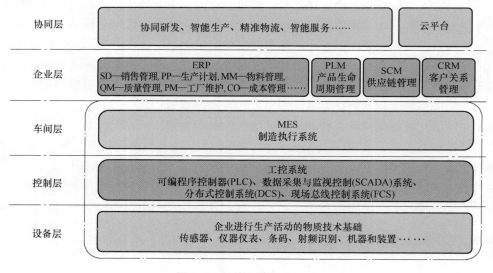

图 1-7　智能制造系统层级

在智能制造系统中，其控制层级与设备层级涉及大量测量仪器、数据采集等方面的需求，尤其是在进行车间内状态感知、智能决策的过程中，更需要实时、有效的检测设备作为辅助，所以智能检测技术是智能制造系统中不可缺少的关键技术，可以为上层的车间管理、企业管理与协同层级提供数据基础。

近年来，智能制造技术出现了各种新模式、新方法和新形式，如图 1-8 所示。

图 1-8　智能制造新模式、新方法和新形式

2. 智能制造系统框图

智能制造通过智能制造系统应用于智能制造领域,在"互联网 + 人工智能"的背景下,智能制造系统具有自主智能感知、互联互通、协作、学习、分析、认知、决策、控制和执行整个系统和生命周期中人、机器、材料、环境和信息的特点。智能制造系统一般包括资源及能力层、泛在网络层、服务平台层、智能云服务应用层及安全管理和标准规范系统。

(1)资源及能力层　资源及能力层包括制造资源和制造能力:①硬制造资源,如机床、机器人、加工中心、计算机设备、仿真测试设备、材料和能源;②软制造资源,如模型、数据、软件、信息和知识;③制造能力,包括展示、设计、仿真、实验、管理、销售、运营、维护、制造过程集成及新的数字化、网络化、智能化制造互联产品。

(2)泛在网络层　泛在网络层包括物理网络层、虚拟网络层、业务安排层和智能感知及接入层。

1)物理网络层主要包括光宽带、可编程交换机、无线基站、通信卫星、地面基站、飞机、船舶等。

2)虚拟网络层通过南向和北向接口实现开放网络,用于拓扑管理、主机管理、设备管理、消息接收和传输、服务质量(QoS)管理和 IP 协议管理。

3)业务安排层以软件的形式提供网络功能,通过软硬件解耦合功能抽象,实现新业务的快速开发和部署,提供虚拟路由器、虚拟防火墙、虚拟广域网(WAN)、优化控制、流量监控、有效负载均衡等。

4)智能感知及接入层通过射频识别(RFID)传感器,无线传感器网络,声音、光和电子传感器及设备,条码及二维码,雷达等智能传感单元以及网络传输数据和指令来感知诸如企业、工业、人、机器和材料等对象。

(3)服务平台层　服务平台层包括虚拟智能资源及能力层、核心智能支持功能层和智能用户界面层。

1)虚拟智能资源及能力层提供制造资源及能力的智能描述和虚拟设置,把物理资源及能力映射到逻辑智能资源及能力上以形成虚拟智能资源及能力层。

2)核心智能支持功能层由一个基本的公共云平台和智能制造平台,分别提供基础中介软件功能,如智能系统建设管理、智能系统运行管理、智能系统服务评估、人工智能引擎和智能制造功能（如群体智能设计、大数据和基于知识的智能设计、智能人机混合生产、虚拟现实结合智能实验）、自主管理智能化、智能保障在线服务远程支持。

3）智能用户界面层广泛支持用于服务提供商、运营商和用户的智能终端交互设备，以实现定制的用户环境。

（4）智能云服务应用层　智能云服务应用层突出了人与组织的作用，包括四种应用模式：单租户单阶段应用模式、多租户单阶段应用模式、多租户跨阶段协作应用模式和多租户点播以获取制造能力模式。在智能制造系统的应用中，它还支持人、计算机、材料、环境和信息的自主智能感知、互联、协作、学习、分析、预测、决策、控制和执行。

（5）安全管理和标准规范　安全管理和标准规范包括自主可控的安全防护系统，以确保用户识别、资源访问与智能制造系统的数据安全，标准规范的智能化技术及对平台的访问、监督、评估。

显然，智能制造系统是一种基于泛在网络及其组合的智能制造网络化服务系统，它集成了人、机、物、环境、信息，并为智能制造和随需应变服务在任何时间和任何地点提供资源和能力。它是基于"互联网（云）加上用于智能制造的资源和能力"的网络化智能制造系统，集成了人、机器和商品。典型的智能制造技术体系框图如图1-9所示。

1）最底层是支撑智能制造、亟待解决的通用标准与技术。

2）第二个层次是智能制造装备。这一层的重点不在于装备本体，而更应强调装备的统一数据格式与接口。

3）第三个层次是智能工厂、车间。按照自动化与IT技术作用范围，划分为工业控制和生产经营管理两部分。工业控制包括DCS、PLC、FCS和SCADA系统等工控系统，在各种工业通信协议、设备行规和应用行规的基础上，实现设备及系统的兼容与集成。生产经营管理在MES和ERP的基础上，将各种数据和资源融入全生命周期管理，同时实现节能与工艺优化。

4）第四个层次实现制造新模式，通过云计算、大数据和电子商务等互联网技术，实现离散型智能制造、流程型智能制造、个性化定制、网络协同制造与远程运维服务等制造新模式。

5）第五个层次是上述层次技术内容在典型离散制造业和流程工业的实现与应用。

3. 智能制造涉及的主要技术

智能制造主要由通用技术、智能制造平台技术、泛在网络技术、产品生命周期智能制造技术及支撑技术组成（见图1-10）。

（1）通用技术　通用技术主要包括智能制造体系结构技术、软件定义网络（SDN）系统体系结构技术、空地系统体系结构技术、智能制造服务的业务模型、企业建模与仿真技术、系统开发与应用技术、智能制造安全技术、智能制造评价技术、智能制造标准化技术。

（2）智能制造平台技术　智能制造平台技术主要包括面向智能制造的大数据网络互联技术，智能资源及能力传感和物联网技术，智能资源及虚拟能力和服务技术，智能服务、环境建设、管理、操作、评价技术，智能知识、模型、大数据管理、分析与挖掘技术，智能人机交互技术及群体智能设计技术，基于大数据和知识的智能设计技术，智能人机混合生产技术，虚拟现实结合智能实验技术，自主决策智能管理技术和在线远程支持服务的智能保障技术。

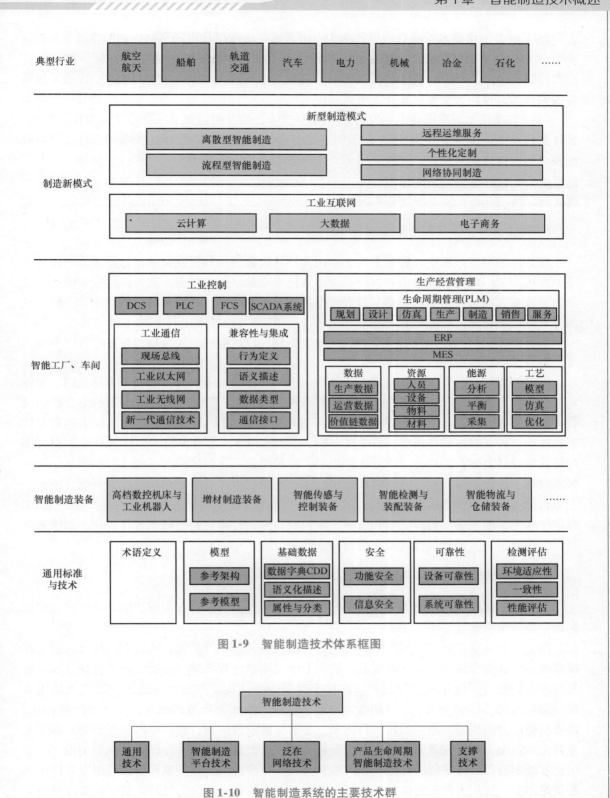

图 1-9　智能制造技术体系框图

图 1-10　智能制造系统的主要技术群

（3）泛在网络技术　泛在网络技术主要由集成融合网络技术和空间空地网络技术组成。

（4）产品生命周期智能制造技术　产品生命周期智能制造技术主要由智能云创新设计技术、智能云产品、设计技术、智能云生产设备技术、智能云操作与管理技术、智能云仿真与实验技术、智能云服务保障技术组成。

（5）支撑技术　支撑技术主要包括 AI 2.0 技术、信息通信技术（如基于大数据的技术、云计算技术、建模与仿真技术）、新型制造技术（如 3D 打印技术、电化学加工等）、制造应用领域的专业技术（航空、航天、造船、汽车等行业的专业技术）。

1.2.3　智能制造关键技术

1. 智能制造装备及其检测技术

在具体的实施过程中，智能生产、智能工厂、智能物流和智能服务是智能制造的四大主题，在智能工厂的建设方案中，智能装备是其技术基础，随着制造工艺与生产模式的不断变革，必然对智能装备中测试仪器、仪表等检测设备的数字化、智能化提出新的需求，促进检测方式的根本变化。检测数据将是实现产品、设备、人和服务之间互联互通的核心基础之一，如机器视觉检测控制技术具有智能化程度高和环境适应性强等特点，在多种智能制造装备中得到了广泛的应用。

发展智能制造，智能设备的应用是基础。不同类型的企业，其智能设备不尽相同，大体可以分为高档数控机床、智能控制系统、机器人、3D 打印系统、工业自动化系统、智能仪表设备和关键智能设备七个主要类别。以 3D 打印为例，它是目前数字化制造技术的典型代表，作为一种新兴智能化设备，3D 打印机可以使用 ABS、光敏树脂、金属为打印原料，实现计算机设计方案，无须传统工业生产流程，即可把数字化设计的产品精确打印出来。这一技术颠覆了传统产品的设计、销售和交付模式，使单件生产、个性化设计成为可能，使制造业不再沿袭多年的流水线制造模式，实现随时、随地、按不同个性需求进行生产。随着 3D 打印技术的不断进步，打印速度和效率不断得到提升，打印材料不断实现多样化，如纳米材料、生物材料等，传统制造业模式将被彻底改变。

2. 工业大数据

工业大数据是智能制造的关键技术，主要作用是打通物理世界和信息世界，推动生产型制造向服务型制造转型。

制造业企业在实际生产过程中，总是努力降低生产过程的消耗，同时努力提高制造业环保水平，保证安全生产。生产的过程，实质上也是不断自我调整、自我更新的过程，同时还是实现全面服务个性化需求的过程。在这个过程中，会实时产生大量数据。依托大数据系统，采集现有工厂设计、工艺、制造、管理、监测、物流等环节的信息，实现生产的快速、高效及精准分析决策。这些数据综合起来，能够帮助发现问题，查找原因，预测类似问题重复发生的概率，帮助完成安全生产，提升服务水平，改进生产水平，提高产品附加值。

智能制造需要高性能的计算机和网络基础设施，传统的设备控制和信息处理方式已经不能满足需要。应用大数据分析系统，可以对生产过程数据进行分析处理。鉴于制造业已经进入大数据时代，智能制造还需要高性能计算机系统和相应网络设施。云计算系统提供计算资源专家库，通过现场数据采集系统和监控系统，将数据上传云端进行处理、存储和计算，计算后能够发出云指令，对现场设备进行控制（例如控制工业机器人）。

3. 数字制造技术及柔性制造、虚拟仿真技术

数字化就是制造要有模型，还要能够仿真，这包括产品的设计、产品管理、企业协同技术等。总而言之，就是数字化是智能制造的基础，离开了数字化就根本谈不上智能化。

柔性制造技术（Flexible Manufacturing Technology，FMT）是建立在数控设备应用基础上并正在随着制造企业技术进步而不断发展的新兴技术，它和虚拟仿真技术一道在智能制造的实现中，扮演着重要的角色。虚拟仿真技术包括面向产品制造工艺和装备的仿真过程、面向产品本身的仿真和面向生产管理层面的仿真。从这三方面进行数字化制造，才能实现制造产业的彻底智能化。

增强现实技术（Augmented Reality，AR），它是一种将真实世界信息和虚拟世界信息"无缝"集成的新技术，是把原本在现实世界的一定时间空间范围内很难体验到的实体信息（视觉、声音、味道、触觉等信息）通过计算机等科学技术，模拟仿真后再叠加，将虚拟的信息应用到真实世界，被人类感官所感知，从而达到超越现实的感官体验。真实的环境和虚拟的物体实时地叠加到了同一个画面或空间同时存在。增强现实技术，不但展现了真实世界的信息，而且将虚拟的信息同时显示出来，两种信息相互补充、叠加。增强现实技术包含了多媒体、三维建模、实时视频显示及控制、多传感器融合、实时跟踪及注册、场景融合等新技术与新手段。

4. 传感器技术

智能制造与传感器紧密相关。现在各式各样的传感器在企业里用得很多，有嵌入的、绝对坐标的、相对坐标的、静止的和运动的，这些传感器是支持人们获得信息的重要手段。传感器用得越多，人们可以掌握的信息越多。传感器很小，可以灵活配置，改变起来也非常方便。传感器属于基础零部件的一部分，它是工业的基石、性能的关键和发展的瓶颈。传感器的智能化、无线化、微型化和集成化是未来智能制造技术发展的关键之一。

当前，大型生产企业工厂的检测点分布较多，大量数据产生后被自动收集处理。检测环境和处理过程的系统化提高了制造系统的效率，降低了成本。将无线传感器系统应用于生产过程中，将产品和生产设施转换为活性的系统组件，以便更好地控制生产和物流，它们形成了信息物理相互融合的网络体系。无线传感网络分布于多个空间，形成了无线通信计算机网络系统，主要包括物理感应、信息传递、计算定位三个方面，可对不同物体和环境做出物理反应，例如温度、压力、声音、振动和污染物等。无线数据库技术是无线传感器系统的关键技术，包括查询无线传感器网络、信息传递网络技术、多次跳跃路由协议等。

5. 人工智能技术

人工智能（Artificial Intelligence，AI）是研发用于模拟、延伸和扩展人的智能的理论、方法、技术及应用系统的科学。它企图了解智能的实质，并生产出一种新的能以人类智能相似的方式做出反应的智能机器，该领域的研究包括机器人、语言识别、图像识别、自然语言处理和专家系统、神经科学等。

目前，人工智能技术和神经科学基本上还属于两个独立的学科领域，在相关领域的融合应用也处于初级阶段，但从长远看，两大领域相互交叉、融合与促进呈现必然之势。智能技术应用领域，包括深度学习在内的特征表现学习不断发展，催生新型人工神经网络技术，开发出同时具备语音识别、图像处理、自然语言处理、机器翻译等能力的通用性人工智能技术。硬件设施缩小甚至隐形，虚拟现实应用领域进一步扩大；实现通过手势、表情及自然语言的双向人机互动，智能系统初步具有人的特性，可定制智能助理将会出现；视觉处理、无人驾驶会有爆发式发展，无人驾驶汽车上路；概念性类脑智能机器人投入应用。

到 2030 年，神经科学和类脑人工智能将迎来第一轮重大突破，革新原有人工智能的算法基础，人类社会初步进入"强"人工智能时代。专家预测，在神经感知和神经认知理解方面将出现颠覆性成果，从而反哺、革新人工智能的原有算法基础，人类进入实质性类脑人工智能阶段。

到 2050 年，神经科学和类脑人工智能将迎来第二轮重大突破、类脑人工智能进入升级版，人类社会将全面进入"强"人工智能时代。专家预测，在情感、意识理解方面将出现颠覆性成果，类脑人工智能进入升级版，并将推动人类脑的超生物进化，神经科学和类脑人工智能融为一体。

6. 射频识别和实时定位技术

射频识别是无线通信技术中的一种，通过识别特定目标应用的无线电信号，读写出相关数据，而不需要机械接触或光学接触来识别系统和目标。无线射频可分为低频、高频和超高频三种，而 RFID 读写器可分为移动式和固定式两种。射频识别标签贴附于物件表面，可自动远距离读取、识别无线电信号，可作快速、准确记录和收集用具使用。RFID 技术的应用简化了业务流程，增强了企业的综合实力。

在生产制造现场，企业要对各类别材料、零件和设备等进行实时跟踪管理，监控生产中制品、材料的位置、行踪，包括相关零件和工具的存放等，这就需要建立实时定位管理体系。通常做法是将有源 RFID 标签贴在跟踪目标上，然后在室内放置 3 个以上的阅读器天线，这样就可以方便地对跟踪目标进行定位查询。

7. 信息物理系统

信息物理系统（Cyber Physical Systems，CPS）是一个综合计算、网络和物理环境的多维复杂系统，通过 3C（Computing、Communication、Control）技术的有机融合与深度协作，实现大型工程系统的实时感知、动态控制和信息服务，让物理设备具有计算、通信、精确控制、远程协调和自治等五大功能，从而实现虚拟网络世界与现实物理世界的融合。CPS 可以将资源、信息、物体及人紧密联系在一起，从而创造物联网及相关服务，并将生产工厂转变为一个智能环境。

信息物理系统取代了以往制造业的逻辑。在该系统中，一个工件能算出哪些服务是自己所需的，现有生产设施升级后，该生产系统的体系结构就被彻底改变了。这意味着现有工厂可通过不断升级得以改造，从而改变以往僵化的中央工业控制系统，转变成智能分布式控制系统，并应用传感器精确记录所处环境，使用生产控制中心独立的嵌入式处理器系统做出决策。CPS 系统作为这一生产系统的关键技术，在实时感知条件下，实现了动态管理和信息服务。CPS 被应用于计算、通信和物理系统的一体化设计中，其在实物中嵌入计算与通信的过程，使这种互动增加了实物系统使用功能。在美国，智能制造关键技术即信息物理技术，该技术也被德国称为核心技术，其主攻方向为智能化应与实际生产紧密联系起来。

8. 网络安全系统

数字化对制造业的促进作用得益于计算机网络技术的进步，但同时也给工厂网络埋下了安全隐患。随着人们对计算机网络依赖度的提高，自动化机器和传感器随处可见，将数据转换成物理部件和组件成了技术人员的主要工作内容。产品设计、制造和服务整个过程都用数字化技术资料呈现出来，整个供应链所产生的信息又可以通过网络成为共享信息，这就需要对其进行信息安全保护。针对网络安全生产系统，可采用 IT 保障技术和相关的安全措施，例如设置防火墙、预防被入侵、扫描病毒仪、控制访问、设立黑白名单、加密信息等。

工厂信息安全是将信息安全理念应用与工业领域，实现对工厂及产品使用维护环节所涵盖的系统及终端进行安全防护。所涉及的终端设备及系统包括工业以太网、数据采集与监视控制（SCADA）系统、分布式控制系统（DCS）、过程控制系统（PCS）、可编程序控制器（PLC）、远程监控系统等网络设备及工业控制系统。应确保工业以太网及工业系统不被未经授权的访问、使用、泄露、中断、修改和破坏，为企业正常生产和产品正常使用提供信息服务。

9. 物联网及应用技术

智能制造系统的运行，需要物联网的统筹细化，通过基于无线传感网络、RFID、传感器的现场数据采集应用，用无线传感网络对生产现场进行实时监控，将与生产有关的各种数据实时传输给控制中心，上传给大数据系统并进行云计算。为了能有效管理一个跨学科、多企业协同的智能制造系统，物联网是必需的。德国工业 4.0 计划就推出了"工业物联网"的概念，从而实现制造流程的智能化升级。

10. 系统协同技术

系统协同技术包括大型制造工程项目复杂自动化系统整体方案设计技术、安装调试技术、统一操作界面和工程工具的协调技术、统一事件序列和报警处理技术、一体化资产管理技术等技术。

1.3 智能制造技术的应用及发展趋势

智能制造包括开发智能产品、应用智能装备、自底向上建立智能产线、构建智能车间、打造智能工厂、践行智能研发、形成智能物流和供应链体系、开展智能管理、推进智能服务、最终实现智能决策。

目前智能制造的"智能"还处于"Smart"的层次，智能制造系统具有数据采集、数据处理、数据分析的能力，能够准确执行指令，能够实现闭环反馈；而智能制造的趋势是真正实现"Intelligent"，智能制造系统能够实现自主学习、自主决策，不断优化。

在智能制造的关键应用技术当中，智能产品与智能服务可以帮助企业带来商业模式的创新；智能装备、智能产线、智能车间到智能工厂，可以帮助企业实现生产模式的创新；智能研发、智能管理、智能物流与供应链则可以帮助企业实现运营模式的创新；而智能决策则可以帮助企业实现科学决策。

1. 智能产品（Smart Product，SP）

智能产品通常包括机械、电气和嵌入式软件，一般具有记忆、感知、计算和传输功能。典型的智能产品包括智能手机、智能可穿戴设备、无人机、智能汽车、智能家电、智能售货机等。

2. 智能服务（Smart Service，SS）

智能服务基于传感器和物联网（IoT），可以感知产品的状态，从而进行预防性维修维护，及时帮助客户更换备品备件，甚至可以通过了解产品运行的状态，帮助客户带来商业机会，还可以采集产品运营的大数据，辅助企业进行市场营销的决策。此外，企业通过开发面向客户服务的APP，也是一种智能服务的手段，可以针对企业购买的产品提供有针对性的服务，从而锁定用户，开展服务营销。

3. 智能装备（Smart Equipment，SE）

典型的智能装备如工业机器人（见图1-11）、数控机床、3D打印装备、智能控制系统等。制造装备经历了机械装备到数控装备，目前正在逐步发展为智能装备。智能装备具有检

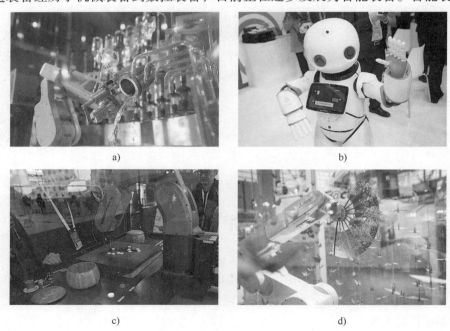

a)　　　　　　　　　　　　　　b)

c)　　　　　　　　　　　　　　d)

图1-11　各种智能机器人

a）调酒机器人　b）服务机器人　c）下棋机器人　d）垂直多关节型机器人

测功能，可以实现在机检测，从而补偿加工误差，提高加工精度，还可以对热变形进行补偿。以往一些精密装备对环境的要求很高，现在由于有了闭环的检测与补偿，可以降低对环境的要求。智能装备的特点是：可将专家的知识和经验融入感知、决策、执行等制造活动中，赋予产品制造在线学习和知识进化能力。

4. 智能产线（Smart Product Online，SPO）

很多行业的企业高度依赖自动化生产线，比如钢铁、化工、制药、食品饮料、烟草、芯片制造、电子组装、汽车整车和零部件制造等，实现自动化的加工、装配和检测。一些机械标准件生产也应用了自动化生产线，如轴承。但是，装备制造企业目前还是以离散制造为主。很多企业的技术改造重点就是建立自动化生产线、装配线和检测线。美国波音公司的飞机总装厂已建立了 U 形的脉动式总装线。自动化生产线可以分为刚性自动化生产线和柔性自动化生产线，柔性自动化生产线一般建立了缓冲。为了提高生产效率，工业机器人、吊挂系统在自动化生产线上应用越来越广泛。典型的智能产线具有如下特点：

1）在生产和装配过程中，能够通过传感器或 RFID 自动进行数据采集，并通过电子看板显示实时的生产状态。

2）能够通过机器视觉和多种传感器进行质量检测，自动剔除不合格品，并对采集的质量数据进行统计分析，找出质量问题的成因。

3）支持多种相似产品的混线生产和装配，可灵活调整工艺，适应小批量、多品种的生产模式。

4）具有柔性，如果生产线上有设备出现故障，能够调整到其他设备生产。

5）针对人工操作的工位，能够给予智能的提示。

5. 智能车间（Smart Workshop，SW）

一个车间通常有多条生产线，这些生产线要么生产相似零件或产品，要么有上下游的装配关系。要实现车间的智能化，需要对生产状况、设备状态、能源消耗、生产质量、物料消耗等信息进行实时采集和分析，达到高效排产和合理排班，显著提高设备利用率（OEE）。

6. 智能工厂（Smart Factory，SF）

一个工厂通常由多个车间组成，大型企业有多个工厂。作为智能工厂，不仅生产过程应实现自动化、透明化、可视化、精益化；同时，产品检测、质量检验和分析、生产物流也应当与生产过程实现闭环集成。一个工厂的多个车间之间要实现信息共享、准时配送、协同作业。一些离散制造企业也建立了类似流程制造企业那样的生产指挥中心，对整个工厂进行指挥和调度，及时发现和解决突发问题，这也是智能工厂的重要标志。智能工厂必须依赖无缝集成的信息系统支撑，主要包括 PLM、ERP、CRM、SCM 和 MES 五大核心系统。大型企业的智能工厂需要应用 ERP 系统制定多个车间的生产计划（Production Planning，PP），并由 MES 系统根据各个车间的生产计划进行详细排产（Production Scheduling，PS）。

7. 智能研发（Smart R&D）

离散制造企业在产品研发方面很多已经应用了 CAD、CAM、CAE、CAPP、EDA 等工具软件和 PDM、PLM 系统，但是很多企业应用这些软件的水平并不高。企业要开发智能产品，需要机电软多学科的协同配合；要缩短产品研发周期，需要深入应用仿真技术，建立虚拟数字化样机，实现多学科仿真，通过仿真减少实物试验；需要贯彻标准化、系列化、模块化的思想，以支持大批量客户定制或产品个性化定制；需要将仿真技术与试验管理结合起来，以提高仿真结果的置信度。

8. 智能管理（Smart Management，SM）

制造企业核心的运营管理系统还包括人力资产管理系统（HCM）、客户关系管理系统（CRM）、企业资产管理系统（EAM）、能源管理系统（EMS）、供应商关系管理系统（SRM）、企业门户（EP）、业务流程管理系统（BPM）等，国内企业也把办公自动化（OA）作为一个核心信息系统。为了统一管理企业的核心主数据，近年来主数据管理（MDM）也在大型企业开始部署应用。实现智能管理和智能决策，最重要的条件是基础数据准确和主要信息系统无缝集成。智能管理主要体现在与移动应用、云计算和电子商务的结合。

9. 智能物流与供应链（Smart Logistics and SCM）

制造企业内部的采购、生产、销售流程都伴随着物料的流动，因此越来越多的制造企业在重视生产自动化的同时，也越来越重视物流自动化，自动化立体仓库、无人引导小车（AGV）、智能吊挂系统得到了广泛的应用；而在制造企业和物流企业的物流中心，智能分拣系统、堆垛机器人、自动辊道系统的应用日趋普及。仓储管理系统（Warehouse Management System，WMS）和运输管理系统（Transport Management System，TMS）也受到制造企业和物流企业的普遍关注。

10. 智能决策（Smart Decision Making，SDM）

企业在运营过程中，产生了大量的数据。一方面是来自各个业务部门和业务系统产生的核心业务数据，如合同、回款、费用、库存、现金、产品、客户、投资、设备、产量、交货期等数据，这些数据一般是结构化的数据，可以进行多维度的分析和预测，这就是业务智能（Business Intelligence，BI）技术的范畴，也被称为管理驾驶舱或决策支持系统。企业可以应用这些数据提炼出企业的 KPI，并与预设的目标进行对比；同时，对 KPI 进行层层分解，来对干部和员工进行考核，这就是企业绩效管理（Enterprise Performance Management，EPM）的范畴。

新一代智能制造技术的理论研究尚处于起步阶段，但国内外已经有许多企业或研究单位对这些制造模式进行了初步应用。

第 2 章

智能设计技术

2.1 概　　述

智能设计是指应用现代信息技术，采用计算机模拟人类的思维活动，提高计算机的智能水平，从而使计算机能够更多、更好地承担设计过程中的各种复杂任务，成为设计人员的重要辅助工具。智能设计在 ICAD 阶段，是以设计型专家系统的形式出现，仅仅是为解决设计中某些困难问题的需要而产生的。在 I_2CAD 阶段，表现形式是人机智能化设计系统，顺应了制造业的柔性、多样性、低成本、高质量的市场需求。作为计算机集成制造系统（CIMS）的一个子系统，人机智能化设计系统是智能设计的高级阶段。

2.1.1 智能设计的产生与发展

智能设计的产生可以追溯到专家系统技术最初应用的时期，其初始形态都采用了单一知识领域的符号推理技术——设计型专家系统，这对于设计自动化技术从信息处理自动化走向知识处理自动化有着重要意义，但设计型专家系统仅仅是为解决设计中某些困难问题的局部需要而产生的，只是智能设计的初级阶段。智能设计作为计算机化的设计智能，是 CAD 的一个重要组成部分，在 CAD 发展过程中有不同的表现形式，传统 CAD 系统中并无真正的智能成分。

近 10 年来，CIMS 的迅速发展向智能设计提出了新的挑战。在 CIMS 的环境下，产品设计作为企业生产的关键性环节，其重要性更加突出，为了从根本上强化企业对市场需求的快速反应能力和竞争能力，人们对设计自动化提出了更高的要求，在计算机提供知识处理自动化（这可由设计型专家系统完成）的基础上，实现决策自动化，即帮助人类设计专家在设计活动中进行决策。需要指出的是，这里所说的决策自动化绝不是排斥人类专家的自动化。恰恰相反，在大规模的集成环境下，人在系统中扮演的角色将更加重要。人类专家将永远是系统中最有创造性的知识源和关键性的决策者。因此，CIMS 这样的复杂系统必定是人机结合的集成化智能系统。与此相适应，面向 CIMS 的智能设计走向了智能设计的高级阶段——人机智能化设计系统。虽然它也需要采用专家系统技术，但只是将其作为自身的技术基础之一，与设计型专家系统之间存在着根本的区别。

设计型专家系统解决的核心问题是模式设计，方案设计可作为其典型代表。与设计型专家系统不同，人机智能化设计系统要解决的核心问题是创新设计，这是因为在 CIMS 这样的大规模知识集成环境中，设计活动涉及多领域和多学科的知识，其影响因素错综复杂。CIMS 环境对设计活动的柔性提出了更高要求，很难抽象出有限的稳态模式。这样的设计活动必定更多地带有创新色彩，因此创新设计是人机智能化设计系统的核心所在。

设计型专家系统与人机智能化设计系统在内核上存在差异，由此可派生出两者在其他方面的不同点。例如，设计型专家系统一般只解决某一领域的特定问题，比较孤立和封闭，难以与其他知识系统集成，而人机智能化设计系统面向整个设计过程，是一种开放的体系结构。

智能设计的发展与 CAD 的发展联系在一起，在 CAD 发展的不同阶段，设计活动中智能部分的承担者是不同的。传统 CAD 系统只能处理计算型工作，设计智能活动是由人类专家完成的。在 ICAD 阶段，智能活动由设计型专家系统完成，但由于采用单一领域符号推理技术的专家系统求解问题能力的局限，设计对象（产品）的规模和复杂性都受到限制，这样 ICAD 系统完成的产品设计主要还是常规设计，不过借助于计算机支持，设计的效率大大提高。而在面向 CIMS 的 ICAD，即 I_2CAD 阶段，由于集成化和开放性的要求，智能活动由人机共同承担，这就是人机智能化设计系统，它不仅可以胜任常规设计，还可支持创新设计。因此，人机智能化设计系统是针对大规模复杂产品设计的软件系统，它是面向集成的决策自动化，是高级的设计自动化。智能设计技术及其说明见表 2-1。

表 2-1　智能设计技术及其说明

智能设计技术	代 表 形 式	智能部分的承担者	说　明
传统设计技术	人工设计/传统 CAD	人类专家	非智能设计
现代设计技术	ICAD	设计型专家系统	智能设计的初级阶段
先进设计技术	I_2CAD	人机智能化设计系统	智能设计的高级阶段

2.1.2　智能设计的特点

由于 CIM 技术的发展和推动，智能设计由最初的设计型专家系统发展到人机智能化设计系统。虽然人机智能化设计系统也需要采用专家系统技术，但它只是将其作为自己的技术基础之一。

针对像 CIMS 这样大规模集成化、自动化的复杂系统，自 20 世纪 80 年代来人们开展了大量的研究，并在以往的计算机数值计算技术和人工智能科学及专家系统技术的基础上逐渐形成了一门新的学科，这就是智能工程。智能工程是适应决策自动化的一门新技术，它研究知识的自动化处理及应用的理论和方法，以及面对复杂问题建立集成化智能软件系统的技术。

但随着智能工程理论与技术的发展，人们对设计过程规律认识不断深入和提高，建立知识模型和利用计算机系统来处理知识模型的能力越来越强，具体到设计领域，它标志着我们在智能设计方面的水平会越来越高。因此，智能工程是智能设计的关键技术和基础，而智能设计则是智能工程的重要应用领域。

在未来的高度自动化、集成化复杂系统中，只要计算机能做的，做得比人好的，就要尽量由计算机做。智能工程的主要任务就是要研究把哪些事情交给计算机做，如何去做，人的智能如何与计算机的智能相配合。随着智能工程的发展，计算机在决策自动化的集成系统中所能承担的工作会越来越多，人所承担的繁杂的脑力劳动会越来越少。这种自动化真正最大限度地把人从简单劳动中解放出来，只集中在最有创造力的脑力劳动上。决策自动化将使人类生产力发展到一个前所未有的高度，智能工程则是达到这样一个高度的云梯。智能设计的特点如下：

1）以设计方法学为指导。智能设计的发展，从根本上取决于对设计本质的理解。设计方法学对设计本质、过程设计思维特征及其方法学的深入研究是智能设计模拟人工设计的基本依据。

2）以人工智能技术为实现手段。借助专家系统技术在知识处理上的强大功能，结合人工神经网络和机器学习技术，较好支持设计过程自动化。

3）以传统 CAD 技术为数值计算和图形处理工具，提供对设计对象的优化设计、有限元分析和图形显示输出上的支持。

4）面向集成智能化。不但支持设计的全过程，而且考虑到与 CAM 的集成，提供统一的数据模型和数据交换接口。

5）提供强大的人机交互功能。使设计师对智能设计过程的干预，即与人工智能融合成为可能。

2.2 设计方案的智能映射与决策

2.2.1 智能映射

如图 2-1 所示的计算机世界是一个由人和计算机构成的有机的智能系统，它体现了新的生产方式，代表新的生产力水平，应当具有新的技术、生产组织和管理方式。它既要把现实世界作为一个服务对象，解决现实世界中存在的问题，以改造现实世界，又要把现实世界作为自己发展的基础和源泉。然而从现实世界到计算机世界的转换或映射并不是直接完成的。要使智能设计系统在更高水平承担现实世界中提出的设计任务，首先还要经过建模阶段。设计知识模型实际上是从现实世界到逻辑世界的映射，它的建立最终是在逻辑世界完成的。若要进一步利用和实施设计知识模型以完成设计任务，则要将逻辑世界中的设计知识模型映射到计算机世界中去。因此，三个世界之间有两种映射关系存在，分别对应前面所说的智能设计的两大任务。

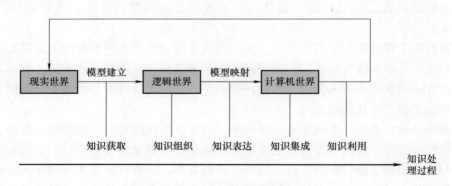

图 2-1　智能设计任务示意图

通过映射依次显现的三个世界构成了一个隐含着知识处理各个环节的过程，如图 2-2 所示。现实世界包括了知识源，因此现实世界到逻辑世界的映射对应着知识的获取；在逻辑世界建立设计知识模型实质上是知识的组织环节；由逻辑世界向计算机世界的映射则是将逻辑世界中的知识表达为计算机世界可处理的形式；在计算机世界要实施知识的集成，也包括集成引起的协调管理；最后则是利用经过处理的知识解决现实世界中的问题。因此，无论是从智能设计系统建立的角度，还是从知识处理技术的角度来看，智能设计的研究内容都是一致的。

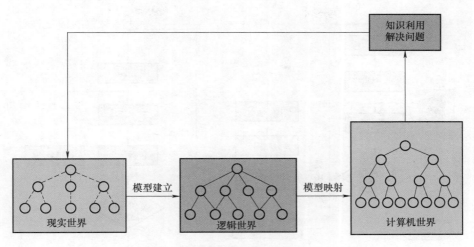

图 2-2　智能映射的流程

　　许多智能设计通过对设计师抽象思维的模拟，以逻辑推理的方式达到设计方案的创新。但在原理确定和基本不变下的许多创新设计往往是借助形象思维加以实现的，进化设计目标正是要加强设计师的形象思维和灵感思维能力来突破设计思维的屏障。智能设计为了更好地解决复杂的工程问题，应用基于符合知识推理的方法来求解。对于基于符号知识的推理求解来说，初始设计通过专家知识的推理得到初步方案，再进一步分析推理结果，然后评价其结果是否满意。如果结果满意，输出结果；如果结果不满意，修改相关参数，重新确定新的方案，重复以上步骤直到结果满意为止。基于符号知识的推理求解符号性知识和过程性知识属于逻辑思维，如图 2-3 所示。

2.2.2　智能决策

　　现代设计建立了许多自动化设计方式，但是自动化并不就意味着设计的智能化。当前许多设计自动化机制没有采用人工智能原理，只是对遵循逻辑和物理规律的约束方程组的求解，如借助人工干预的半自动化设计、基于能量传递与转化的能量链通过选择合适的作用形式完成自动设计、基于广义映射原理的自动设计创新、基于超变量的自动设计、基于几何约束的方案择优。

　　智能设计与智能工程紧密相连。智能工程是适于工业决策自动化的技术，而设计是复杂的分析、综合与决策活动。因此，可以认为智能设计是智能工程这一决策自动化技术在设计域中应用的结果。

　　人类在生产、工作和日常生活中有大量的决策活动，人们根据知识做决策。如果想用计算机来辅助决策，就必须要设法用计算机来自动化地处理各种各样的知识，进而实现决策的自动化（或决策的部分自动化）。这就是智能工程要研究的问题，即如何用复合的知识模型代表人类社会各种决策活动，如何使用计算机系统来自动化地处理这样的复合知识模型，进而实现决策自动化。"设计"是人类生产和生活普遍存在而又非常重要的活动，其中包括大量广泛的依据知识做决策的过程。例如，根据一项产品的使用功能、性能指标、市场可接受价格和制造工艺条件水平的限制等因素确定产品的方案、参数直至零部件的具体结构和尺寸，显然这里面包含着大量决策工作，如果能把人类专家所依据的知识建成模型，并利用智

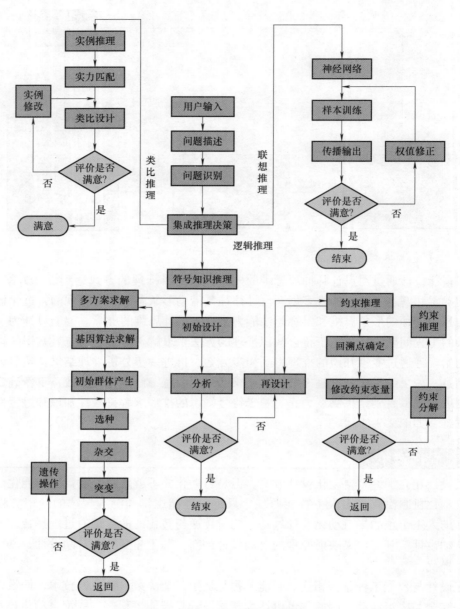

图 2-3　智能设计的集成推理策略

能工程技术使得计算机系统可以自动化地处理这样的知识模型，这样就可以实现决策过程的自动化。

　　利用计算机系统可以实现的决策自动化，其程度要受两个因素的制约：①我们能在何种水平上建立起代表决策过程的知识模型；②计算机处理这种知识模型的能力。第二个因素暂且不论，第一个因素涉及领域知识的获取与组织。例如，对设计活动而言，建立决策过程的知识模型要包括有关设计规律性的知识，这些客观规律亦即知识有的已经被很好地认识，有的还未被认识。在已被很好认识的规律中，有的可以用适当的模型，如用数学模型或符号模型表达，有的还不能找到适当形式表达。当然，那些还未被认识的规律就更谈不上建立知识模型了。这就说明在智能决策自动化系统里，一定要把人类专家包括进去。即使将来能完全认识到人类专家认知活动的规律性，计算机也不一定能具备专家特有的某些能力。例如创造性，人类专家将永远是系统中最具有创造性的知识源与关键性的决策者。

2.2.3　关于设计决策的分析说明

通过建模产生的设计方案往往多种多样，并不唯一，这就需要在设计结果中进行合理的选择；另一方面，模型作为实际系统的抽象和简化，往往难以一步到位，即难以一次性建立就能满足要求，而需要不断修正完善，这就表现为设计的迭代性。设计选择和迭代的基础是评价，它们都与设计决策密切相关。事实上，设计工作的核心是在设计过程中的不断综合和反复决策。这种决策主要分为三种类型：①设计过程决策；②技术方案决策；③可接受性决策。

设计过程决策是规划决策，它决定设计的下一步做什么，怎样进行下一步的工作，是否进行分析，利用什么样的资源等。

技术方案决策是安排具体的技术问题，如材料选择、几何形状、结构尺寸、技术要求、加工工艺等。可接受性决策确定候选设计方案是否充分满足目标要求，并在多个满足目标要求的方案中择优采用一个方案。

这里所讲的决策，应当是具有设计专家水平的决策。也就是说，能够用较少的迭代设计次数，获得最佳的设计方案。从总体上说，设计专家在决策中需要用到两类知识：一类是专家在长期实践中积累的经验知识；另一类是各种决策数据，后者是由支持资源提供的。这些支持资源包括：规划资源、设计资源、数据资源、分析资源、评价资源及图形资源等。在设计过程中，智能设计系统应能请求不同资源的决策支持，如图2-4所示。由于有支持资源为依据，可以减少决策的盲目性，提高决策的可靠性和有效性。建造智能设计系统，正是要把各种资源和决策结合起来，这是智能设计系统开发的一个显著特点。

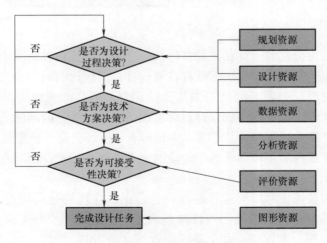

图 2-4　设计过程的决策支持资源

2.2.4　产品设计综合评价的概念

如图 2-5 所示的再设计结构是一种适合于智能设计系统的总体控制结构，它正确地反映了设计问题的求解思路。在实际应用中，可以根据设计任务的特征，在此基本控制结构的基础上加以扩展和完善。这种结构在许多智能设计系统中得到应用，效果良好。其工作流程是：首先，系统根据用户提出的技术要求，产生一个初始设计方案，进而对设计方案进行分析和评价，再做出可接受性决策。若方案被否定，则进行再设计。这种"设计—分析—评价—可接受性决策—再设计"的循环一直进行到得出可以接受的设计方案为止。当然，可行的结果并不一定总是能够得到的，如果迭代设计的次数太多，或者迭代设计的时间太长，可认为再设计失败。这时系统可以要求用户降低可接受性指标或修改技术要求，这种妥协方式是符合真实产品设计的实际情况的。当然，系统应能给出并解释设计失败的原因，同时推荐修改措施。

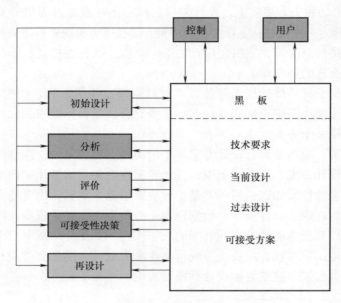

图 2-5　再设计结构

由于设计过程的可分性和设计状态的多样性，产品设计往往存在多个设计方案，即使对于同一个设计方案也会有不同的看法，故存在着设计方案优选的问题；又由于设计过程的层次性和迭代性，使得设计方案可能会因为其他设计方面的修改或解决而需要重新考虑。因此，存在着产品整体设计目标与局部设计目标之间的协调和统一的问题。这些问题的解决都有赖于进行科学的产品设计评价。从图 2-5 中也可看出，评价是可接受性决策的基础，而产品设计评价应综合考虑产品生命周期各个阶段的诸多方面，才能保证其有效性，因此必然是一种综合评价。

综合评价是指对被评价对象所进行的客观、公正、合理的全面评价。如果将对象（如产品设计）视为系统，那么上述问题可抽象地表述为：在若干个同类系统中，如何确认哪个系统的运行（或发展）状况好，哪个系统的运行（或发展）状况差，这是一类常见的所谓综合判断问题，即综合评价问题（Comprehensive Evaluation Problem，CEP）。对于有限多个方案的决策问题来说，综合评价是决策的前提，而正确决策源于科学综合评价。

产品设计综合评价应围绕设计方案展开，其主要工作是对设计方案进行综合评价。为了在设计过程中对产品设计方案进行比较，及时向设计人员提供产品质量、成本和时间等方面的信息，并做出经济、有效的决策，产品评价过程必须集成到设计决策过程中来。

2.2.5　产品设计综合评价的特点

由于产品、设计过程以及评价过程本身的原因，产品设计综合评价具有以下特点：

（1）时域性　在不同的时代，市场和用户对产品的要求不同；在产品开发的不同阶段，设计评价的内容和重点不同；这种时间性反映出产品设计综合评价具有动态特性。同时，不同的人员对产品的评价要求不同；不同的地域和文化背景对产品的评价要求也不相同；这种地域性说明产品设计综合评价具有相对性。

（2）适时性　虽然设计评价可以在设计过程的任何阶段进行，但如果能在适当的时候对产品设计进行有重点的评价，这样就会用较少的精力产生及时、有效的评价效果；否则，会增加设计过程管理的难度和产品设计的复杂性。

（3）渐进性　由于产品的设计过程是一个渐进的过程，设计方案和设计信息是随着设计的进程逐步完善和充实的，所以产品设计的综合评价也是一个由表及里、由浅入深、由粗到细的渐进过程。

（4）模糊性及不确定性　设计决策过程所需的信息往往是不完全的，带有模糊性；同时，产品的定性和定量评价在设计、制造、使用及回收再利用等产品全生命周期中的各个阶段都具有不确定性。

（5）综合性、多目标性　产品设计评价要围绕整个产品生命周期，从产品的经济、环境、性能、可靠性等各个方面进行评价，是一个多目标决策问题，具有明显的综合特点。

2.2.6　层次分析法

在产品设计过程中，存在着多种形式的设计决策，有的比较简单，而有些决策则相当复杂，处理起来颇为困难。针对复杂而困难的决策问题，常常要将其分解成各个因素，把这些因素按支配关系分组形成有序的递阶层次结构，并权衡其各方面的影响，然后综合人的判断，来决定诸因素相对重要性的先后优劣次序。层次分析法（Analytic Hierarchy Process，AHP）就是按这种"分解—判断—综合"的基本思路建立起来的，它是指将决策问题的有关因素分解成目标、准则、方案等层次，在此基础上进行定性判断和定量分析的一种综合评价方法。这一方法的特点，是在对复杂决策问题的本质、影响因素其内在关系等进行深入分析之后，构建一个层次结构模型，然后利用较少的定量信息，把决策的思维过程数学化，从而为求解无结构化的复杂决策问题，提供了一种简便而实用的有效工具。

当你要进行一次旅游时，如何选择旅游地点呢？假定有 3 个旅游地点可供你选择，你大概会用景色、费用、旅途条件等因素去衡量这些地点。如果你对秀丽的水光山色特别偏爱，那么你可能会选择风景如画的地方；如果费用的节省在你的心目中占据很大的比重，那么你可能选择距离较近的地方；如果你想享受现代交通工具、高级旅馆的舒适，那么你可能选择旅途条件优越的地方等。不妨把人们对这个问题的一般决策过程分解一下，大致有以下几步：首先确定景色、费用、旅途条件等因素在影响你选择旅游地点这个总目标中各占有多大比重；然后比较 3 个旅游地点的景色、费用、旅途条件及其他条件如何；最后综合以上结果得到 3 个旅游地点在总目标中所占的比重，一般应该选择比重最大的那个地点。这就是层次分析法的基本思想。

运用层次分析法解决问题，大致可以分为以下 5 个主要步骤。①明确问题，建立递阶层次结构；②构造判断矩阵；③层次单排序；④判断矩阵的一致性检验；⑤层次总排序及总体一致性检验。

2.2.7 抽象层次模型

根据智能设计的特点，总结出智能设计抽象层次模型，如图 2-6 所示，由目标层、决策层、结构层、算法层、逻辑层、传输层、物理层组成。目标层主要是整个设计的总目标，根据市场的需要和调查用户要求得到。

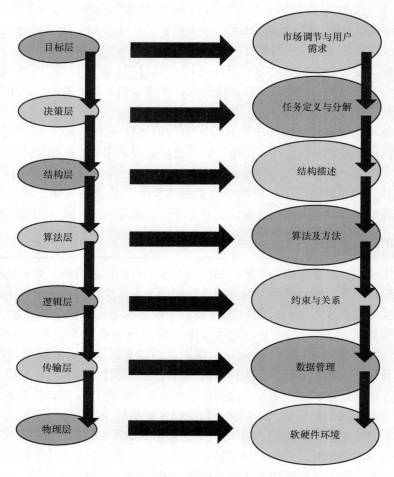

图 2-6　智能设计的抽象层次模型

决策层把要实现的总目标分解成子目标，并采用相应的求解方法与策略，表现为任务的分解与进一步的决策。如智能设计中包含方案设计与布置设计，针对不同的设计要求，确定采用什么样的知识表达方法与求解策略。

结构层提供问题组织与表达的方法。结构层的合理确定，是保证系统统一和完整的先决条件。如目前广泛采用的面向对象的组织方式，可以为问题的描述提供有力的支持，结构层是实现集成的基础。

算法层是概念设计中最关键的一层，为决策层提供强有力的支持工具。算法层包括所有可用的算法与方法。知识工程中的专家系统技术与基于实例的推理技术以及计算智能的人工神经网络、遗传算法都可以为决策层提供支持，是求解问题的关键所在。

逻辑层为算法层的协调、协作提供保障，通过关系与约束把算法层沟通起来，使系统融合为一体。

传输层保证信息的交换，数据的管理，是以上各层信息交流的平台。

物理层提供系统运行的软硬件环境，包括信息的存储以及与其他外部设备的联通。

2.3　智能设计系统

2.3.1　智能设计技术研究重点

（1）智能方案设计　方案设计是方案的产生和决策阶段，是最能体现设计智能化的阶段，是设计全过程智能化必须突破的难点。

（2）知识获取和处理技术　基于分布和并行思想的结构体系和机器学习模式的研究，基于遗传算法和神经网络推理的研究，其重点均在非归纳及非单调推理技术的深化等方面。

（3）面向 CAD 的设计理论　包括概念设计和虚拟现实、并行工程、健壮设计、集成化产品性能分类学及目录学、反向工程设计法及产品生命周期设计法等。

（4）面向制造的设计　以计算机为工具，建立用虚拟方法形成的趋近于实际的设计和制造环境。具体研究 CAD 集成，虚拟现实，并行及分布式 CAD/CAM 系统及其应用，多学科协同，快速原型生成和生产的设计等人机智能化设计系统（I_2CAD）。智能设计是智能工程与设计理论相结合的产物，它的发展必然与智能工程和设计理论的发展密切相关，相辅相成。设计理论和智能工程技术是智能设计的知识基础。智能设计的发展和实践，既证明和巩固了设计理论研究的成果，又不断提出新的问题，产生新的研究方向，反过来还会推动设计理论和智能工程研究的进一步发展。智能设计作为面向应用的技术其研究成果最后还要体现在系统建模和支撑软件开发及应用上。

智能设计系统的关键技术包括：设计过程的再认识、设计知识表示、多专家系统协同技术、再设计与自学习机制、多种推理机制的综合应用、智能化人机接口等。

（1）设计过程的再认识　智能设计系统的发展取决于对设计过程本身的理解。尽管人们在设计方法、设计程序和设计规律等方面进行了大量探索，但从计算机化的角度看，目前的设计方法学还远不能适应设计技术发展的需求，仍然需要探索适合于计算机处理的设计理论和设计模式。

（2）设计知识表示　设计过程是一个非常复杂的过程，它涉及多种不同类型知识的应用，因此单一知识表示方式不足以有效表达各种设计知识，如何建立有效的知识表示模型和有效的知识表示方式，始终是设计类专家系统成功的关键。

（3）多专家系统协同技术　较复杂的设计过程一般可分解为若干个环节，每个环节对应一个专家系统，多个专家系统协同合作、信息共享，并利用模糊评价和人工神经网络等方法以有效解决设计过程多学科、多目标决策与优化难题。

（4）再设计与自学习机制　当设计结果不能满足要求时，系统应该能够返回到相应的层次进行再设计，以完成局部和全局的重新设计任务。同时，可以采用归纳推理和类比推理等方法获得新的知识，总结经验，不断扩充知识库，并通过再学习达到自我完善。

（5）多种推理机制的综合应用　智能设计系统中，除了演绎推理外，还应该包括归纳推理、基于实例的类比推理、各种基于不完全知识的模糊逻辑推理方式等。上述推理方式的综合应用，可以博采众长，更好地实现设计系统的智能化，如图2-7所示。

（6）智能化人机接口　良好的人机接口对智能设计系统是十分必要的，对于复杂的设计任务以及设计过程中的某些决策活动，在设计专家的参与下，可以得到更好的设计效果，从而充分发挥人与计算机各自的长处。

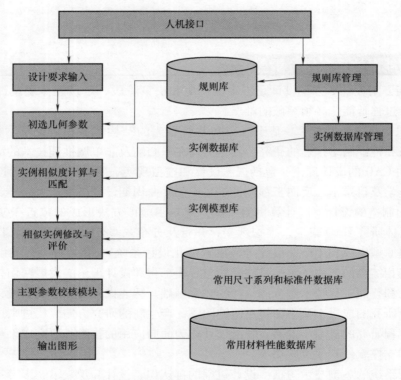

图 2-7　基于实例与规则推理的智能设计系统总体结构和工作流程

2.3.2　智能设计的分类

1. 原理方案智能设计

方案设计的结果将影响设计的全过程，对于降低成本、提高质量和缩短设计周期等有至关重要的作用。原理方案设计是寻求原理解的过程，是实现产品创新的关键。原理方案设计的过程是：总功能分析→功能分解→功能元（分功能）求解→局部解法组合→评价决策→最佳原理方案。按照这种设计方法，原理方案设计的核心归结为面向分功能的原理求解。面向通用分功能的设计目录能全面地描述分功能的要求和原理解，且隐含了从物理效应向原理解的映射，是智能原理方案设计系统的知识库初始文档。基于设计目录的方案设计智能系统，能够较好地实现概念设计的智能化。

2. 协同求解

ICAD 应具有多种知识表示模式、多种推理决策机制和多个专家系统协同求解的功能，同时需把同理论相关的基于知识程序和方法的模型组成一个协同求解系统，在元级系统推理及调度程序的控制下协同工作，共同解决复杂的设计问题。

某一环节单一专家系统求解问题的能力，与其他环节的协调性和适应性常受到很大限制。为了拓宽专家系统解决问题的领域，或使一些互相关联的领域能用同一个系统来求解，就产生了所谓协同式专家系统的概念。在这种系统中，有多个专家系统协同合作，这就是协同式多专家系统。多专家系统协同求解的关键，是要工程设计领域内的专家之间相互联系与合作，并以此来进行问题求解。协同求解过程中信息传递的一致性原则与评价策略，是判断目前所从事的工作是否向着有利于总目标的方向进行。多专家系统协同求解，除在此过程中实现并行特征外，尚需开发具有实用意义的多专家系统协同问题求解的软件环境。

3. 知识获取、表达和专家系统技术

知识获取、表达和利用技术专家系统技术是 ICAD 的基础，其面向 CAD 应用的主要发展方向，可概括为：

1）机器学习模式的研究，旨在解决知识获取、求精和结构化等问题。

2）推理技术的深化，要有正、反向和双向推理流程控制模式的单调推理，又要把重点集中在非归纳、非单调和基于神经网络的推理等方面。

3）综合的知识表达模式，即如何构造深层知识和浅层知识统一的多知识表结构。

4）基于分布和并行思想求解结构体系的研究。

5）黑板结构模型。

黑板结构模型侧重于对问题整体的描述以及知识或经验的继承。这种问题求解模型是把设计求解过程看作是先产生一些部分解，再由部分解组合出满意解的过程。其核心是由知识源、全局数据库和控制结构三部分组成。全局数据库是问题求解状态信息的存放处，即黑板。将解决问题所需的知识划分成若干知识源，它们之间相互独立，需通过黑板进行通信、合作并求出问题的解。通过知识源改变黑板的内容，从而导出问题的解。在问题求解过程中所产生的部分解全部记录在黑板上。各知识源之间的通信和交互只通过黑板进行，黑板是公共可访问的。控制结构则按人的要求控制知识源与黑板之间的信息更换过程，选择执行相应的动作，完成设计问题的求解。黑板结构模型是一种通用的适于大空间解和复杂问题的求解模型。

2.3.3 基于实例的推理（CBR）

CBR（Case Based Reasoning）是一种新的推理和自学习方法，其核心精神是用过去成功的实例和经验来解决新问题。研究表明，设计人员通常依据以前的设计经验来完成当前的设计任务，并不是每次都从头开始，CBR 的一般步骤为提出问题，找出相似实例，修改实例使之完全满足要求，将最终满意的方案作为新实例存储于实例库中。CBR 中最重要的支持是实例库，关键是实例的高效提取。

CBR 的特点是对求解结果进行直接复用，而不用再次从头推导，从而提高了问题求解的效率。另外，过去求解成功或失败的经历可用于动态地指导当前的求解过程，并使之有效地取得成功，或使推理系统避免重犯已知的错误。

2.3.4　专家系统

专家系统是人工智能中最重要的也是最活跃的一个应用领域，它实现了人工智能从理论研究走向实际应用、从一般推理策略探讨转向运用专门知识的重大突破。20 世纪 60 年代初，出现了运用逻辑学和模拟心理活动的一些通用问题求解程序，它们可以证明定理和进行逻辑推理。但是这些通用方法无法解决大的实际问题，很难把实际问题改造成适合于计算机解决的形式，并且对于解题所需的巨大的搜索空间也难于处理。1965 年，费根鲍姆等人在总结通用问题求解系统的成功与失败经验的基础上，结合化学领域的专门知识，研制了世界上第一个专家系统 dendral，可以推断化学分子结构。20 多年来，知识工程的研究，专家系统的理论和技术不断发展，应用渗透到几乎各个领域，包括化学、数学、物理、生物、医学、农业、气象、地质勘探、军事、工程技术、法律、商业、空间技术、自动控制、计算机设计和制造等众多领域，开发了几千个专家系统，其中不少在功能上已达到，甚至超过同领域中人类专家的水平，并在实际应用中产生了巨大的经济效益。专家系统的发展已经历了 3 个阶段，正向第四代过渡和发展。第一代专家系统（dendral、macsyma 等）以高度专业化、求解专门问题的能力强为特点。但在体系结构的完整性、可移植性等方面存在缺陷，求解问题的能力弱。

第二代专家系统（mycin、casnet、prospector、hearsay 等）属单学科专业型、应用型系统，其体系结构较完整，移植性方面也有所改善，而且在系统的人机接口、解释机制、知识获取技术、不确定推理技术、增强专家系统的知识表示和推理方法的启发性、通用性等方面都有所改进。

第三代专家系统属多学科综合型系统，采用多种人工智能语言，综合采用各种知识表示方法和多种推理机制及控制策略，并开始运用各种知识工程语言、骨架系统及专家系统开发。

2.4　智能 CAD 系统及设计方法

综合国内外关于智能设计的研究现状和发展趋势，智能设计按设计能力可以分为三个层次：常规设计、联想设计和进化设计。

1. 常规设计

常规设计即设计属性、设计进程、设计策略已经规划好，智能系统在推理机的作用下，调用符号模型（如规则、语义网络、框架等）进行设计。目前，国内外投入应用的智能设计系统大多属于此类，如日本 NEC 公司用于 VLSI 产品布置设计的 Wirex 系统，华中科技大学开发的标准 V 带传动设计专家系统（JDDES）、压力容器智能 CAD 系统等。这类智能系统常常只能解决定义良好、结构良好的常规问题，故称常规设计。

2. 联想设计

目前研究可分为两类：一类是利用工程中已有的设计事例，进行比较，获取现有设计的指导信息，这需要收集大量良好的、可对比的设计事例，对大多数问题是困难的；另一类是利用人工神经网络数值处理能力，从试验数据、计算数据中获得关于设计的隐含知识，以指导设计。这类设计借助于其他事例和设计数据，实现了对常规设计的一定突破，称为联想设计。

3. 进化设计

遗传算法（Genetic Algorithms，GA）是一种借鉴生物界自然选择和自然进化机制的、高度并行的、随机的、自适应的搜索算法。20 世纪 80 年代早期，遗传算法已在人工搜索、函数优化等方面得到广泛应用，并推广到计算机科学、机械工程等多个领域。进入 20 世纪 90 年代，遗传算法的研究在其基于种群进化的原理上，拓展出进化编程（Evolutionary Programming，EP）、进化策略（Evolutionary Strategies，ES）等方向，它们并称为进化计算（Evolutionary Computation，EC）。

进化计算使得智能设计拓展到进化设计，其特点是：设计方案或设计策略编码为基因串，形成设计样本的基因种群。设计方案评价函数决定种群中样本的优劣和进化方向，进化过程就是样本的繁殖、交叉和变异等过程。

进化设计对环境知识依赖很少，而且优良样本的交叉、变异往往是设计创新的源泉，所以在 1996 年举办的"设计中的人工智能"（Artificial Intelligence in Design）国际会议上，M. A. Rosenman 提出了设计中的进化模型，使用进化计算作为实现非常规设计的有力工具。

产品设计的本质是以知识为核心的智力资源处理活动，是知识获取、处理、创造和发现的过程。基于知识的智能设计是将人类智力行为通过人工智能技术附加于设计工具或计算机软件系统之中，在一定程度上帮助人类工程师进行推理求解和决策。智能设计系统开发是模拟领域专家进行"设计—评价—再设计"的创新设计过程，为产品的不同设计阶段提供智能的决策支持。通常使用标准遗传算法进行优化设计时，设计者首先把设计变量转换成基因变量，这样的操作对于简单的优化设计问题来说并不困难。但是，存在于我们周围有一定复杂程度的产品，几乎都具有多层次结构特征。

现实中的机械产品也大都展示出具有多层次结构系统特性。有大量的子结构部件和零件，被分层次地装配成一个完整的大系统。在标准遗传算法中，通常要把设计变量的编码转换成一维矩阵表示，这就如同其他优化设计一样，设计者必须把一个多层次系统转换成一个数据矩阵。使用这种一维矩阵编码表示设计变量的标准遗传算法进行优化设计时，能够解决设计参数的决定问题。例如，机械部件的大小、规模等。但是，如果设计者想要同时使机械结构与其零部件最优化，使用标准遗传算法这种优化技术就必须进行分别优化。因此，机构和部件处于不同优化水平下，在这种情况下，机械部件的大小、规模的优化需要结构已经限定成固定的值。这种优化模式，必定是对产品结构的描述不精确的。多层次结构产品知识整体进化算法是在标准进化算法应用的基础上，用多层次基因代码确切表达出复杂机械结构方案创新设计中多层次内容和与多层次机械设计结构系统的有关细节的一种改进进化算法。

由于智能设计知识模型的复杂性，不可能用一个简单的软件系统来处理和实施，因此有必要就能够处理智能设计知识模型的大规模智能环境——智能设计软件系统的一些重要问题和关键技术开展研究。

对应于智能设计知识模型的复杂体系结构，处理和实施这一模型的智能软件系统也必须具有相应的复杂体系结构。一个合理和优化的体系结构，是保障计算机智能系统正确、高效地完成设计任务的必要条件。它与人类设计专家组织的体系结构有某种联系和相似，但又不完全雷同，因为它的体系结构要符合计算机世界的特点。因此，到底什么样的体系结构是优化合理的，既能保障设计任务顺利而高效的实施和完成，又符合计算机世界的特点，是重要研究课题。只有正确地确定了智能设计软件系统的体系结构，才能正确地确定设计知识建模任务中实施描述模型的体系结构（两者是相应的，但不一定相同），才能最后将此模型映射到计算机世界加以实施。智能设计软件系统体系结构的研究，涉及计算机软、硬件技术和设计知识两方面的内容，例如计算机网络技术、并行处理和并行计算技术、分布式数据库技术、设计过程及其组织结构等。

人机智能化设计系统是模拟人类专家群体工作的复杂系统。它涉及多学科、多领域、多功能、多任务及多种形式描述的知识的处理和使用。针对这样复杂知识系统的最有效处理方法是将其分割为若干单一的领域知识系统——子系统来处理，然后将其集成起来。按所要完成的任务和功能来划分，一些子系统是有相互关系的，它们的协调工作和集成将能完成某一复杂任务，称这样的子系统是处在复杂软件系统同一水平或同一层。这样的子系统既是有区别的，代表不同的领域专家，具有不同的领域知识，但又是有联系的，它们要共同合作完成一个任务。任何一个复杂的系统，都可以按此原则划分为若干组在不同水平（或层次）的子系统。因此，最基本而又最重要的课题是如何将同一水平（或层次）的子系统集成。这个问题解决了，复杂软件系统的结构就有了一种基本的集成单元和模式，利用这种模式可以实现更大范围、更复杂的集成。

我们这里要介绍的是一种并行分层结构的基本集成模式。这是一个两层结构的集成单元，称为集成智能单元（Integrated Intelligent Unit，IIU），该集成单元的核心称为元系统（Meta System，MS）。

元系统是一个管理型专家系统，它是关于领域专家系统的专家系统。此系统具有自己的知识库，称为元知识库。元知识库里面存放的是元知识。所谓元知识，就是关于领域知识的知识，也就是说元知识不是领域知识，它不能解决子系统所代表的具体知识领域的问题，但元知识是关于各领域知识的性质、功能、特点、组成和使用的知识，是管理、控制、使用领域知识的知识。因此，若说各领域专家系统（子系统）是模拟了多个单一的人类领域专家的话，那么元系统具有元知识，则是模拟整个领域专家群体的组织者。元系统也有自己的推理机和数据库。这些基本的构成使它成为一个独立的专家系统，只不过它是管理领域专家系统的专家系统。在元系统的下面一层，是若干子系统，这些子系统可以是数值计算程序库，或领域专家系统，也可以是其他工业设备上的计算机分析或智能软件包，或者是其他集成智能单元。这些子系统都是彼此独立、并行地与元系统相连。这种集成单元可以包括不同描述形式知识的集成、多个不同领域知识的集成、多任务和多功能（子任务或子功能）的集成、不同介质信息处理的集成。由这样的集成单元组成的集成化智能软件系统是一个大规模的知识集成环境。它所集成的子系统可以用不同的语言支持并独立使用。整个系统由一个智能监控系统（管理专家系统）来统筹、管理、控制，这个智能监控系统就是元系统。此系统在集成化知识软件中起关键作用。因此，对元系统的功能、结构及设计方法的研究是智能工程的重要课题。

元系统作为大规模知识集成环境的核心，应具有相当的智能以管理、控制、协调、维护众多的子系统，这样的功能可以通过建立专家系统来实现。元系统一般由外部环境接口、元知识库、数据库、推理机构、静态黑板和对子系统的接口等基本部分组成。

第3章

智能加工技术

3.1 概　　述

　　智能加工技术（主要是智能切削技术）是智能制造技术的核心，长期以来，零件或产品加工过程的智能化一直是国内外学者研究的热点。原材料或毛坯的加工有三种形式：增材制造（通过焊接、镀层、快速原型等方法来实现）、等材制造（通过铸造、锻造、粉末冶金等材料变形方法来实现）和减材制造（主要通过各种切削加工来实现），而减材制造目前仍然是制造零件和产品的主要方法。

　　切削过程是非常复杂的加工过程，在切削过程中涉及物理学、化学、力学、材料学、振动学、摩擦学、传热学等多学科、多领域的相关知识与理论，对于切削过程的控制一直以来都是切削研究的重点。随着加工技术不断发展与工业 4.0 时代的到来，切削过程的智能加工技术已经成为切削研究的热点，在切削过程中应用智能加工技术是必然的发展趋势。高性能、难加工材料（如钛合金、高温合金、复合材料及它们的结构件）零件的加工过程中必须采用智能加工工艺，对加工系统、时变工况进行在线监测，以获取加工过程的状态信息。在此基础上，针对实时工况变化采用智能化方法对工艺过程进行自主学习及决策控制，实现高品质零件制造过程的智能决策和自主控制。采用智能制造加工技术，可最大限度地提高难加工材料及其结构件的加工质量、加工效率、减少或者避免不必要的损失、降低生产成本。

　　常规数控加工技术在机械加工中占有非常重要的地位，一直以来都是机械加工的主要方式与手段，但常规数控加工技术没有把加工过程中机床、刀具、工件的状态变化一并纳入加工过程进行考虑。在常规数控加工过程中，数控机床只是根据零件的几何形状与给定切削用量生成数控加工程序，并按照已定的数控程序进行加工，但工件材料去除加工过程中存在着非常复杂的状态变化，其中包括机床位姿变化、机床功率变化、机床刚度变化、刀具的空间位置变化、刀具受力情况变化、刀具变形情况变化、刀具磨损状态变化、刀具温度变化、工件的受力情况变化、工件的变形情况变化、工件材料的去除程度、机床、刀具及工件的振动情况等。常规的数控加工技术没有把状态变化量纳入考虑的范围内，只是按照给定的工件几何轮廓、加工参数、刀具路径进行加工，对于加工过程中出现的"突发"状况不能进行实时处理，不能根据加工过程中状态的变化采取相应的应对措施，也不能实现对加工状态的实时优化，设备加工能力得不到充分发挥，同时也难以保证零件的最终加工质量。

　　通过采用智能加工技术，可以对所提出的上述问题进行很好的解决，智能加工技术是对现有加工技术的一次技术变革，通过加工前的仿真分析与优化、加工过程中的状态监测、智能优化与控制、贯穿于整个加工过程的数据处理与共享，使得切削过程中各种状态变化量可以被"预测""感知""控制"与"优化"，实现智能加工。在切削加工过程中引入智能技术是必然趋势，将智能加工技术贯穿加工的整个过程是未来产品或零件制造加工的发展方向。智能加工技术在加工过程中的应用包括：

　　（1）加工前　机床、刀具、零件、夹具几何模型的建立、加工过程仿真、加工路径优化、切削用量优化、刀具角度优化、切削过程中的状态与最终加工质量预测等。

　　（2）加工中　加工过程中加工状态的在线监测、数据处理、特征提取、状态判断、智能推理与决策、实时优化与控制。

（3）加工后　零件几何尺寸与精度、表面粗糙度、表面形貌、残余应力等加工质量的检测与判断。

（4）数据处理贯穿于整个智能加工过程　包括加工前、中、后不同阶段中相关数据的建立、存储、处理、通信与共享。

3.2　智能加工工艺

3.2.1　智能切削技术的内涵与流程

1. 智能切削加工技术内涵

智能切削加工是基于切削理论建模及数字化制造技术，对切削过程进行预测及优化。在加工过程中采用先进的数据监测及处理技术，对加工过程中机床、工件、刀具的状态进行实时监测与特征提取，并结合理论知识与加工经验，通过人工智能技术，对加工状态进行判断。通过数据对比、分析、推理、决策、实时优化切削用量、刀具路径，调整自身状态，实现加工过程的智能控制，完成最优加工，获得理想的工件质量及加工效率。图 3-1 所示为智能切削加工所涉及的因素。

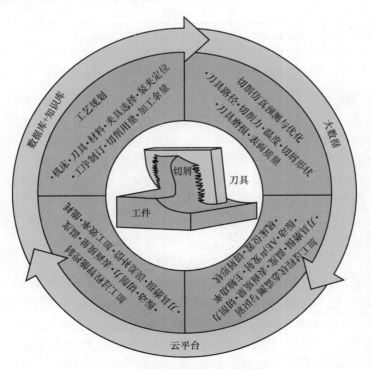

图 3-1　智能切削加工所涉及的因素

2. 智能切削加工流程

智能切削加工的流程如图 3-2 所示，具体内容包括：在加工之前结合以往制造工艺数据，基于大数据、云计算等技术，对加工工艺进行整体工艺规划，并通过仿真技术对加工过程进行预测与优化；在完成工艺规划进行加工的过程中，通过多传感器对加工状态进行监测，并通过数据处理判断加工状态，通过智能优化决策模块实现加工过程在线优化控制，并对零件加工质量进行在线检测，最终完成零件的智能化加工。

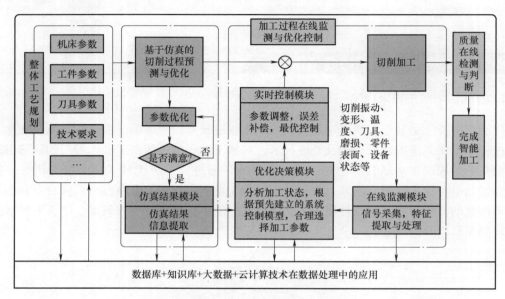

图 3-2　智能切削加工的流程

数据的处理与应用贯穿于整个智能加工过程，包括机床、工件、刀具、夹具数据信息、加工参数数据信息、加工过程的数据信息及加工完成后的数据信息。智能加工的数据处理功能需要对数据进行收集、分类、管理、储存、提取、优化、共享等一系列操作。随着数据库、互联网 + 、大数据、云计算技术的发展给智能加工技术在切削过程的应用带来了更大的发展空间，由于切削过程的复杂性，从工艺规划、仿真优化、切削过程优化与控制、质量检验到完成加工，涉及大量的数据信息，通过建立数据库、知识库使得加工过程的数据得到很好的管理与继承，与此同时，通过大数据技术对数据进行挖掘、实现快速访问，快速分析，有效地挖掘加工参数。通过互联网技术与云平台实现数据云端通信与共享，加大了切削过程中数据的流通性，使加工经验得到很好共享与利用。

（1）整体工艺规划　在零件进行实际加工之前首先需要对零件的几何特征进行分析，综合考虑机床参数、工件参数、刀具参数与技术要求等对零件的加工工艺进行规划，通过运用大数据技术，结合以往理论知识与加工数据确定相应的加工参数与流程。

（2）基于仿真的切削过程预测与优化　在机床、刀具、切削用量选取之后，通过数控加工仿真、切削过程物理仿真、数值仿真等手段对切削过程进行仿真，在实际加工之前预测加工过程机床、刀具、工件的状态变化情况。并通过优化算法对刀具路径、切削用量等进行优化，通过仿真分析使切削用量达到最优状态。

（3）加工过程在线监测与优化控制　加工过程的在线监测与优化是智能加工技术的核心技术，主要包括：在线监测模块、优化决策模块、实时控制模块，涉及在线监测、数据处理、特征提取、智能决策与优化、在线实时控制等多项技术。

通过在线监测模块对加工过程状态信号进行监测与特征提取，可以"感知"机床、刀具、工件的具体工况，对加工状态进行判断。通过优化决策模块对加工过程进行优化，主要内容为采用智能算法，对预先获得的仿真数据、系统理论模型数据、实际加工数据进行对比分析与优化，对加工中的目标参数进行单目标或多目标优化。通过实时控制模块实现对切削用量等在线调整。在加工过程中通过调节切削用量（转速、切削深度、进给量等）、刀具位置姿态、刀具刚度、角度、机床夹具补偿位置等实现切削过程的智能调整，从而使加工过程始终处于较为理想的优化状态。

（4）质量检测与判断　质量检测环节为加工的最后环节，通过对零件加工质量的在线监测，完成对零件几何外形轮廓、加工尺寸精度、表面质量等的检测，最终完成零件加工质量检测。

（5）智能加工中的数据处理　数据处理贯穿于智能加工的整个过程，加工中涉及的数据包括：机床、夹具、刀具、工件的基本参数数据、切削用量数据、加工过程中所测得的状态参数数据、优化参数数据、控制参数数据、检测数据等一系列数据。

对于加工过程中的数据处理操作包括：数据采集与挖掘、数据处理、数据优化、数据存储、数据通信、数据管理等。基于数据库、知识库、大数据、云计算技术，结合人工智能与优化算法对切削过程中的数据进行挖掘与优化，实现加工中的智能优化。通过数据通信实现多终端的数据提取，通过将数据上传到云端，实现数据云平台共享。

3.2.2　智能切削加工过程中的基础关键技术

智能切削加工过程所涉及的关键技术主要包括：智能加工工艺规划、通过仿真手段对切削过程进行预测与优化、在加工过程中对于状态变化的监测、加工过程中的智能决策与控制、贯穿于整个加工过程的数据处理技术。智能切削加工关键技术在智能加工具体技术路线中的应用如图 3-3 所示。

1. 基于试验或仿真的切削过程预测与优化技术

（1）基于试验的切削过程预测与优化技术

1）正交试验设计及多元非线性回归分析。加工过程中，影响加工过程参量（如加工表面质量、刀具磨损、切削力和切削温度、切削振动等）的因素较多，常常需要同时考察 3 个或 3 个以上的试验因素，若进行全面试验，则试验的规模将很大，往往因试验条件的限制而难于实施。正交设计是安排多因素试验、寻求最优水平组合的一种高效率试验设计方法。

正交试验设计（Orthogonal Experimental Design，OED）具有一种考虑兼顾全面试验法和简单比较法的优点，它利用规格化的正交表恰当地设计出试验方案和有效地分析试验结果，提出最优配方和工艺条件，并进而设计出可能更优秀的试验方案。正交试验设计非常适用于多因素多水平的试验设计，它最大的优点就是试验次数少。例如进行一个七因素两水平的试验，全面因子试验需要做 $2^7 = 128$ 次试验，而选用 $L_8(7^2)$ 正交试验（L 为正交试验，8 为试验次数，7 为因素个数，2 为每个因素的水平）则只需要进行 8 次试验。当因素个数小于或等于两个时，正交试验会退化为全面试验法。

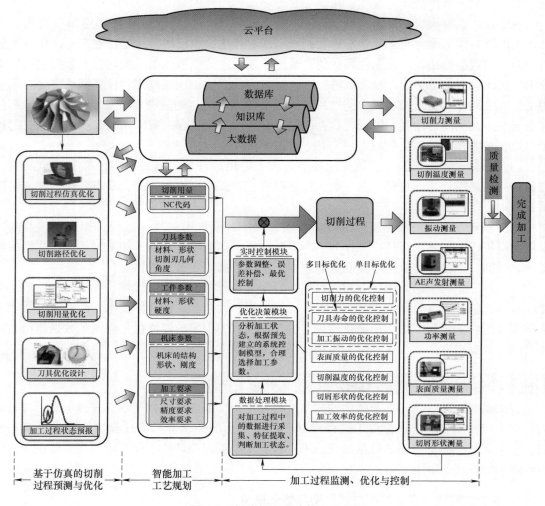

图 3-3 智能加工具体技术路线

正交最优化方法的优点不仅表现在试验的设计上，更表现在对试验结果的处理上。通过对试验结果的分析，可以解决以下问题：

① 分清各因素及其交互作用的主次顺序，即分清哪些因素是主要因素，哪些是次要因素（通过极差分析）。

② 判断因素对试验指标影响的显著程度（通过极差分析）。

③ 找出试验因素的最优水平和试验范围内的最优组合，以及试验因素取什么水平时，试验指标最好（通过极差分析和趋势图）。

④ 分析因素与试验指标的关系，即当因素变化时，试验指标是如何变化的。找出指标随因素变化的规律和趋势，为进一步试验指明方向。

⑤ 了解各因素之间的交互作用情况。

⑥ 估计试验误差的大小（通过方差分析）。

⑦ 得出试验因素与试验指标之间的经验公式（通过多元非线性回归分析）。

需要指出的是，正交试验设计的试验点中包含了许多抽样空间的边界点，缺乏在全试验域对响应面构建的数据支持，所以在构建近似模型时尽量不要使用正交试验中的数据。均匀试验设计能很好地克服这一缺点。

2）均匀试验设计。均匀试验设计是一种只考虑试验点在试验范围内均匀散布的试验设计方法，由于均匀试验只考虑试验点的"均匀散布"而不考虑"整齐可比"，因此可以大大减少试验次数，这是它与正交试验设计的最大不同之处。

均匀设计是用数论方法编制的，用符号 $U_n(q^m)$ 表示，U 表示均匀设计，它有 n 行 m 列，每列的水平数为 q。均匀试验表具有如下特点：

① 对于任意的 n 都可以构造均匀试验表，并且行数 n 与水平数 q 相同，因此试验次数少。

② 列数可按下面规则给出，当 n 为素数时，列数最多等于 $n-1$；当 n 为合数时，设 $n = p_1^{l_1} p_2^{l_2} \cdots p_k^{l_k}$，其中 p_1、p_2、p_k 为素数，l_1、l_2、l_k 为正整数，那么列数为

$$m = n\left(1 - \frac{1}{p_1}\right)\left(1 - \frac{1}{p_2}\right)\cdots\left(1 - \frac{1}{p_k}\right) \tag{3-1}$$

3）回归设计（或响应面设计）。正交设计虽然是一种重要的科学试验设计方法，它能够利用较少的试验次数，获得较佳的试验结果，但是它不能在一定的试验范围内，根据数据样本去确定变量间的相关关系及其相应的回归方程。回归设计就是在因子空间选择适当的试验点，以较少的试验处理建立一个有效的多项式回归方程，从而解决生产中的最优化问题，这种试验设计方法就被称为回归设计。

回归设计也称为响应曲面（Response Surface，RS）设计，目的是寻找试验指标与各因子间的定量规律，考察的因子都是定量的。它是在多元回归的基础上用主动收集数据的方法获得具有较好性质的回归方程的一种试验设计方法。因此，将回归和正交结合在一起进行试验设计，这就是回归正交设计。回归正交设计是回归分析与正交试验设计法有机结合而形成的一种新的试验设计方法。它是回归设计中最基本的，也是最常用的和最有代表性的设计方法。根据建立的回归方程的次数，回归设计分为一次回归设计和二次回归设计。根据设计的性质可分为正交设计、旋转设计等。一般地，常用的回归设计有一次回归正交设计、二次回归正交设计、二次回归正交旋转设计。

一次回归正交设计是解决在回归模型中，变量的最高次数为一次的（不包括交叉项的次数）多元回归问题，其数学模型为

$$y_i = f(x_{i1}, x_{i2}, \cdots, x_{ip}) + \varepsilon \tag{3-2}$$

式中，$f(x_{i1}, x_{i2}, \cdots, x_{ip})$ 是 $x_{i1}, x_{i2}, \cdots, x_{ip}$ 的一个函数，称为响应函数，其图形则称为响应曲面。$x = (x_{i1}, x_{i2}, \cdots, x_{ip})$ 的可能取值的空间为因子空间。响应面设计的任务就是从因子空间中寻找一个点使 y_i 的均值满足最优的要求。

若 $f(x_{i1}, x_{i2}, \cdots, x_{ip})$ 已知，可由最优化方法找 $x_{i1}, x_{i2}, \cdots, x_{ip}$。然而在许多情况下 $f(x_{i1}, x_{i2}, \cdots, x_{ip})$ 的形式并不知道，这时可用一个多项式去逼近它，即假定

$$y_i = f(x_{i1}, x_{i2}, \cdots, x_{ip}) + \varepsilon = \beta_0 + \sum_{i=1}^{m} \beta_i x_i + \varepsilon_i \text{（一次回归方程）} \tag{3-3}$$

$$y_i = f(x_{i1}, x_{i2}, \cdots, x_{ip}) + \varepsilon = \beta_0 + \sum_{i=1}^{m} \beta_i x_i + \sum_{i \angle j}^{m} \beta_{ij} x_i x_j + \sum_{i=1}^{m} \beta_{ii} x_i^2 + \varepsilon_i \text{（二次回归方程）}$$

$$(3-4)$$

式中，β_i 为编码变量 x_i 的线性效应，β_{ij} 为编码变量 x_i 和 x_j 之间的交互作用效应，β_{ii} 为编码变量 x_i 的二次效应。β_0、β_i、β_{ii}、β_{ij} 为未知参数，也称为回归系数，需要通过试验收集数据对它们进行估计。若分别用 b_0、b_i、b_{ii}、b_{ij} 表示相应的估计，则称

$$\hat{y} = b_0 + \sum_{i=1}^{m} b_i x_i + \sum_{i \angle 1}^{m} b_{ij} x_i x_j + \sum_{i=1}^{m} b_{ii} x_i^2 + \varepsilon_i$$

$$(3-5)$$

式（3-5）为 y_i 关于 $x_{i1}, x_{i2}, \cdots, x_{ip}$ 的多项式回归方程。

一次回归正交设计主要是应用两水平正交表，用 -1 和 $+1$ 代换正交表中的 1、2 两个水平符号。代换后，正交表每列所有数字相加之和为零，每两列同行各因素相乘之和为零，这说明代换后的设计表仍然具有正交性。

响应面方法是一项统计学的综合试验技术，用于处理几个变量对一个体系或结构的作用问题，也就是体系或结构的输入（变量值）与输出（响应）的转换关系问题。现用两个变量来说明：结构响应 Z 与变量 x_1、x_2 具有未知的、不能明确表达的函数关系 $Z = g(x_1, x_2)$，要得到"真实"的函数通常需要大量的模拟，而响应面法则是用有限的试验来回归拟合一个关系 $Z = g'(x_1, x_2)$，并以此来代替真实曲面 $Z = g(x_1, x_2)$，将功能函数表示成基本随机变量的显示函数。

响应曲面设计主要方法：

① 中心复合试验设计（Central Composite Design，CCD）。

a. Cube 模型（中心复合 Circumscribed：CCC，中心复合序贯设计）。

b. Axial 模型（中心复合 Inscribed：CCI，中心复合有界设计）。

c. 中心复合表面试验设计（CCF）。有 3 个以上因数时使用。

② Box-Behnken 试验设计。当因子设置不能超过各因子的高水平和低水平范围时经常使用。

4）稳健设计。稳健设计是一个低成本高效益的质量工程方法，其基本思想是把稳健性应用到产品中，以抵御大量下游生产或使用中的噪声；其基本原理是利用影响产品质量的非线性因素，通过改变某些可控因素的水平，使噪声因素对产品质量的影响减到最小。由于稳健设计在产品设计之初就考虑到了噪声因素的影响，所以产品设计几乎不需要考虑额外的余量或采用高质量的零部件对噪声因素的影响进行补偿，从而可在保证产品性能的同时降低产品生产和使用的费用。

稳健设计是由日本学者 Taguchi 博士最早提出的。20 世纪 80 年代 Taguchi 博士以试验设计和信噪比为基本工具，创立了以提高和改进产品质量的田口稳健设计方法，国内又称为三次设计方法，即任何一个产品的设计都必须经过系统设计、参数设计和容差设计三个阶段，其中参数设计是田口稳健设计方法的核心内容。当时田口稳健设计方法在美国引起了巨大反响，之后稳健设计方法在西方国家被广泛应用。该方法与产品开发中传统采用的因素轮换法、正交设计法相比，在技术上是一个飞跃，被称为"世界试验设计发展史上的第三块里程碑"。如今，稳健设计方法已被很多国内企业使用，对国产商品质量提高起到了一定的作用。

但是 Taguchi 主张采用信噪比作为稳健性的度量指标，著名的统计学家 Box 在 1988 年指出应用信噪比效率极其低下，将损失高达 70% 的信息，Nair 于 1992 年整理了稳健设计领域顶尖专家的观点发现对田口方法的批评也集中在信噪比的使用上，因为信噪比混淆了可控因素对产品性能的均值和方差的影响，学者们都试图建立产品质量特性均值和方差的独立模型进行分析。Myers 把噪声因素引入响应面方法，建立了质量特性均值和方差关于可控变量各自独立的拟合模型，从而产生了基于响应面的稳健设计方法。目前形成了两种主要的基于响应面的稳健设计方法：一种是分别建立产品质量特性的均值和方差关于设计变量（可控因素）的拟合响应面，通常称为双响应面方法；另一种是通过试验建立质量特性关于可控因素和噪声因素的响应面，质量特性的均值和方差的响应面则由 Lucas 提出的误差传递法（Propagation of Error，PE）推导出。随着稳健设计的发展，通过对田口方法进行数学方式的诠释，并用优化计算实现对产品质量特性的提前控制，产生了一类基于工程模型的稳健设计方法，如容差模型法、随机模型法、灵敏度法等。

若产品质量的好坏用质量特性越接近于目标值的程度来评定，则可认为功能特性越接近于目标值，质量就越好，偏离目标值越远，质量就越差。设产品质量特性为 y，目标值为 y_0，考虑到 y 的随机性，若用产品质量的平均损失来计算，则

$$E\{L(y)\} = E\{(y-y_0)^2\} = E\{(y-\overline{y})^2 + (\overline{y}-y_0)^2\} = \sigma_y^2 + \delta_y^2 \qquad (3\text{-}6)$$

式中，$\overline{y} = E\{y\}$ 为质量指标的期望值或均值；$\sigma_y^2 = E\{(y-\overline{y})^2\}$ 为质量指标的方差，它表示了输出特性变差的大小及稳健性；$\delta_y^2 = E\{(\overline{y}-y_0)^2\}$ 为质量特性指标的绝对偏差及灵敏度。基于这一点，要想获得高质量的产品既要使波动 σ_y^2 小，又要使偏差 δ_y^2 小。

在一般情况下，减小偏差要比减小波动容易些，因此一般认为，致力于减小波动（或方差）称为方差稳健性设计和分析，然后在控制波动的情况下再致力于减少质量特性值的偏差，称为灵敏度设计和分析或灵敏度稳健性设计。

一般说来，稳健设计要达到两个目的：

① 使产品质量特性的均值尽可能达到目标值，即使

$$\sigma_y = |\overline{y}-y_0| \to \min \quad 或 \quad \delta_y^2 = (\overline{y}-y_0)^2 \to \min \qquad (3\text{-}7)$$

② 使由各种干扰因素引起的功能特性波动的方差尽可能小，以使

$$\sigma_y^2 = E\{(y-\overline{y})^2\} \to \min \qquad (3\text{-}8)$$

这两个方面都很重要，对于一个产品的输出，不管均值多么理想，过大的方差会导致低劣质量产品的增多；同样，不管方差多么小，不合适的均值也会严重影响产品的使用功能。

通常，要想达到稳健设计的第一个目的，主要方法是：

① 通过产品的方案设计（概念设计），改变输入输出之间的关系，使其功能特性尽可能接近目标值。

② 通过参数设计调整设计变量的名义值，使输出均值达到目标值。

要想达到稳健设计的第二个目的，主要方法是：

① 通过减少参数名义值的偏差，从而可以缩小输出特性的方差。但是减小参数的容差需要采用高性能的材料或者高精度的加工方法，这就意味着要提高产品的成本。

② 利用非线性效应，通过合理地选择参数在非线性曲线上的工作点或中心值，可以使质量特性值的波动缩小。

稳健设计用于不同的目的，可以派生出如下几类问题：

　　第一类问题：为了减小由于无噪声因素引起质量特性的方差。这类问题，实际上就是参数设计问题。

　　第二类问题：为了减小由可控因素的变差引起的质量特性的方差。这类问题，就是所谓的容差设计问题。

　　第三类问题：是在减小产品质量特性的方差和对目标值的离差的同时，应尽力降低产品的制造费用，这是一个高质量、低成本的稳健设计新问题。

　　稳健设计的一般步骤主要是三步：

　　① 确定产品的质量指标体系，建立可控与不可控因素对产品质量影响的质量设计模型，该模型应能充分显示出各个功能因素的变差对产品质量特性的影响。

　　② 对稳健设计模型进行试验设计和数值计算，获取质量特性的可靠分析数据。

　　③ 寻找稳健设计的解或最优解，获得稳健产品的设计方案。

　　5）多目标优化（Multiobjective Optimizition，MO）。国际上一般认为多目标最优化问题最早是由法国经济学家 Pareto 在 1896 年提出的。当时他在经济平衡的研究中提出了多目标最优化问题，引入了被称为 Pareto 最优的概念，而 Pareto 解集也成为多目标优化解的统称。1944 年，Neumann 和 Morgenstern 从对策论的角度，提出彼此互相矛盾的多目标决策问题。1951 年，数理经济学家 Koopmans 从生产和分配的效率分析中考虑了多目标优化问题，引入有效解的定义，第一次提出了 Pareto 最优解的概念并得到某些基本结果，他的工作为多目标优化学科奠定了初步的基础。同年，Kuhn 和 Tucker 从数学规划的角度，给出了向量极值问题的 Pareto 最优解的概念，并且研究了这种解的充要条件。1953 年，Arron 等人对凸集提出了有效点的概念，从此多目标规划逐渐受到了人们的关注。1963 年，Zadeh 又从控制论的角度提出多目标控制问题，Johnsen 提出了关于多目标决策问题的系统化研究报告，这是多目标最优化这门学科开始大发展的一个转折点。1967 年 Rosenberg 在其博士论文中曾提出可用基于遗传的搜索算法来求解多目标的优化问题。1985 年出现了基于向量评估的遗传算法，这是第一个多目标进化算法。1990 年后，多目标进化算法的研究获得了很多成果，相继提出了许多不同的多目标进化算法，这些算法为多目标进化算法的研究奠定了基础。

　　目前，求解多目标优化的方法分为多目标决策法（Multiple Criteria Decision Making，MCDM）和 Pareto 优化法。多目标决策法包括先验法和交互法，分别指在优化之前确定决策者对不同目标的偏好和在优化过程利用这些偏好信息指导搜索的方法，一般优化得到一个解。常用的先验法有加权和法、目标规划法、字典排序法、模糊逻辑法、多属性效应理论和层次分析法。常用的交互法有 STEM 法和 STEUER 法。多目标进化算法可以分为基于聚合函数法、非 Pareto 支配法及基于 Pareto 支配法的多目标优化算法。基于聚合函数法的多目标优化方法，采用加权法评价解的适应值，在优化过程中通过变化权系数值，使搜索遍历 Pareto 最优前端或曲面，以得到一组有效解；常用的聚合函数法有局部搜索算法、Memetic 算法、蚁群算法等。非 Pareto 支配法是指采用交替法评价解的适应值的多目标优化方法，非 Pareto 支配法的缺点是容易向目标空间的某些极端边界点收敛，并对 Paret 最优前端的非凸部分较敏感；常用的非 Pareto 支配法有向量评估遗传算法和加权最小-最大法。基于 Pareto 支配法用 Paret 法评价解的适应值，并在优化过程中根据 Pareto 支配关系选择新个体的多目标优化技术；常用的 Pareto 支配法有局部搜索算法、多目标遗传算法、粒子群算法等。

　　工程实际中的许多问题都是多目标优化设计问题。多目标优化可以描述为：一个由满足一定约束条件的决策变量组成的向量，使得一个由多个目标函数组成的向量函数最优化。目标函数组成了性能标准的数学描述，而性能标准之间通常是互相冲突的，优化意味着要找到一个使得所有目标函数值都可接受的解。各个目标间的竞争性和复杂性，使得对其优化变得困难，在多目标优化问题中寻求单一最优解是不太现实的，而是产生一组可选的折中解集，由决策过程在可选解集中做出最终的选择。由于多目标问题的广泛存在性与求解的困难性，该问题一直是富有吸引力和挑战性的。多目标优化的意义在于找到一个或多个解，使设计者能接受所有的目标值。

多目标优化问题的基本概念：

① 目标函数、决策变量和约束条件。目标函数是指在优化问题中所关心的一个或多个指标，它与优化问题中的某些因素呈函数关系，在优化过程中需要求其极值（最大值或最小值）。决策变量是指优化问题中所涉及的与约束条件和目标函数有关的待确定量。在求目标函数的极值时变量和目标函数必须满足的限制称为约束条件。

② 个体之间的关系。支配关系或不相关关系。

③ 非支配解。多目标优化问题与单目标优化问题的差异非常大。在有单个目标时，人们寻找最好的解，这个解比其他所有的解都要好。在有多个目标时，由于存在目标之间的无法比较和冲突现象，不一定有在所有目标上都是最优的解。一个解可能在某个目标上是最好的，但在其他目标上是最差的。因此在有多个目标时，通常存在一系列无法简单进行相互比较的解。这种解称为非支配解（Ondominated Solutions，OS）或 Pareto 最优解（Pareto Optimum Solution，POS），它们的特点是无法在改进任何目标函数的同时不削弱至少一个其他目标函数。

④ 最优边界（Pareto Front，PF）。最优解是目标函数的切点，它总是落在搜索区域的边界（面）上。如图 3-4 所示，粗线段表示两个优化目标的最优边界。三个优化目标的最优边界构成一个曲面，三个以上的最优边界则构成超曲面。图 3-4 中，实心点 A、B、C、D、E、F 均处在最优边界上，它们都是最优解（Pareto Points，PP），是非支配的（nondominated）；空心点 G、H、I、J、K、L 落在搜索区域内，但不在最优边界上，不是最优解，是被支配的（dominated），它们直接或间接受最优边界上的最优解支配。明显地，最优边界上的点集对应于集合的最大非支配集。

与单目标优化不同，多目标优化问题具有与单目标优化问题不同的特点：

① 不可公度性。即各目标之间往往没有共同的度量标准，各自具有不同的量纲，不同的数量级，不易进行量的比较。这给求解多目标优化问题带来了一定的困难。

② 多目标优化的各个目标间往往存在着一定的矛盾性。矛盾性是指多目标优化问题中各个目标之间存在相互矛盾、彼消此长的特性。这一特性是多目标优化问题的最根本特性。由于各目标之间的相互冲突，一些目标的改善往往会造成另一些目标的恶化，各目标不太可能同时得到各自的最优解。由于多目标优化与现代化的管理决策比较吻合，有能力处理各种度量单位没有统一甚至相互矛盾的多个目标，而且它便于利用计算机技术，所以已经成为解决现代化管理中多目标决策问题的有效工具。

③ 多目标优化要求各个目标尽可能达到最好。但由于多目标优化的矛盾性和不可公度性的影响，多目标优化总是以牺牲一部分目标的性能来换取另一些目标性能的改善，不存在一个方案（或某个解）能使各个目标效益均优于其他方案（或其他解）。

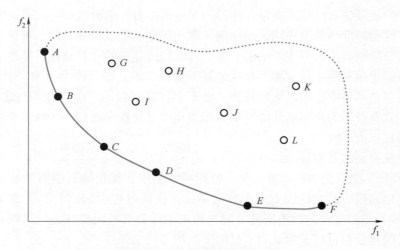

图 3-4　两个目标的最优边界

　　由于上述特点的存在，决定了多目标优化问题的解不是唯一的，而是一个解的集合，称为非劣解集。且由于决策者对多个目标的要求也不一样，什么样的解是满足设计者需求的解，在多数场合无法给出确切的数学描述。多目标优化的首要问题是生成非劣解子集，然后按照决策者的意图从中找出最终理想有效解。

　　根据优化过程和决策过程的先后顺序，可将多目标优化方法分为三大类：先验优先权方法、交互式方法及后验优先权方法。

　　先验优先权方法，即先决策后搜索法。决策器事先设置各目标的优先权值，将全体目标按权值合成一个标量效用函数，把多目标优化问题转化成单目标优化问题。该方法的优点是多目标问题的决策过程隐含在标量化的总效用函数中，对总效用函数的优化过程也是对相应多目标问题的优化过程。该方法的缺点是很难获得各目标精确的先验优先权值，而且多目标问题非劣解集的搜索空间也受到了限制。

　　交互式方法，这种方法决策与搜索是相互交替进行的。优先权决策器与非劣解集的搜索过程优化器交替进行，变化的优先权可产生变化的非劣解，决策器从优化器的搜索过程中提取有利于精炼优先权设置的信息，而优先权的设置则有利于优化器搜索到决策者所感兴趣的区域。通常可以认为交互式方法是先验优先权方法与后验优先权方法的有机结合。交互式优化方法只搜索决策人关心的区域，具有计算量小、决策相对简单等特点。交互式方法的优点是，由于索取偏好信息和非劣解集的搜索过程是交替进行的，每次只是向决策人索取部分偏好信息，交互式方法中偏好信息的确定比起先验优先权方法相对容易，因此如果能够有效解决如何表达偏好信息、如何提炼偏好信息等问题，交互式优化方法将有着广泛的应用前景。

　　后验优先权方法，即先搜索后决策。优化器进行非劣解集的搜索，决策器从搜索到的非劣解集中进行选择，这种技术不利用决策者的信息找出问题的全部非劣解，要求不同的决策者根据自己的需要进行选择。近代发展起来的多目标演化算法大多属于这种方法：

　　① 基于单目标的多目标求解方法。传统上处理多目标优化的方法如线性加权法、约束法、目标规划法、极大极小法、功率系数法、协调曲线法等都是采用聚合的方法，即通过某种数学变换将多目标优化转化为单目标优化问题进行求解，属于先决策后搜索的寻优模式。

② 基于进化计算的多目标求解方法。在实际的工程多目标优化设计中，其目标函数往往是非线性、非凸、不可微的甚至不连续或没有具体的函数表达式，采用传统的优化技术已不能解决这类优化问题，为此利用进化算法求解多目标优化是一个新的研究领域。现今的进化算法，主要包括遗传算法和粒子群算法。进化算法是基于种群操作的计算技术，为概率算法，通过在代与代之间维持由潜在的解组成的种群来实现多向性和全局搜索，这种从种群到种群的方法在搜索非劣解时非常有用。此外，进化算法不需要许多数学上必备条件如函数的可导性、目标空间的凸性等要求，可处理各种类型的目标和约束，因而也就能处理各种复杂的实际问题，其适用范围远比传统算法要宽，因此进化计算可以用于求解多目标优化问题。

a. 多目标遗传算法。用遗传算法求解多目标优化问题的一个特殊情况就是根据多个目标确定个体适应度，典型的适应度分配机制包括向量评价方法、基于 Pareto 的方法等。向量评价遗传算法是第一种用于多目标优化的遗传算法，该方法采用了向量形式的适应度而不是标量形式的适应度来评价个体。

基于 Pareto 的多目标遗传算法是目前应用最广泛、最具代表性的一类多目标遗传算法。它们的流程基本相同。首先初始化种群，然后基于 Pareto 最优的概念对种群分类，按照分类评价种群中的个体并赋予适应度值，之后根据适应度按概率选择个体进行杂交和变异，生成新的种群，再次进行评价并循环下去直到满足收敛条件。基于 Pareto 的多目标遗传算法之间的区别主要体现在分类和评价的过程中，它们可以分为 Pareto 排序和 Pareto 竞争两类。

随着以遗传算法为代表的全局搜索算法的发展，多目标优化方法的应用获得长足发展，因为遗传算法有确保潜在最优解的种群能够一代代下传的特点，这适用于多目标优化中对 Pareto 解的搜索。1995 年 Deb 等开发的非支配排序遗传算法 NSGA（Nondominated Sorting Genetic Algorithms，NSGA），2000 年改进的 NSGA-II，以及 NSGA-II 算法在软件 MATLAB 优化工具箱中的集成，对求解多目标优化的 Pareto 解起到推动作用。NSGA 是一种基于 Pareto 最优概念的遗传算法，它与普通遗传算法的主要区别在于：在选择算子执行之前，将每个个体按照它们的支配和非支配关系进行分层，然后再进行选择操作，其他操作（交叉、变异算子等）与普通遗传算法没有区别。NSGA 中非支配分层方法的应用，可以使好的个体有更大的机会遗传到下一代，另外适应度共享策略则可以使准 Pareto 解集中的个体均匀分布，保持了群体的多样性。但 NSGA 中也存在一些问题，比如计算复杂度较高，缺少精英策略以及需要指定共享参数。2000 年，Deb 提出了 NSGA 的改进算法 NSGA-II，引入了精英策略，提出了快速非支配排序法以降低计算的复杂度，使用拥挤度及其比较算子代替需要指定的适应度共享策略等。

b. 多目标粒子群算法（Particle Swarm Optimization，PSO）。另一个在多目标优化中应用的算法是多目标粒子群算法。首先应用进化算法研究多目标优化问题的是 Schaffer 和 Ebethart 于 1995 年提出的一种优化算法"粒子群优化算法"，应用于单目标之后的若干年，同时受到多目标遗传算法的启示，多目标粒子群优化算法逐渐成为研究热点，近几年来出现了许多基于粒子群优化算法的多目标优化技术。由于其容易理解、易于实现，在许多优化问题中得到成功应用，并且在很多情况下要比遗传算法更有效，所以粒子群算法在多目标优化问题中的应用是一个很有意义的研究方向。多目标粒子群算法一经提出，立刻引起了演化计算领域学者们的广泛关注，如何利用粒子群算法的优势来求解多目标优化问题近几年来正逐步受到人们的重视，在短短几年里出现了不少的研究成果，形成了一个研究热点，并且很多情况下要比遗传算法更有效率，所以它在多目标优化问题中的应用是一个很有意义的研究方向。

多目标粒子群算法是一种进化计算技术，它源于对鸟群捕食的行为，它同遗传算法类似，是一种基于群体的优化工具，但是并没有遗传算法用的交叉及变异操作，而是粒子在解空间追随最优的粒子进行搜索。多目标粒子群算法初始化为一随机粒子种群，然后随着迭代演化逐步地找出最优解。在每一次迭代中，粒子通过跟踪两个"极值"来更新自己，一个是粒子本身所找到的最优解，称为个体极值 pbest，另一个极值是该粒子所属邻近范围内所有粒子找出的最优解，称为全局极值 gbest。每个粒子使用下列信息改变自己当前位置：当前位置，当前速度，当前位置与自己最好位置之间的距离，当前位置与群体最好位置之间的距离。优化搜索就是在这样一群随机初始化形成的粒子群体中，按照一定的计算规则，不断进行迭代，最终找到最优解。

6）模拟退火算法、遗传算法和人工神经网络。

① 模拟退火算法。模拟退火算法（Simulated Annealing，SA）是由 Metroplis 等人于1953 年提出的，Kirkpatrick 等人于 1983 年最早将模拟退火思想用于解决优化问题。该方法是基于蒙特卡洛迭代求解策略，模仿固体退火降温原理，实现目标优化的方法。模拟退火算法的基本思想是：从某一较高初始温度开始，随着温度参数的下降，寻找局部最优解的同时能以一定概率实现全局最优解的求解。物理退火与模拟退火算法对应关系如图 3-5 所示。

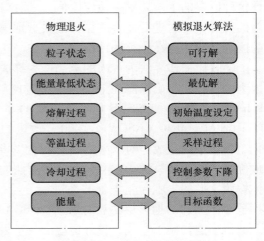

图 3-5　物理退火与模拟退火算法对应关系图

模拟退火算法的基本原理为：当对固体加温过程中，固体内部粒子会随温度的升高而趋于无序状态，内能增大，当对固体降温让其徐徐冷却过程中，固体中的粒子释放能量，趋于稳定有序，最终在常温状态下达到稳定状态，内能减为最小。根据 Metroplis 算法，可以用粒子的能力来定义材料的状态，当粒子在温度 T 时处于状态 i 的概率为

$$\exp\left(\frac{E(i) - E(j)}{KT}\right) \tag{3-9}$$

式中，$E(i)$ 为状态 i 之下的能量；K 为玻尔兹曼常量；T 为材料温度。

优化过程中，以固体中粒子的微观状态 i 作为优化过程中的解，以内能 $E(i)$ 作为优化目标函数值 $f(i)$，以控制参数 t 作为温度 T。设定初始温度 t 及其初始解 i，通过不断迭代，根据粒子的目标函数值，产生新的解向量，通过控制温度 t 的持续减小，使状态收敛于近似最优解。

② 遗传算法。遗传算法（Genetic Algorithm，GA）于 1975 年由 Holland 提出，它借鉴了生物界中"优胜劣汰，适者生存"的进化规律，本质上是一种进化算法。由于其具有较好的全局搜索能力在多个领域得到广泛应用，目前在机器学习、图像处理、函数优化领域应用较多。

遗传算法的基本思想是：将给定问题的解集初始化为一个种群，结合生物界中的优胜劣汰法规则对初始种群进行淘汰选择，随后对选择后的种群个体进行交叉、变异，随着进化代数的增加，优良种群（即原问题的解）得以保留，进化结束后则获得对应优化设计问题的最优解。因此，遗传算法包括三个基本操作：选择操作、交叉操作、变异操作。

a. 选择操作。对种群执行初始化操作之后，首先就要确定种群中每一个个体的适应度值，然后按照给定的选择机制对初始种群执行筛选操作，适应度值越大的种群个体将获得更大的生存概率并最终得以存活下来。常用的选择操作机制主要包括轮盘赌选择、锦标赛选择、排序选择等。

b. 交叉操作。交叉操作的对象为两个父辈染色体，通过给定的交叉方式分别对染色体的基因进行交换，最终得到两个不同的新染色体。由于所采用的基因编码形式存在差异，可以将基因的交叉类型进一步划分成实值交叉和二进制交叉。其中实值交叉包含的类型分别为离散重组、中间重组、线性重组；二进制交叉包含的类型分别为单点交叉、多点交叉、均匀交叉等。

c. 变异操作。变异操作作为遗传算法中必不可少的一部分，直接关系到算法对于优化问题模型局部区域搜索能力的强弱。变异操作的主要对象为单个染色体个体，根据不同的形式，按照一定的概率对选定区域或位置的染色体基因进行替换，最终得到新的个体。变异操作包含多种不同的形式，具体有基本位变异、均匀变异、高斯近似变异等。

遗传算法流程框架：遗传算法是以种群的形式对给定问题进行搜索，在每一次迭代更新过程中根据适应度大小对种群执行选择操作，然后依概率对选择后的种群进行交叉操作和变异操作，随着迭代次数的增加，种群中的优良个体得以保留，即对应问题的优化结果逐渐集中于实际最优区域，直到迭代结束。

③ 人工神经网络（Artificial Neural Network，ANN）。人工神经网络模型是一种模仿人类大脑神经元之间信息处理特性的网络，由输入层、隐含层、输出层组成，层与层之间通过神经元进行连接，通过不断地调整神经元间连接权值和阈值来进行学习。近年来，人工神经网络因其强大的非线性映射能力、高容错性、鲁棒性，被广泛应用于各种优化领域。

BP 神经网络（Back Propagation Neural Networks，BPNN）于 1986 年由 Rumelhart 等研究人员提出，是一种根据误差反向传播不断自我训练的神经网络。它适用于各种复杂非线性问题，近年来，被普遍运用于优化设计领域。

a. BP 神经网络的结构。BP 神经网络结构包括 3 层，从第 1 层到第 3 层分别为输入层、隐含层和输出层，每一层包含若干个神经元，层与层之间通过权值进行连接，隐含层和输出层的每个神经元上分别对应一个阈值。有学者通过理论已经证明，含有 3 层结构的神经网络能够以任意精度逼近任意函数。图 3-6 所示为输入层包含 3 个神经元和输出层包含 1 个神经元的三层结构的 BP 神经网络。图中 w_{ij} 为网络输入层与隐含层的连接权值，w_{ki} 为网

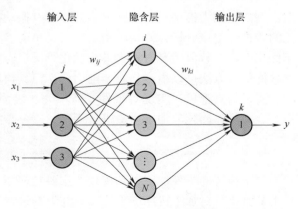

图 3-6　三层 BP 神经网络结构图

络隐含层与输出层的连接权值。

b. BP 神经网络算法原理。BP 神经网络将梯度下降法作为其核心算法，并以网络的实际预测输出值与期望输出值的误差为目标，反复不断调整网络的连接权值使得误差逐渐减小，最后趋于收敛即训练完成。网络的学习过程分为两部分：一是网络输入信息的正向传播；二是训练数据输出误差信息的反向传播。

BP 神经网络在训练过程中，信息的传播包含两个部分：一是给定的输入数据信息的正向传播；二是网络训练数据输出误差信息的反向传播。通过不断调整输出层、隐含层中的权值，使得网络误差逐渐减小，实际输出不断趋近于期望输出，最终达到收敛，即完成训练。

（2）基于仿真的切削过程预测与优化技术　基于仿真的切削过程预测与优化技术主要是在进行实际切削前通过几何仿真、切削过程物理仿真、数值仿真等手段对加工过程进行仿真，通过仿真分析获得加工过程中物理量的状态变化情况，从而对实际加工过程进行预测，通过仿真手段对切削用量进行优化，指导实际加工参数的选择，并发现加工过程中可能存在的问题。

在数控加工过程中，刀具的运动轨迹是不断变化的，通过加工过程的几何仿真可以及时发现刀具路径是否正确，是否存在过切与欠切现象，刀具在运动过程中是否与工件存在发生碰撞的可能，是否存在刀具路径不合理导致的加工效率低、表面质量差等问题。同时，通过加工过程的几何仿真可以对加工过程进行预测与优化，缩短加工时间，延长刀具寿命，改进表面质量，提高加工质量与效率。例如通过采用 VERICUT 数控加工仿真系统软件可以对数控车床、数控铣床、加工中心、线切割机床和多轴机床等多种加工设备的数控加工过程进行仿真，并能进行 NC 程序优化，检查过切与欠切，防止机床碰撞、超行程等错误，并能实现刀具路径优化，实现高品质、高效率的加工。

通过对切削过程的物理仿真，可以对切削过程的切削力、切削温度、刀具磨损、切屑形状等状态进行预测，并通过对获得的仿真结果数据进行分析及时发现在切削过程中可能出现的载荷过大、温度过高、磨损严重等问题，从而提出解决方案，改变加工参数。通过对切削过程的物理仿真优化，可以对切削用量与刀具角度进行优化，从而获得使加工状态最好的切削用量及刀具角度。与此同时，通过物理仿真所获得的结果数据可作为实际切削测得的监测数据的参考。

数值仿真作为切削过程的一种仿真手段同样占有重要地位，通过建立切削过程的数学模型。例如切削力模型、刀具磨损模型、刀具振动模型、表面质量模型等可以对切削过程中变化的量进行定量分析，使切削用量、刀具角度参数与结果参数之间的关系更加具体明了。对于优化而言，数值仿真方法更具有优化算法多、实际操作简单、效率高、精度高等优势，通过数值仿真方法可以很容易对切削用量、刀具角度等进行优化。

通过仿真都可以实现对零件几何尺寸、表面微观几何形貌、表面粗糙度、表面残余应力、表面冷作硬化等加工质量进行预测，进一步指导加工参数与刀具的选择与优化。

2. 智能加工工艺规划

对于传统的零件加工工艺规划，主要是根据工艺工程师的个人经验对所要加工的零件进行工艺分析，对加工机床、工装夹具与刀具进行选取，最后根据加工要求完成切削用量的选择，进行机械加工。此种工艺规划方式的主要问题在于人为因素对零件最终的加工质量影响很大，由于工艺工程师个人知识与加工经验的不同，导致对于同一零件，不同工艺工程师所选取的工艺参数不尽相同，加工后的零件质量也各不相同。

智能加工的工艺规划主要特点在于对机床、工装夹具、刀具及切削用量的选择过程中引入数据库、知识库、大数据、云平台等数据处理技术。引入仿真手段对工艺规划进行仿真与优化。通过参考以往加工相同类型零件所积累的切削用量，对新零件工艺参数的选择具有指导意义。通过对大量参考切削用量的提取与分析，选择出适合当前零件的切削用量。工艺规划的过程并不是仅仅依靠工艺工程师个人的知识与经验进行的，而是相当于参考多名工程师的加工数据对具有相同特征的零件进行工艺规划，这样所获得的工艺参数相比单一工艺工程师的工艺参数更为合理，大大避免了人为因素对加工质量的影响。同时，本次加工过程信息与加工质量参数同样会被存储起来，并通过云数据进行数据共享，为其他工艺规划提供参考。对于所制订的工艺规划进行仿真，可以对加工过程进行预测，及早发现加工中可能存在的问题与不足，提出改进意见与优化方案。例如：选取的机床、工装夹具、刀具是否合理，刀具路径是否存在干涉，选取的切削用量是否合理等。

（1）计算机辅助工艺过程设计的含义及发展　计算机辅助工艺过程设计（Computer Aided Process Planning，CAPP）是通过向计算机输入被加工零件的几何信息（图形）和加工工艺信息（材料、热处理、批量等），由计算机自动输出零件的工艺路线和工序内容等工艺文件的过程。世界上最早研究 CAPP 的国家是挪威，于 1969 年正式推出世界上第一个 CAPP 系统-AUTOPROS，1973 年正式推出商品化的 AUTOPROS 系统。在 CAPP 发展史上具有里程碑意义的是美国计算机辅助制造公司（CAM-I）于 1976 年推出的 CAM-I Automated Process Planning 系统。经过国内外三十多年的开发研究，涌现出了一大批 CAPP 系统，就其原理归纳起来可以分为变异式 CAPP 系统、创成式 CAPP 系统和 CAPP 专家系统等。

1）变异式 CAPP 系统。变异式（Variant Approach，VA）CAPP 系统也称派生式、修订式、样件式 CAPP 系统，它是建立在成组技术（Group Technology，GT）的基础上，其基本原理是利用零件的相似性即相似零件有相似工艺过程。在 CAPP 系统设计阶段，将工厂中所生产的零件按其制造特征分为若干零件族，为每一零件族设计一个主样件，按主样件制订该零件族的标准工艺，将标准工艺存入数据库中。一个新零件的工艺，是通过检索相似零件族的标准工艺并加以筛选，编辑修改而成。

2）创成式 CAPP 系统。创成式 CAPP 系统的工艺规程是根据程序中所反映的决策逻辑和制造工程数据信息生成的，这些信息主要是有关各种加工方法的加工能力和对象，各种设备和刀具的适用范围等一系列的基本知识。工艺决策中的各种决策逻辑存入相对独立的工艺知识库，供主程序调用。设计新零件的工艺时，输入零件的信息后，系统能自动生成各种工艺规程文件，用户不需修改或略加修改即可。

3）CAPP 专家系统。从 20 世纪 80 年代中期起，创成式 CAPP 系统的研究转向人工智能的专家系统方面。例如，法国于 1981 年开发的 GARI 系统、美国联合工艺研究中心于 1984 年开发的 XPS-E 系统、英国南汉普顿大学于 1986 年开发的 SIPPS 系统等。CAPP 专家系统运行时，通过推理机中的控制策略，从知识库中搜索能够处理零件当前状态的规则，然后执行这条规则，并把每一次执行规则得到的结论部分按照先后次序记录下来，直到零件加工完成，这个记录就是零件加工所要求的工艺规程。

CAPP 专家系统可以在一定程度上模拟人脑进行工艺设计，使工艺设计中的许多模糊问题得以解决，特别是对箱体、壳体类零件，由于它们结构形状复杂，加工工序多，工艺流程长，而且可能存在多种加工方案，工艺设计的优劣取决于人的经验和智慧。因此，一般CAPP系统很难满足这些复杂零件的工艺设计要求，而CAPP专家系统能汇集众多工艺专家的经验和智慧，并充分利用这些知识，进行逻辑推理，探索解决问题的途径与方法，因而能给出合理的甚至是最佳的工艺决策。

（2）传统CAPP系统存在的问题

1）通用性差。传统的CAPP系统大多数是针对特定产品零件和特定制造环境进行开发的，专用性强。在全球化的市场环境下，多品种、小批量的生产模式已成为机械制造业的主要趋势，因此传统的CAPP系统难以适应频繁变化的加工对象和制造环境。

2）开放性差。传统CAPP系统大多数是封闭式系统，它不支持一般用户对系统功能的扩充和修改，难以二次开发。

3）集成性差。传统的CAD、CAPP、CAM等系统相互孤立，没有统一的产品信息模型。CAD系统与CAPP系统使用不同的数据模式，商品化CAPP系统的信息不能直接被CAPP使用。目前，大多数CAPP系统采用人机交互输入零件信息的方法，虽然可以在一定程度上满足CAPP工艺决策的要求，但零件信息的重复输入，不但工作量大，而且增加了对零件描述不一致的可能性。CAPP系统与ERP、MES、CAD等系统之间相互独立，不能实现信息的顺畅传递、交换和共享。因此，CAPP不能真正担负起CIMS中的桥梁作用。

4）智能化水平低。尽管专家系统在应用中取得了很多成果，但由于知识获取及表达的瓶颈，系统没有学习功能，系统的求解能力和应用范围都有限。推理方法单一，不能根据联想记忆、识别、模拟来进行决策，智能水平低。

5）生成的工艺方案缺乏柔性。传统的CAPP系统只能产生单一的工艺方案，在工艺规划过程中只考虑了静态资源能力，而没有考虑车间层的动态资源状况，在实际制造系统中实施工艺时会出现很多问题。由于资源使用瓶颈和随机故障，生产过程中有20%～30%的工艺计划必须重新修改，这将不可避免地增加生产成本，延长生产周期。

（3）CAPP系统的发展趋势

1）标准化。信息模型的研究对于应用计算机实现信息交换起着关键的作用。工艺计划信息模型用来表示零件加工所需的各种工艺信息，工艺计划作为集成制造与并行工程环境下的一个重要信息源，被CAM等许多环节所引用和共享，工艺计划的表达格式将直接影响CAPP与这些系统间的集成。因此，建立一种合适的、能为计算机所处理的工艺计划表达与交换格式是十分必要的。

关于工艺计划信息模型的研究，在国际上影响最大的主要有两个：国际标准化组织STEP标准中的工艺计划模型（Step Process Plan Schema，SPPS）和美国国家标准局（NIST）的工艺过程定义语言（A Language for Process Specification，ALPS）。

2）集成化。集成化的基础是信息集成，从完整意义上讲，CAPP的信息集成不仅是CAD/CAPP/CAM的集成，而且包括CAPP与生产计划和调度（Production Planning and Scheduling，PPS）等其他各相关信息系统之间的集成。

3）并行化。并行工程是当前国内外制造业和学术界研究和实施的热门课题，实施并行工程要求建立各专业的协同工作组，即以Team work的方式开展工作。这种多专业并行协同小组要求将各类人员，包括设计和工艺人员组织在一起，但在具体生产环境下，要经常维持这种组织形式和工作方式是困难的。有关人员不可能始终在时间和空间上集中在一起,他们还有各自独立的工作环境和任务,这就要求建立在计算机网络基础上的系统集成。

4)工具化。通用性问题是 CAPP 面临的最主要难点之一,也是制约 CAPP 系统实用化与商品化的一个重要因素。由于工艺过程设计与具体的生产环境、生产对象及生产技术水平密切相关,难以开发通用的 CAPP 系统。因此,如何把工艺设计过程中的一般性的方法内容和特殊性的要求相结合,开发通用化的基本功能模块和各种工具模块,建立易于扩充的系统结构,成为 CAPP 研究与开发的方向之一。

5)智能化。工艺决策包括了工艺知识的收集、整理与计算机表达,工艺计划决策模型与算法。要使目前面向系统设计者的 CAPP 专家系统发展为面向工艺师的可学习的 CAPP 智能系统,这个方向的研究活动与智能技术的发展密切相关,表现在知识表示方面,除了常用的谓词逻辑、产生式规则、语义网络、框架外,近年来加强了新的表示方法或原有方法综合应用的研究,如面向对象的方法、混合式知识表示模式及各种模糊知识表示等;在推理方面,除演绎推理、归纳推理外,不精确推理近年来发展很快,如基于多值逻辑的不精确推理、统计推理、加权推理等多种模式的产生;在系统结构方面,有元知识系统、分布式系统、多推理机制、多知识表示和多层次系统结构。近年来,模糊逻辑、神经网络、实例推理、遗传算法等技术在 CAPP 系统中得到应用。

(4)智能 CAPP 概述

1)智能。智能(Intelligence)的定义至今在学术界仍然没有达成共识,不同的角度、不同的侧面、不同的研究方法,就会得出不同的观点,其中影响较大的有思维理论、知识阈值理论及进化理论等几种。

① 思维理论。认为智能的核心是思维,人的一切智能都来自大脑的思维活动,人类的一切知识都是人类思维的产物,因而通过对思维规律与方法的研究可望揭示智能的本质。

② 知识阈值理论。认为智能行为取决于知识的数量及其一般化的程度,一个系统之所以有智能是因为它具有可运用的知识。因此,知识阈值理论把智能定义为:智能就是在巨大的搜索空间中迅速找到一个满意解的能力。这一理论在人工智能的发展史中有着重要的影响,知识工程、专家系统等都是在这一理论的影响下发展起来的。

③ 进化理论。认为人的本质能力是在动态环境中的行走能力、对外界事物的感知能力、维持生命和繁衍生息的能力。核心是用控制取代表示,从而取消概念、模型及显示表示的知识,否定抽象对智能及智能模型的必要性,强调分层结构对智能进化的可能性与必要性。

总的来说,智能是知识与智力的总和,是人类认识世界和改造世界过程中的一种分析问题和解决问题的综合能力。其中知识是一切智能行为的基础,而智力是获取知识并运用知识求解问题的能力,是头脑中思维活动的具体体现。

2)人工智能。因为对人类智能的认识和定义无法达成一致,所以人工智能(Artifical Intelligence,AI)也没有统一的严格的定义,不同的侧面有不同的描述。从计算机科学的角度来看,人工智能是用计算机来模拟人类的某些智能活动,或使计算机具有人类的某些局部智能和功能,如对自然语言的使用和理解、图形图像识别、景物识别和理解、路径规划、知识的表达和使用等。从应用的角度看,人工智能的最终目标(或重要目标)是编制出具有智能的程序。而在人工智能发展的初期,其成果就是程序。简而言之,人工智能是计算机科学中涉及研究、设计和应用智能机器的一个分支,是智能机器所执行的与人类智能有关的各种功能，例如判断、推理、感知、识别、证明、理解、思考、设计、规划、学习、决策和问题求解等一系列的思维过程。所以，如果一个计算机系统能够使用与人类似的方法对有关问题给出正确的答案，而且还能解释系统的智能活动，那么这种计算机系统便认为具有某种智能。

3）智能CAPP基本概念。所谓智能CAPP，就是将人工智能技术（AI技术）应用到CAPP系统开发中，使CAPP系统在知识获取、知识推理等方面模拟人的思维方式，解决复杂的工艺规程设计问题，使其具有人类"智能"的特性。实际上，CAPP专家系统就是一种智能CAPP，它追求的是工艺决策的自动化。它能将众多工艺专家的知识和经验以一定的形式存入计算机，并模拟工艺专家推理方式和思维过程，对现实中的工艺设计问题自动做出判断和决策。CAPP专家系统的引入，使得CAPP系统的结构由原来的以决策表、决策树等表示的决策形式，发展成为知识库和推理机相分离的决策机制，增强了CAPP系统的柔性。

专家系统的优劣决定于知识库所拥有知识的多少、知识表示与获取方法是否合理以及推理机制是否有效。传统的CAPP专家系统是以产生式系统为基础的，其知识表示就是将工艺专家的经验和知识以及已知的事实表示成产生式规则，并存储在知识库中；其推理机制也和产生式系统一样，采用的是匹配、选择、激活和动作这四个阶段的反复循环，直到推出最终结论。但是，工艺设计是一个非常复杂的问题，工艺知识中包含了许多直觉和经验的成分，有些甚至于带有潜意识的性质，这给工艺知识的知识表示和知识获取带来了很大的困难，推理方法也难以与工艺专家的思路相吻合，并且传统的CAPP专家系统在系统结构与达到的功能上均存在许多问题，大都缺乏足够的数字计算功能。总之，传统的CAPP专家系统无论是在研究上还是在实现上都遇到了很大的困难。

近年来，随着对人工智能技术进一步的深入研究，CAPP专家系统也出现了新的进展。在知识表示方面，出现了一些新的知识表示方法，如面向对象的知识表示方法、混合式知识表示模式以及各种模糊知识表示方法等；在推理策略方面，产生了如基于多值逻辑的不精确推理、统计推理、加权推理等新的推理模式；在系统结构方面，出现了元知识系统、分布式系统、多推理机制、多知识表示和多层次系统结构等。特别是一些智能理论如模糊理论、混沌理论、Agent理论、机器学习、粗糙集理论等和一些智能计算方法如人工神经网络、模拟退火算法、遗传算法和蚁群算法等逐渐成了研究的热点。这些智能技术的综合运用，进一步推动了CAPP系统向智能化方向发展，这也给传统的CAPP专家系统注入了新的生机。

工艺设计是一个极为复杂的智能过程，是特征技术、知识工程、逻辑决策、智能计算等多种过程的复合体，用单一的数学模型很难实现其所有功能。因此，CAPP今后的研究方向应该是基于知识的工艺决策体系与组合优化过程的有机结合，为了区别于传统的CAPP专家系统，将此类CAPP系统称为智能CAPP系统。

4）智能CAPP系统的构成。基于知识的智能化CAPP系统引入了知识工程、智能理论和智能计算等最新的人工智能技术，但其基本结构和传统的CAPP专家系统一样，都是以知识库和推理机为中心的。智能CAPP系统的框架结构如图3-7所示，由图可知，智能CAPP由以下几部分组成：

① 输入输出接口。负责零件信息的输入，零件特征的识别和处理以及由系统生成的零件工艺路线、工序内容等工艺文件的输出。这是系统与外界进行信息交换的通道。

② 知识库。包括零件信息库、工艺规则库、资源库和知识库管理系统。这是系统的基

础，各种知识的组织和表达形式对系统的有效性起决定性的作用。

③ 推理机。是指各种工艺决策算法，包括工艺路线的生成和优化、机床刀具与工装夹具的确定、切削用量的选择等。这是系统的关键，决定着系统智能化的水平。

④ 知识获取。是指利用机器学习的方法，从工艺设计师的经验和企业的工艺文件中获取工艺知识，并将其转化为计算机能识别的工艺推理规则，从而不断更新和扩充工艺规则库。

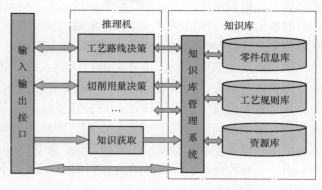

图 3-7　智能 CAPP 系统的框架结构

5）智能 CAPP 系统的工作原理。一个完整的智能 CAPP 系统应由计算机系统环境、应用系统、零件和信息等基本要素组成。这里所研究的CAPP 系统实际上是指其中的应用系统部分，它主要包括输入输出、推理机和知识库三大部分。智能 CAPP 系统功能的实现要靠信息在各个组成部分之间的传递来完成，信息的传递如图 3-8 所示。

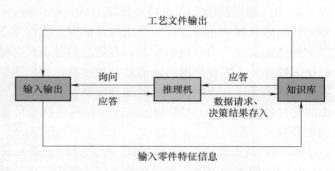

图 3-8　智能 CAPP 系统信息的传递

① 知识库的建立。智能 CAPP 的知识库包括零件信息库、工艺规则库、资源库和知识库管理系统，其中零件信息库存储的是零件的几何特征、精度特征和加工特征的信息；工艺规则库存储的是大量的以产生式规则表示的工艺专家的经验和知识；知识管理系统的作用是负责知识库与外界的沟通、信息交换以及知识的修改与扩充、测试与精炼，维护知识库的一致性与完整性。

知识库的建立过程实际上是知识经过一系列的变换进入计算机系统的过程，因此对知识库的建立来说，最关键的环节就是知识的表示和组织。

② 推理机制。传统 CAPP 专家系统的推理机制一般和知识的表达方式有关，主要包括推理方法和搜索技术。

a. 推理方法。常用的推理方法有正向演绎推理、逆向演绎推理、正逆向混合演绎推理。正向推理是从已知事实出发推出结论的过程，其优点是比较直观，但由于推理时无明确的目标，可能导致推理的效率较低；反向推理是先提出一个目标作为假设，然后通过推理去证明该假设的过程，其优点是不必使用与目标无关的规则，但当目标较多时，可能要多次提出假设，也会影响问题求解的效率；正反向混合推理是联合使用正向推理和反向推理的方法，一般说来，先用正向推理帮助提出假设，然后用反向推理来证实这些假设。对于工艺过程设计等工程问题，一般多采用正向推理或正反向混合推理方法。

b. 搜索技术。根据在问题求解过程中是否运用启发性知识，搜索技术分为非启发式搜索和启发式搜索两种。非启发式搜索是指在问题的求解过程中，不运用启发性知识，只按照一般的逻辑法则或控制性知识，在预定的控制策略下进行搜索，在搜索过程中获得的中间信息不用来改进控制策略。非启发式搜索的控制策略有宽度优先和深度优先两种。由于搜索总是按预先规定的路线进行，没有考虑到问题本身的特性，这种方法缺乏对求解问题的针对性，需要进行全方位的搜索，而没有选择最优的搜索途径。因此，这种搜索具有盲目性，效率较低，容易出现"组合爆炸"问题。启发式搜索是指在问题的求解过程中，为了提高搜索效率，运用与问题有关的启发性知识，即解决问题的策略、技巧、窍门等实践经验和知识，来指导搜索朝着最有希望的方向前进，加速问题求解过程并找到最优解。

由于 CAPP 专家系统本身的一些局限性，使其不能满意地解决生产实际问题。为了使 CAPP 的研究成果更加实用化，就有必要在研究中引进一些新兴的智能技术，根据工艺过程设计中具体问题的特点，采用有效的决策方式和算法。下面简要介绍几种近年来被广泛研究的、比较典型的智能技术：

a. 人工神经网络。人工神经网络（Artificial Neural Network，ANN）是由大量类似于神经元的简单处理单元高度并联而成的自适应非线性动态网络系统，可以按照生物神经系统原理来处理真实世界的客观事物，具有信息的分布式存储、并行处理、自组织和自学习及联想记忆等特性。人工神经网络的信息处理由神经元之间的相互作用来实现，知识与信息的存储表现为网络元件互连间分布式的物理联系，网络的学习和识别决定于各神经元连接权系的动态演化过程。在智能 CAPP 中，人工神经网络技术常被用于工艺路线的决策和工艺知识的表达与获取。

b. 模拟退火算法。模拟退火算法（Simulated Annealing Algorithm，SAA）是一种解决组合优化问题的有效方法，其原理是基于物理中固体物质的退火过程与一般组合优化问题之间的相似性。

c. 遗传算法。遗传算法（Genetic Algorithm，GA）是以生物进化论和自然遗传学说为基础的一种自适应全局搜索算法。它模仿生物的遗传进化过程，把一个问题的每一个可能的解都看成一个生物个体，并把它们限定到一个特定的环境中，根据优胜劣汰、自然选择、适者生存的原则进行自然选择，最后得到最优个体，即问题最优解。

d. 模糊决策。模糊决策过程由模糊化、模糊推理和去模糊化三个部分组成。模糊化是将精确输入转化为模糊输入集合，是通过隶属函数来实现的。模糊推理是通过一定的传播计算来实现模糊输入集合到模糊输出集合之间的映射，一般采用模糊规则推理、模糊综合评判、模糊统计判决等方法来完成。去模糊化则是将模糊输出集合转化为精确输出集合，其方法有最大隶属度法、模糊质心法、最大关联隶属原则和高斯变换法等。

e. 粗糙集理论。粗糙集（Rough Set，RS）理论是一种刻画不完整性和不确定性的数学工具，能有效地分析不精确、不一致、不完整等各种不完备的信息，还可以对数据进行分析和推理，从中发现隐含的知识，揭示潜在的规律。粗糙集理论的主要思想是利用已知的知识库，将不精确或不确定的知识用已知的知识库中的知识来（近似）刻画。该理论与其他处理不确定和不精确问题理论的最显著的区别是它无须提供问题所需处理的数据集合之外的任何先验信息。在 CAPP 中，面对大量的零件特征和工艺信息以及各种不确定因素，粗糙集理论可以在分析以往大量经验数据的基础上利用数据约简抽取出相应的工艺规则，并经过推理得出基本上肯定的结论。

　　除了上面介绍的这些方法之外，还有混沌理论、蚁群算法、粒子群算法等智能化方法。在实际应用中，这些方法各有所长，可以相互渗透、相互结合，并且可以和传统的推理方法一起综合使用，从而提高 CAPP 系统智能化水平。

　　③ 知识获取。知识获取（Knowledge Acquisition，KA）就是抽取领域知识并将其形式化的过程。工艺决策知识是人们在工艺设计实践中积累的认识的经验的总和。工艺设计经验性强、技巧性高，工艺设计理论和工艺决策模型化研究仍不成熟，这使工艺决策知识的获取更为困难。目前，除了一些工艺决策知识可以从书本或有关资料中直接获取外，大多数工艺决策知识还必须从具有丰富实践经验的工艺人员那里获取。知识获取的方式有间接知识获取、直接知识获取和自动知识获取三种类型。

　　a. 间接知识获取。由知识工程师对领域专家进行访问，向专家提出专门问题，由此再现专家的思维过程和方式，并对采集到的专家知识加以取舍、构造和抽象，以便在计算机中存储和处理。

　　b. 直接知识获取。间接知识获取法的缺点一是比较昂贵，二是由于专家和知识工程师在相互理解方面常常存在分歧，以致容易发生错误。因此，产生了由专家自己而不是通过知识工程师进行的直接知识获取的方法。但是领域专家最好能得到方便的知识获取工具的辅助，例如通过良好控制的对话系统，以便较好地实现知识获取。

　　c. 自动知识获取。自动知识获取的目的在于把文字形式知识源的知识转化到计算机上或从实际例子中获得知识，其方式有两种：一是从可供使用的文献中选取知识；二是自学习系统通过生成或类推从实例中获取知识。

　　目前，CAPP 系统中知识获取的研究工作集中在数据中知识的发现（Knowledge Discovery in Databases，KDD）或数据挖掘等方面。经常用到的方法有 Apriori 算法系、粗糙集、人工神经网络等。

　　6）智能 CAPP 系统的特点及存在的问题。智能化 CAPP 系统和一般的 CAPP 系统一样，可以使工艺设计人员摆脱大量、烦琐的重复劳动，显著缩短工艺设计周期，保证工艺设计质量。除此之外，智能 CAPP 系统还具有以下特点：

　　① 因为在智能 CAPP 系统中，知识表示是和知识本身相分离的，所以当加工零件变化或知识更新时，相应的决策方法不会改变。这样就提高了系统的通用性和适应性，能适应不同企业以及不同产品的工艺特点。

　　② 智能 CAPP 系统以零件的知识为基础，以工艺规则为依据，采用各种工艺决策算法，可以直接推理出最优的工艺设计结果或给出几种设计方案以供工艺设计人员选择。因此，即使是没有经验的工艺人员利用智能化的 CAPP 系统也能设计出高质量的工艺规程。

　　③ 智能 CAPP 系统中，知识库和推理机的分离有利于系统的模块化和增加系统的可扩充性，有利于知识工程师和工艺设计师的合作，从而可以使系统的功能不断趋于完善。

　　④ 工艺设计的主要问题不是数值计算，而是对工艺信息和工艺知识的处理，而这正是基于知识和计算智能的智能 CAPP 系统所擅长的。

　　⑤ 如果系统具备自学习的功能，可以不断进行工艺经验知识的积累，那么系统的智能性就会越来越高，系统生成的工艺方案就会越来越合理。

　　经过几十年的发展，CAPP 系统的智能化程度得到了较大的提高，但也存在以下几个方面的问题：

① 目前，人工智能领域中关于智能和思维方面的研究，仍处于仅能模拟人的逻辑思维和逻辑推理的阶段，而工艺设计是具有高度综合性和创造性的思维活动。在特征识别、结构工艺分析和基准选择等很多环节上需要发挥人的形象思维、抽象思维和创造性思维的能力，这就要求 CAPP 系统不仅要有推理的功能，还要有"联想"的功能。但是在现阶段，对于人类的这些高级思维能力，计算机还难以进行有效的模拟，这些工作仍需要靠人工来完成，这就大大制约了 CAPP 系统智能化水平的提高。

② 工艺决策是非常复杂的规划问题，决策所需要的信息量很大，而受 CAD/CAM 技术发展的限制，目前 CAPP 系统还无法自动获取工艺决策所需要的零件信息，大量的信息仍需要通过人工来输入。因此，零件特征的自动识别和零件信息的自动获取是制约智能 CAPP 发展的一个"瓶颈"。

③ 推理和决策方法是智能 CAPP 的核心。然而，现阶段用于 CAPP 系统的推理和决策算法普遍推理能力不强且效率低下，致使 CAPP 的智能水平不高。

3. 数据挖掘（Data Mining，DM）

智能设计的目的是利用计算机延伸以创造性思维为核心的人的设计能力，从而尽可能地实现设计自动化，设计的自动化实际上就是对知识的自动化处理，其中知识是实现这一过程的载体。在智能革命的浪潮中，近年来的工程设计已从传统的数据、资料密集型转化为信息、知识密集型。数据挖掘就是实现数据到知识转化的有力工具。

在智能设计系统中，如何对大量、复杂和抽象的产品、工艺、制造等数据、信息进行处理，提取高层次的信息和有价值的知识，成为一项新的挑战和课题。数据挖掘作为一种实现数据深化到知识的新的技术，正成为当前研究的热点。

（1）数据挖掘的定义与内涵　知识发现（Knowledge Discovery in Database，KDD）和数据挖掘是随着数据库和机器学习的发展而兴起的。数据挖掘是一门新兴的交叉科学，涉及机器学习、模式识别、统计学、智能数据库、知识获取、数据可视化、高性能计算和 KBE 系统多个领域。目前比较公认的定义是：

知识发现是从大量数据中提取可信的、新颖的、有效的并能被人理解的模式的高级处理过程。"模式"可以看作是知识的雏形，经过验证、完善后形成知识。KDD 是一个高级的处理过程，它从数据集中识别出以模式来表示的知识。高级的处理过程是指一个多步骤的处理过程，多步骤之间相互影响，反复调整，形成一种螺旋式的上升过程。

数据挖掘的流程从上述定义中可以看出，DM 是一个从数据集中发现知识的多步骤处理过程，多步骤之间相互影响、反复调整，形成一种螺旋式上升过程。DM 的主要过程如图 3-9 所示。数据挖掘基本步骤包括以下五个部分。

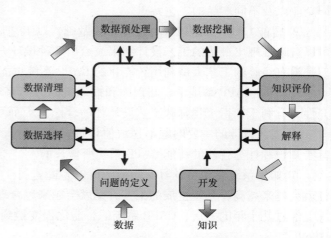

图 3-9　数据挖掘的主要步骤

1）问题的定义。在这个阶段，需要跟设计专家进行交流、定义问题，并决定设计目标、确定关键性问题、了解该问题目前的解决途径。这个步骤中的一个关键性的目的是决定数据挖掘的目标，并且准备出一份实现该项目计划的方案。

2）数据选择。这包括最初的数据收集，对得到的原始数据进行抽样分析，列出数据类型（包括数据大小、格式，很可能还包括数据的属性等级）。最初的数据探索可以回答部分数据挖掘的目的，从而肯定最初的假设，或产生对新特征的探求。

3）数据预处理。这是决定整个数据挖掘成功与否的关键性步骤，通常要占有整个项目的半数时间，因为数据库包含了庞大数据，使得任何一种数据挖掘算法不可能处理所有的原始数据，这就要利用其中的某一部分的数据，并寄希望于从中得到的结果对于整个数据库具有代表意义。这种对容量的缩减可以通过以下两种途径获得：一种是对数据空间进行采样，此时进行的数据收集是随机的；另一种是对特征空间的采样，只有具有某些特征的数据才能被选中。同样，当大量的特征存在时，这种选择也将是随机的。

除了对数据库进行采样，还必须对数据进行重要性和相关性检验，接着要对选出的数据进行净化处理，包括校正、去除或忽略噪声等。

4）数据挖掘。这是数据挖掘过程中最关键的步骤。数据挖掘包括选择数据模型、决定训练和实验过程、建立模型、评价模型的品质。数据挖掘阶段首先根据对问题的定义明确挖掘的任务或目的，如分类、聚类、关联规则发现或序列模式发现等。确定了挖掘任务后，就要决定使用什么样的算法。数据挖掘的算法繁多，常用的包括人工神经网络、决策树、遗传算法、规则归纳、最临近技术等。数据挖掘不是一个单向的过程，即使对于某一特定问题也可能有多种算法，此时需要评估对于某一特定问题和特定数据较好的算法，不仅要强调不同方法的特征，还要注重与设计领域专家之间建立广泛的交流。

5）知识评价。数据挖掘阶段发现出来的模式，经过评估，可能存在冗余或无关的模式，这时需要将其剔除；也有可能模式不满足用户要求，这时则需要整个发现过程回退到前续阶段，如重新选取数据、采用新的数据变换方法、设定新的参数值，甚至换一种算法等；另外，数据挖掘由于最终是面向人类用户的，因此可能要对发现的模式进行可视化，或者把结果转换为用户易懂的另一种表示，如把分类决策树转换为"if...then..."规则。

数据挖掘仅仅是整个过程中的一个步骤，数据挖掘质量的好坏有两个影响要素：一是所采用的数据挖掘技术的有效性，二是用于挖掘的数据的质量和数量（数据量的大小）。如果选择了错误的数据或不适当的属性，或对数据进行了不适当的转换，则挖掘的结果不会理想。

整个挖掘过程是一个不断反馈的过程。比如，用户在挖掘途中发现选择的数据不太好，或使用的挖掘技术产生不了期望的结果。这时用户需要重复先前的过程，甚至重新开始。

（2）数据挖掘的体系结构　数据挖掘系统可以大致分为三层结构，如图 3-10 所示。第一层是数据源，包括数据库、数据仓库。数据挖掘不一定要建立在数据仓库的基础上，但若数据挖掘与数据仓库协同工作，则将大大提高数据挖掘的效率。第二层是数据挖掘器，利用数据挖掘方法分析数据库中的数据，包括关联分析、序列模式分析、分类分析、聚类分析等。第三层是用户界面，将获取的信息以便于用户理解和观察的方式反映给用户，可以使用可视化工具。

由图 3-10 可以看出，数据挖掘并不是各个部分的简单叠加，而是有机地整合，目的是使信息链路有序畅通，形成一张信息的组织结构图和工作流程图。系统主要由以下几部分组成。

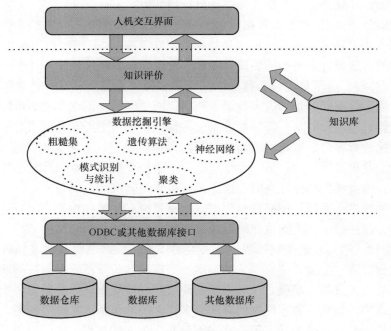

图 3-10　数据挖掘的体系结构

1）数据库、数据仓库或其他数据库。这是一个或一组数据库、数据仓库、电子表格或其他数据库，可以在数据上进行数据清理和数据集成。

2）数据库或数据仓库服务器。根据用户数据挖掘请求，数据库或数据仓库服务器负责提取相关数据。

3）知识库。库中存放领域知识，指导搜索或模式评估。

4）数据挖掘引擎。这是数据挖掘系统的基本部分，由一组功能模块构成，负责实施数据挖掘的操作。

5）知识评价。此模块通常通过兴趣度的度量，使挖掘聚焦到用户感兴趣的模式上。

6）人机交互界面。本模块在用户和数据挖掘模块之间交互，并以可视化的方法向用户提交挖掘结果。

（3）数据挖掘关键技术

1）数据挖掘通信。为了数据挖掘过程高效地进行，需要通过使用一组数据挖掘原语与数据挖掘系统通信，以支持有效的和有成果的数据挖掘。这些原语允许用户在数据挖掘时与数据挖掘系统相互通信，从不同的角度和深度审查发现结果，并指导挖掘过程。

2）数据挖掘原语。原语用来定义数据挖掘任务，是数据挖掘的基本单位。一个数据挖掘任务由以下五种基本的数据挖掘原语定义。

① 任务相关数据原语。这一部分说明挖掘涉及的相关数据所在的数据库或数据仓库。挖掘的数据不是整个数据库或数据仓库，只是和具体问题相关，或者用户感兴趣的数据集，即是数据库中一部分表，以及表中感兴趣的属性。

② 挖掘的知识类型原语。该原语指定被执行的数据挖掘的功能，即指定所执行的数据挖掘的知识类型，如特征规则、辨别规则、关联规则、分类或聚类等。

③ 指导挖掘过程的背景知识原语。背景知识是关于挖掘领域的知识。这些知识对于指导数据挖掘过程和评估发现的模式都是非常有用的。用户可以通过该原语定义和说明背景知识。

④ 模式评估的兴趣度量原语。这些功能用于将不感兴趣的模式从知识中分开。它们可以用于引导挖掘过程，或者在发现后评估被发现的模式。不同类型的知识有不同种类的兴趣度量方法。例如，对于关联规则，兴趣度量包括支持度（出现规则模式的任务相关元组所占的百分比）和置信度（规则的蕴涵强度估计）。其支持度和置信度小于用户指定的阈值的规则被认为是不感兴趣的。

⑤ 知识的表示和可视化原语。一个有效的数据挖掘系统必须能够使用多种容易理解的方式表示它所挖掘产生的知识和模式。采用多种的方式表示挖掘结果有利于帮助用户理解所挖掘的知识和模式及知识的利用程度，并且有利于用户与系统交互并进一步指导挖掘过程。此原语定义被发现模式的表示形式。对于不同的挖掘任务和需要，所应该采用的表示形式不同。用户可以根据需要指定所需的表示形式，如规则、表、图表、图、决策树等。

（4）数据挖掘语言　定义了数据挖掘原语，还需要基于这些原语为用户提供一组与数据挖掘系统通信的语言，即数据挖掘语言。根据数据挖掘语言的功能和发展阶段的不同，将其分为三种类型：数据挖掘查询语言、数据挖掘模型语言、标准数据挖掘语言。第一发展阶段的数据挖掘语言一般属于数据挖掘查询语言，如 Jiawei Han 等设计的 DMQL（Data Mining Query Language），Imielinski 和 Virmani 提出的 MSQL 和 Meo、Psaila 等提出的 MINE RULE 等。数据挖掘模型语言主要包括数据挖掘工作组（The Data Mining Group，DMG）提出的预言模型标记语言 PMML（Predictive Model Markup Language）。标准数据挖掘语言的代表是微软公司提出的 OLE DB for DM。

（5）数据预处理　数据挖掘的结果及其质量与被挖掘的数据的质量息息相关。因此，非常有必要对数据对象进行预处理，提高被挖掘的数据的质量。数据预处理主要包括数据清理、集成和变换、归约、离散化和概念分层。

1）数据清理。主要处理空缺值，平滑噪声数据（脏数据），识别、删除孤立点。其主要涉及：空缺值处理、噪声数据处理（主要方法有分箱、回归、聚类等）、不一致数据处理。

2）数据集成和变换。数据集成指由多个数据存储合并数据。数据变换是将数据转换成适合于挖掘的形式。数据集成涉及 3 个问题：模式集成、冗余、数据值冲突的检测与处理。数据变换主要涉及：平滑（分箱、聚类、回归）、聚集、数据概化（主要使用概念分层方法）、规范化、属性构造。

3）数据归约。即对原始数据进行归约，得到原始数据的归约表示，它接近于保持原数据的完整性，但数据量比原始数据小。数据归约的策略有：数据立方体聚集、维归约（删除不相关的属性或维，常采用属性子集选择方法，其主要方法有逐步向前选择、逐步向后删除、向前选择和向后删除的结合、判定树归纳）、数据压缩（目前流行的数据压缩方法是小波变换和主成分分析）、数值归约。

4）离散化和概念分层。通过将属性域划分为区间，根据区间的设定判断记录的每个属性值落在哪一个区间之内，然后将这个属性值用一个唯一表示该区间的符号标识来代替。

（6）数据挖掘方法概述　这是数据挖掘的核心技术，它综合利用了人工智能技术、统计学和模式识别技术。目前常用的数据挖掘技术有：

1）粗糙集方法（Rough Set，RS）。它是模拟人类的抽象逻辑思维，以各种更接近人们对事物的描述方式的定性、定量或者混合信息为输入，输入空间与输出空间的映射关系是通过简单的决策表简化得到的，它通过考察知识表达中不同属性的重要性，来确定哪些是冗余的，哪些是有用的。它是一种处理数据不确定性的属性工具。

粗糙集基于给定训练数据内部的等价类的建立。在数据库中，将行元素看成对象，将列元素看成属性（分为条件属性和决策属性）。等价关系 R 定义为不同对象在某个（或几个）属性上取值相同，这些满足等价关系的对象组成的集合成为该等价关系 R 的等价类。判定规则可以对每个等价类产生。通常，使用判定表表示这些规则。

2）决策树方法（Decision Tree，DT）。决策树是通过一系列规则对数据进行分类的过程。它以信息论中的互信息（信息增益）原理为基础寻找数据中具有最大信息量的字段，建立决策树的一个节点，再根据字段的不同取值建立树的分枝。在每个分枝中集中重复建树的下层节点和分枝的过程，即可建立决策树。采用决策树，可以将数据规则可视化，其输出结果也容易理解。

3）人工神经网络方法（Artificial Neural Network，ANN）。神经网络是表述非线性关系的最佳工具，它是一组连接的输入输出单元，其中每个连接都与一个权相连。在学习阶段，通过调整神经网络的权，使网络收敛。当按照要求输入合格的数据，通过训练好的网络的运行，就能够得出较为准确的输出值。

4）遗传算法（Genetic Algorithms，GA）。它是模拟生物进化过程的算法，由三个基本算子组成：①繁殖（选择）是从一个旧种群（父代）选出生命力强的个体，产生新种群（后代）的过程；②交叉（重组）选择两个不同个体（染色体）的部分（基因）进行交换，形成新个体；③变异（突变）对某些基因进行变异（1 变 0、0 变 1）。遗传算法可起到产生优良后代的作用。这些后代需满足适应值，经过若干代的遗传，将得到满足要求的后代（问题的解）。

5）统计分析方法。它的理论基础主要是统计学和概率论的原理。常见的方法有：回归分析（多元回归、自回归等），即求回归方程来表示变量间的数量关系；时间序列分析，即利用时间序列模型进行分析，多元分析（主成分分析、因子分析、判别分析、聚类分析及典型相关分析），即对多维变量进行分析。

（7）智能设计（基于数据和知识的设计）的内涵　在工业化社会向知识化和信息化社会转化的过程中，人类对智能化的追求将导致一场"智能革命"，在这场智能革命的历史浪潮中，人工智能研究的一个重要动力便是建立知识系统以求解困难问题。20 世纪 80 年代，知识工程（Knowledge Engineering，KE）成为人工智能应用最显著的特点，它是以知识本身为处理对象，研究如何使用人工智能的原理和方法来设计、构造和维护知识型系统的一门学科，包括基础理论研究、适用技术的开发、知识型系统的工具的研究。1998 年美国人提出其在 CAD 系统的应用，是 CAX 系统发展的新阶段。

在工程实践中人们注意到，专家知识一般来源于领域专家的经验积累，带有很强的经验性、模糊性和不确定性。智能设计就是希望通过知识处理的一系列技术来获取领域专家或其他信息的知识，并选择合适的知识建模语言将知识计算机化，以便于把宝贵的专家知识应用于设计中，提高实际解决问题的能力和设计开发的质量，起主要特点可以概述为：

1）是一种与 CAX 系统集成、用于解决工程问题的计算机系统。

2）集中解决了清晰表示知识的问题，并且将知识应用于特定工程问题的求解中。

3）既能深入地刻画各领域中的核心问题，又能处理具体问题中的各个细节情况。

4）采用模式识别、基于规则和基于事例等方法进行知识的推理。

综上所述，可以看出智能设计是面向工程开发全过程，能够自动地引导产品设计人员进行产品的设计活动，并能寻求记录不同类型知识的方法。它是将人工智能（包括知识表示、推理、知识库等）与 CAX 系统有机结合为一体的。图 3-11 所示为智能设计系统的典型结构框架。

越来越多的人认识到智能设计在工程设计领域中的重要性。美国福特和通用汽车将智能设计技术视为提高产品开发和研发能力的关键技术，并为此开发了一个智能设计系统，该系统提供了一整套从部件到系统层的完整解决方案，包括：产品公差设计系统、机床切削工具选择系统、计算机辅助工艺规划系统、设计知识管理系统和机床诊断系统等。英国 Jaguar 汽车公司在汽车车身和零部件设计中全面采用了智能设计技术，开发了前照灯、发动机引擎盖内板、侧窗和车轮轮罩等智能设计系统，其中在发动机引擎盖内板设计中，采用高度结构化的知识模型来表示产品设计中的各类知识，同时根据设计的目标函数，运用基于规则的方法进行产品设计，使得设计时间从 8 周减少到 1h。

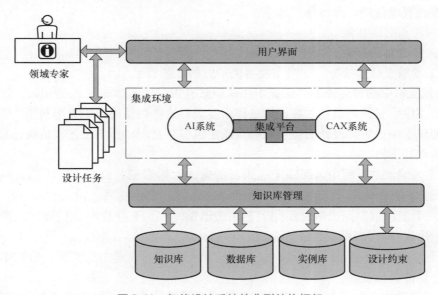

图 3-11　智能设计系统的典型结构框架

如图 3-12 所示，基于知识的工艺设计信息系统运行过程中的智能行为主要体现在以下几个方面：

1）零件信息建模中的智能辅助功能。零件信息模型是进行计算机辅助工艺设计的基础。基于特征的零件信息建模技术能够很好地使 CAD/CAPP/CAM 间的信息集成和工艺决策智能化。在进行零件特征信息建模的过程中，提供计算机智能辅助功能对于提高工作效率非常重要。这一阶段的智能辅助技术有：特征识别、特征提取、计算机辅助建模、模型一致性检查等。具体体现如下：

① 在从零件的设计特征到制造特征转换的过程中的智能。

② 零件模型的一致性检查。

③ 在从零件的制造特征生成工艺元中的智能。

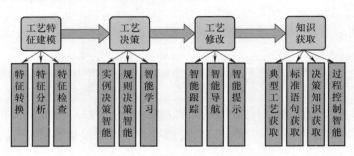

图 3-12　智能功能示意图

2）工艺决策中的智能辅助功能。在工艺设计中经常需要进行各种各样的工艺决策，如工艺路线决策、加工方法决策、机床选择决策等。学术界对工艺决策进行过很多研究，研究成果显著。但工艺决策是一个经验性、知识性、模糊性很强的工作，各种试图代替人的智能化工艺决策都不理想。工艺决策中的智能辅助就是在进行工艺决策时以人为主，计算机对人进行辅助性的智能帮助。具体体现如下：

① 实例检索时的智能。

② 工艺修改时的智能。

③ 加工参数、机床选择、工时定额等决策时的工艺智能。

3）工艺检索中的智能辅助。企业中往往积累有大量工艺数据和工艺知识，这些数据都有很强的重用性，工艺人员往往在设计过程中需要对这些数据进行检索和利用。工艺检索中的智能辅助就是根据工艺设计的当前状态自动定位信息空间，帮助工艺人员快速检索工艺资源。具体体现如下：

① 在工艺编辑的过程中，跟踪工艺人员的输入，检索工艺资源，对工艺人员将要输入的内容进行猜测并提示。

② 在一个工序编制完成后，跟踪工艺人员已编写完的工序序列，检索工艺资源，对可能的后继工序进行猜测并提示。

③ 在卡片中不同位置获得焦点时，根据该单元类型，检索工艺资源，对该单元可能的输入值进行智能提示。

4）知识获取中的智能辅助。当前对系统构建、推理方式、知识表达等研究得比较多，而对工艺知识获取研究得比较少，以至知识成为智能 CAPP 系统的瓶颈。知识获取中的智能辅助就是在工艺知识获取时利用知识发现的原理和方法，帮助工艺人员进行知识收集和整理。具体体现如下：

① 利用知识发现技术从工艺数据中获取标准工序、工步语句。

② 利用知识发现技术分析工艺文件，获取工艺元和工艺实例。

③ 决策型工艺知识自动获取。

④ 工艺知识获取过程中的控制智能。

4. 加工过程检测技术

通过对加工过程中机床、刀具、工件进行状态监测是"感知"加工状态最直接的手段。切削过程是一个非常复杂的过程，在切削过程中涉及机床、刀具、工件的状态变化。例如机床的变形与振动，刀具的磨损与破损，材料的形变与相变等，所涉及的学科包括材料学、力学、摩擦学、传热学、动力学等多门学科；所能监测的状态量多而复杂，主要包括机床、刀具位置、切削力、刀具温度、刀具磨损、机床与工件及刀具的振动、声发射信号、机床功率、工件表面质量、切屑形状等信息。

对于机床的状态进行监测，可以确保运行安全，防止运动干涉与碰撞、载荷及功率过大等问题。对机床位置监测是确保机床位置的正确性与实现机床误差补偿的基础。同时，对机床的能耗进行监测是降低成本、提高效率、实现绿色生产的前提。对于刀具、工件的状态变化进行监测可以实时掌握加工过程中刀具与工件相互作用及自身状态变化情况，是否存在切削力过大、刀具温度过高、磨损严重、振动剧烈等情况，从而判断加工状态是否正确，是否进行稳定切削，实现对切削过程进行"感知"。将所采集到的信号进行降噪、滤波后，通过多种信号处理手段对信号进行特征提取与分析，例如应用比较广泛的模糊神经网络处理技术、多传感器信息融合技术、支持向量机技术等实现对加工状态的在线监测，实时了解加工过程的状态变化，为智能控制提供反馈。

5. 优化决策与控制技术

优化决策模块通过在线监测模块所监测与提取的信息反馈，并根据优化需求，对加工过程进行单目标或多目标优化。可优化的目标包括：基于切削力的优化、基于刀具寿命的优化、基于加工振动的优化、基于工件表面质量的优化、基于切削温度的优化、基于切屑形态的优化、基于加工效率的优化、基于经济效益的优化等。优化完成后，将优化结果发送到实时控制模块，通过实时控制模块完成对机床相关参数的调整，包括改变切削用量、实时位置误差补偿、路径优化、刀具状态调整（更换刀具、改变刀具物理状态）等，完成切削状态的实时调整，实现最优加工。

6. 智能刀具（系统）技术

刀具作为机床的"牙齿"在零件加工中占有非常重要的地位，零件的加工是通过刀具对工件进行切削作用完成的。智能切削加工技术不仅需要刀具具有切削功能，同时需要刀具具有自我感知、自我调节等智能功能，对于智能刀具的研制与研究已经成为刀具研究的热点。

智能刀具的感知功能主要集中在对切削力、切削温度、振动等的感知，通过在刀具上集成感知系统，实现刀具状态的自我识别，避免了在刀具上安装多种传感器的烦琐操作，同时节省了空间，利于生产与维护。对于刀具尺寸较小或由于某种原因无法将智能感知与控制系统安装在刀具上的情况，通过采用智能刀柄技术可以很好地解决上述问题。智能刀柄同样可以对切削力、转矩、振动、AE 声发射等信号进行监测。对于刀具的自我感知系统，进一步实现多传感器的集成与融合是智能刀具感知系统的发展方向。

智能刀具的自我调节功能体现在对刀具自身属性的调节，通过调节自身属性来适应生产需要，实现优化加工。具体操作为智能刀具通过对加工状态的监测与识别，根据加工状态的变化调整刀具自身属性，以更好地完成加工。例如：在镗削过程中，使用智能镗杆进行镗削，通过对刀具振动的识别与反馈控制，实时改变镗杆自身刚度、阻尼等，实现镗削过程的振动抑制。

7. 智能机床

智能化是数控机床的发展趋势，在现有数控技术的基础上，数控机床已经逐渐由机械运动的自动化向信息控制的智能化方向发展。智能机床不但使机床操作变得简单、安全，而且借助现代传感技术、信息技术、自动化技术、网络技术、人工智能技术等已经部分实现了机床的智能化加工，确保加工的高精度与高效率。

智能机床的特点在于可以实现智能感知、智能决策、智能执行。智能机床所具备的具体功能包括：人机交互、加工仿真、自我监测、智能防碰撞、振动控制、自适应技术（负载自适应、位置自适应、主轴功率自适应、运动自适应）、误差测量与补偿（几何误差、温度误差）、智能主轴、刀具智能管理、文档管理、设备维护等。

智能机床的"大脑"是数控系统，随着数控系统的发展，开放式数控系统已成为机床控制系统的发展方向，使数控系统朝着模块化、平台化、标准化和系列化方向发展。开放式体系结构使数控系统具有更好的通用性、柔性、适应性、扩展性。允许用户对系统进行第二次开发，根据需要可方便地实现重构、编辑，以便实现一个系统多种用途。

对于智能机床的研究尚在探索与提升的阶段，目前智能机床的智能化程度还不能满足对某些高品质零件的智能化加工要求。智能机床在工艺规划、工艺知识的组织管理，刀具路径仿真优化，在线智能优化控制等方面还需要进行全面而深入的研究。

3.2.3 智能加工技术在切削过程中的应用

1. 基于切削仿真的预测与优化

通过数字仿真手段对切削过程进行预测与优化是智能切削加工技术的重要组成部分，通过仿真可以对切削过程进行预测并发现切削过程中可能存在的问题并进行优化。例如通过仿真手段可以对工件装夹位置、刀具路径、切削过程的切削力、表面质量、刀具磨损等进行预测，及时发现过切或欠切。通过刀具路径优化，切削用量优化可以提高加工效率，改善加工质量。

在刀具路径生成的过程中主要考虑的因素为工件几何形状，而忽略刀轴位置对加工过程和机床运动的影响。如图 3-13 所示，通过仿真方法在已生成的刀具路径上对加工过程中刀轴矢量进行控制，从而在切削力、稳定性和机床运动方面对加工过程进行改进。该方法被证明在一定的约束条件下是有效的。

通过有限元仿真可对工件材料切削过程中的切屑形成过程进行仿真，如在仿真过程中通过对仿真材料模型进行设定，运用弹塑性分析模型仿真 Ti-6Al-4V 钛合金的局部剪切切屑的形成。图 3-14 所示为 Ti-6Al-4V 钛合金在高速铣削过程中锯齿状切屑的仿真结果与扫描电镜测试结果对比图，从仿真结果与试验结果对比可以发现通过仿真手段可以较好地预测切屑的形态。

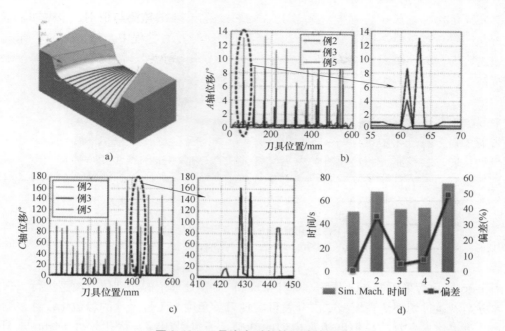

图 3-13　刀具姿态对数控运动的影响

a）表面几何形状　b）A 轴角度变化　c）C 轴角度变化　d）仿真周期时间

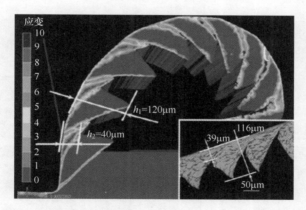

图 3-14　切屑形态对比图（切削速度 v 为 180m/min，进给量 f 为 0.1mm/r）

　　随着计算机硬件和软件的功能及效率的大幅提升使得 3D 有限元仿真在机械加工中表现出了强大的成效。通过 3D 仿真手段对刀具磨损进行预测，有限元仿真与试验获得的最大侧面磨损 VB 和凹坑深度与位置较为一致；通过考虑磨料磨损使得前刀面磨损模拟也可取得较好的效果。

　　有限元仿真还可对复合材料的切削过程进行仿真。图 3-15 所示为采用有限元仿真方法对钻削碳纤维复合材料过程中的材料分层现象进行的模拟与预测，通过对比发现简化模型大大降低计算成本。通过仿真方法还可研究钻削力、纤维板的夹持面积、纤维的铺层方式对分层缺陷的影响规律。研究结果表明通过有限元仿真方法可以对碳纤维复合材料钻削过程中的分层现象进行模拟与预测，对切削用量的选择具有一定指导意义。

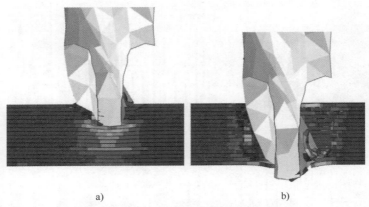

a)   b)

图 3-15　采用完整仿真模型模拟的钻削过程

a）钻入材料　b）钻出材料

图 3-16 所示为采用 Python 语言、基于 Abaqus 对预处理中的切削仿真模型进行二次开发的实施方案。通过切削仿真模型二次开发可实现刀具角度与工件尺寸的参数化设计，缩短建模时间，奠定建立高效、高精度仿真模型的基础。通过采用综合优化软件 Isight 与 Abaqus 联合仿真实现了通过对切削用量的调整实现对切削力的自动优化控制，并对切削用量的选取进行了优化，为选择适合的切削条件提供了理论工具。

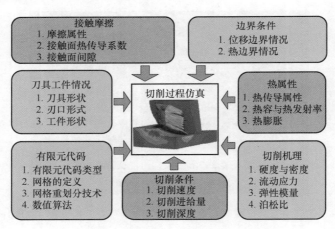

图 3-16　切削仿真二次开发与联合仿真

利用仿真方法可以获得切削试验难以直接测量或无法测量的状态变量，而且可以较好地理解切削加工机理，分析切削加工过程，对加工过程进行分析预测与判断。因此，对金属切削加工过程仿真技术的研究具有很重要的现实意义，仿真分析是智能切削加工技术的基础技术。

2. 加工过程中状态监测与识别

切削加工过程的状态监测是实现智能切削加工中"感知"加工过程状态变化的前提与基础。通过对加工过程所监测到的机床、刀具、工件的信息进行处理及特征提取实现加工状态的识别，可以实时掌握加工状态，确保加工过程平稳、安全地进行。同时，将监测与识别的加工状态信号输入到优化决策与实时控制模块，根据所采集的信号对加工过程进行智能在线控制，实现高品质加工。

（1）刀具磨损的监测与识别　在切削加工过程中，切削刀具与工件之间进行着剧烈的界面作用，切削区域处于高温、高压的工作状态，引起刀具的前、后刀面与工件及切屑接触部位产生复杂的磨损机理。刀具磨损的类型主要包括前刀面月牙洼磨损、后刀面磨损、边界磨损、切削刃磨钝等。

刀具磨损直接影响工件的表面粗糙度、尺寸精度并最终影响零件的制造成本，同时刀具磨损对切削力、切削温度、切削振动等也有影响，随着刀具磨损的加剧，加工工件的质量也越来越差。通过对切削过程的切削力、振动、声音、AE 信号、切削温度、主轴功率及电流、表面粗糙度等都可以实现刀具磨损的在线监测。

通过测量切削力的变化实时监测刀具磨损状态，可建立切削力分量与后刀面磨损宽度的相互关系。该模型可以应用于在线刀具磨损监测系统，该监测方法可以应用于自适应加工系统的外部反馈控制回路中。还可通过采用测试主轴噪声的方法对车削过程中刀具的磨损进行监测，采用传声器记录恒线速度数控车削中的声音。将音频信号与几种不同的表面速度和切削进给组合的磨损情况进行比较，从而对刀具磨损状态进行预测研究，不同的切削速度和进给速度对主轴噪声的大小具有影响，通过监测主轴噪声可以用来监测加工过程中刀具磨损状态。

采用多传感器融合技术和人工智能信号处理算法技术对刀具磨损状态进行分类，可开发一种独特的模糊神经混合模式识别算法，图 3-17 所示为算法中模糊驱动神经网络的结构图。所开发的算法具有很强的建模能力和噪声抑制能力，能够成功地在一定切削用量范围内对刀具磨损进行分类。

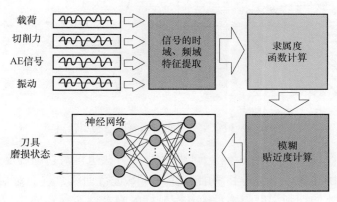

图 3-17　模糊驱动神经网络的结构图

还有一种基于自联想神经网络（AANN）的刀具磨损监测方法，该方法的主要优点在于它可以使用在正常切削条件下的数据建立模型。因此，在训练过程中不再需要刀具磨损状态的训练样本，使它较其他神经网络模型更容易被应用在实际的工业环境中。该方法建立了刀具磨损状态在线监测框架。在不同刀具磨损状态下的切削力数据被收集起来用于对粗、精铣削的在线建模。试验结果表明，该方法可以反映刀具磨损的演变过程。由于该方法是在不停止切削过程的情况下连续获得训练样本，训练过程中不需要测量刀具磨损值而实现在线建模过程。因此，它为神经网络在在线刀具状态监测领域的实际应用提供了新的思路。

刀具磨损状态识别及预测技术是集切削加工、信号处理、现代传感器、微电子和计算机等技术为一体的综合技术。该技术发展至今，仍然还没形成完整和成熟的理论体系，还没能很好地解决柔性加工过程中多种工况下精确识别刀具磨损状态的问题。如何加强刀具磨损智能监测系统的知识自动获取能力，如何有机地融合多个传感器信号对刀具磨损状态进行准确的识别和预测，都是亟待解决的问题。

（2）切削温度的监测技术　在切削加工中，伴随着切削的进行，刀具与工件及切屑的温度会有明显升高。切削温度的主要来源包括切削层发生弹性变形和塑性变形、切屑与前刀面的摩擦、工件与后刀面的摩擦。切削温度对切削过程有着很大影响，直接影响刀具磨损和刀具寿命，切削温度过高会引起工件表面发生化学变化，加速刀具磨损，影响切屑的变形等。通过对切削温度的监测与控制可以很好地对加工状态进行判断与优化。

在 PCBN 刀具嵌入微尺度薄膜热电偶阵列的方法可对硬态切削过程中切削温度的变化进行测量。如图 3-18 所示，10 组热电偶测试点被安装于刀尖位置处，测试点沿着前后刀面的边界排布，试验证明采用所提出的热电偶测温方法很好地实现了刀具温度的测量。

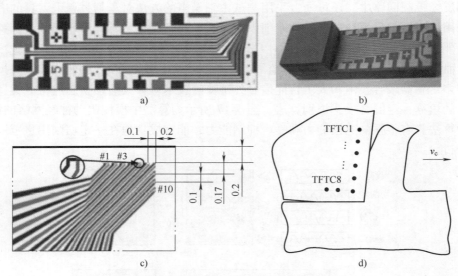

图 3-18　PCBN 刀片和薄膜热电偶阵列布局

使用自适应神经模糊推理系统与粒子群优化学习方法也可对切削温度进行预测。通过采用试验中获得的切削速度、进给量和切削力对 ANFIS 进行训练，进而对切削温度进行预测。测试结果表明，预测的切削温度与测量值具有较好的吻合性。

图 3-19 所示为一种使用多输入多输出的模糊推理系统的切削用量识别方法，可对切削温度与刀具寿命进行预测。其中切削速度、进给量和切削深度作为输入量，使用切削温度和刀具后刀面磨损寿命为输出量，通过试验数据对切削温度和刀具寿命的预测模型进行训练。试验结果表明，刀具寿命试预测的平均偏差为 11.6%，切削温度的平均偏差为 3.28%。

随着切削温度的测量与预测方法的逐渐成熟，通过对切削温度的测量与预测对深入研究切削温度的产生机理与控制具有推动作用。同时，对于切削温度的测量与预测以及对切削用量的选择、切削过程的优化控制等均具有重要意义。

（3）工件表面质量监测　工件表面质量是指零件加工后表面的形态，主要包括的指标有表面粗糙度、表面层残余应力、表面层加工硬化成度等。加工表面的质量会对工件的性能

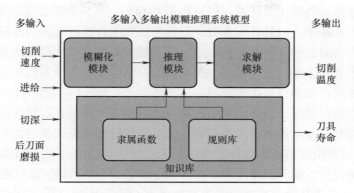

图 3-19　切削温度与刀具寿命模糊推理系统

产生很大影响。如表面粗糙度对零件的耐磨性、耐蚀性、配合精度及接触刚度等影响较大。表面残余拉应力会使零件表面产生微小的裂纹，降低疲劳强度，还可能会使零件的形状发生改变。表面加工硬化程度虽然可以增加零件的耐磨程度，但硬化往往不均匀，且会增加材料的脆性，使工件更容易产生裂纹。

现代机械制造业中，人们对机械产品的质量高度重视，而表面粗糙度则是体现工件质量好坏的一个极其重要的因素。为了更好地控制工件表面质量，研究者对表面粗糙度进行了大量的研究，获得了诸多成果。

利用智能插补方法的软计算系统可对钢铁部件高速深钻过程中的表面粗糙度进行预测，以切削用量和轴向力为输入量，以钻孔的表面粗糙度预测值为输出量。该模型可以帮助工人选择合适的切削用量，以实现加工要求。

在对表面粗糙度预测的过程中，研究者通过人工神经网络或其他方式建立起预测模型，以一系列加工参数如切削力、振动、进给量、切削速度等作为输入量，以表面粗糙度作为输出量，对表面粗糙度进行预测。随着预测模型的不断发展，表面粗糙度的预测模型将向多样化发展，提高预测模型的准确性与普遍适应性是未来研究的重点。

3. 加工过程中的智能控制

智能控制是智能切削加工的关键技术，在加工过程中通过智能控制可以实现加工状态的在线调整。通过调节切削用量（主轴转速、切削深度、进给量）、刀具位置姿态，刀具刚度、角度、机床夹具补偿位置等实现切削过程的智能调整，从而使加工过程始终处于较为理想的优化状态。例如对切削过程的振动控制可以实现稳定切削。对切削力进行控制可以保护刀具、延长刀具寿命、提高加工效率等。

（1）加工过程中振动的控制　切削过程中由于振动的存在对加工过程的影响很大，往往会导致以下不良的后果：导致工件表面出现明显的波纹，影响工件表面质量，甚至导致工件报废，带来经济损失；加速刀具磨损，缩短刀具寿命，甚至导致刀具破损，引发安全事故；引起机床各部件连接部分松动，影响运动副（齿轮、轴承等）的工作性能，造成机床故障，缩短机床的寿命；为了防止颤振的发生，通常不得不减小切削用量，增加走刀次数，以牺牲加工效率为代价保证加工正常进行，导致机床的加工能力无法充分发挥；加工过程中的噪声使工作环境恶化，增加工人的疲劳程度，影响其身心健康。

切削过程中的振动与加工系统及切削过程密切相关，具体包括加工系统的动、静刚度，刀具以及工件的固有频率，刀具几何参数，刀具与工件的材料特性，切削用量，润滑条件等因素。针对这些因素有各种不同的避振方法，随着机械加工自动化程度的提高，特别是计算机技术、信息技术及传感器技术的发展，振动智能控制越来越受到人们的重视，学者们针对振动智能监测与智能控制获得了诸多成果。

采用基于动力吸振器原理设计的可变控制力的智能式减振镗杆，同时采用基于事件驱动的网络控制系统与基于 H∞ 控制的网络控制系统可实现智能减振镗杆的控制。在此基础上人们提出了变刚度-约束阻尼型减振镗杆，建立了变刚度-约束阻尼减振镗杆动力学模型，并根据模型进行了结构设计、仿真及刚度调节与控制，所设计的变刚度-约束阻尼型减振镗杆结构如图 3-20 所示。基于最小二乘法对减振块刚度在可变范围内进行了在线辨识，设计了相应的模糊控制器对减振块刚度进行控制，通过 ASME 与 Matlab 软件联合仿真平台，验证了变刚度-约束阻尼减振镗杆振动控制方案的可行性。并通过镗削试验验证了所提出减振镗杆的减振性能。

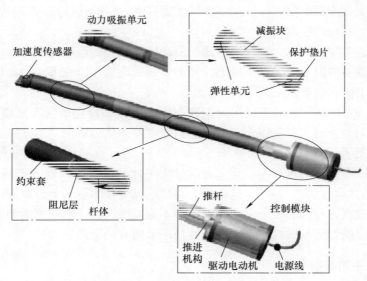

图 3-20　变刚度-约束阻尼型减振镗杆结构示意图

图 3-21 所示为一种采用在铣床上安装主动夹具的方式对加工中的颤振进行抑制的方法。所设计的主动夹具由两个压电致动器控制的高动态轴驱动。每个动态轴上都具有位移传感器与力传感器。采用加速度信号作为反馈信号，使用闭环位置控制方法对工件的位置进行动态补偿，从而对颤振进行抑制。

基于切削过程声音信号的反馈，人们提出了通过采用自适应主轴速度调整算法实现实时抑制切削颤振的目的。通过采用声振量化指数对声音信号进行量化，采用主轴转速补偿策略对转速进行主动调节，并通过铣削试验验证了所提出方法的正确性。

随着新型传感器的研发、新的信号处理技术的应用、智能材料的出现等必将为振动在线监测与控制提供新的方法与途径。振动控制未来的发展方向包括以下几点。

1）应用新型传感器，采用多传感器智能融合。该技术将更好地监控机床的状态，避免以单一信号作为状态判断标准的弊端，使得振动状态的监测与判断更加准确。

2）将模糊控制、神经网络控制等现代控制理论融入机床的在线控制中，使控制系统具有自适应、自学习的特性，实现控制智能化，更好地适应实际加工状况，并增加控制系统的通用性。

3）智能材料减振器的应用，特别是电流变减振器、磁流变减振器在机理研究、力学建模、材料性能和工程应用等各个方面都取得了长足发展。可以预见，智能材料减振器必将成为智能控制系统中良好的驱动元件。

（2）加工过程中切削力的控制 切削力在工件加工过程中占有重要地位，它直接影响刀具-工件系统的振动、加工稳定性、尺寸误差、加工表面质量等。在数控加工过程中，无论是精加工还是粗加工，都存在加工余量不均匀的情况，如果按统一的进给速度、主轴转速、切削深度，势必造成切削力的大幅度变动，在加工余量突变处产生颤动，这对于加工精度与刀具保护来说都很不利。为此，在加工过程中实现切削力在线自我调整成为机械加工中的重要课题。

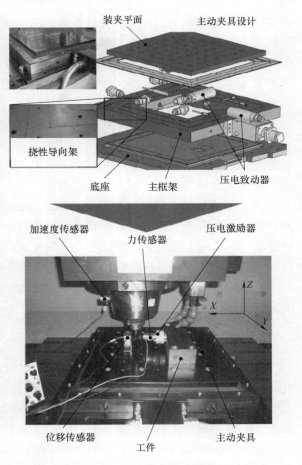

图 3-21 主动夹具结构示意图与试验现场

切削力自适应控制研究至今，出现了多种控制算法，如广义预测自适应控制、神经网络自适应控制、自适应 PID 控制等，这些控制算法都存在一个普遍的矛盾，既要有高的控制精度，又要有快的运算速度。在这样一种情况下，选择复杂的算法（如建立精确的加工过程模型），程序运行时间长，达不到自适应控制的实时性要求。而选择简单的算法（如变增益自适应控制），控制精度低，适应范围有限，同样难达到控制要求。所以，既能保证控制精度又能具有较快运算速度的算法是未来的发展方向。

3.3 制造加工过程的智能预测

3.3.1 智能预测系统

1. 产生的历史必然性

（1）学科发展的需要 从预测的观点来看，以前的预测方法中各有优势和不足，如何保持优点，克服不足，自然成为需要考虑的问题。特别是经验预测方法，大量的手工操作与信息的高速传输很不相适应，经验性知识的客观表示和系统化则是另一个问题，这两个问题在各类预报专家系统的实践中已日益暴露出其矛盾的尖锐性。在人工智能方面，过去知识工程的三大课题是分开研究的，尽管也都取得了相当的进展，获得了一些有实用价值的成果，但"难于在实际中应用"仍然是人工智能工作所面临的难点。学习是人工智能中的难点，进展不快，但如果这个问题不解决，智能就难以达到高水平。

（2）社会与生产发展的需要　随着社会与生产的发展，对预测的客观性和准确性提出了更高的要求，确切地表示，正确地利用以至让机器自动获取这些知识，在继承基础上发展，适应建设的需要，已成为当务之急。

（3）效益的巨大推动　实践是检验真理的唯一标准。几年来的制造预测专家系统得到业务部门如此广泛、热烈地欢迎和支持，取得了明显的社会效益、经济效益，反过来，它又给智能预测以巨大的动力，推动它向更深和更高的层次发展。

智能预测系统正是在这样的环境条件下产生的，它使预测工作建立在更加客观，智能化程度更高的基础上。为了适应预测的时效要求，在自动化方面，特别是在数据和信息的自动采集方面，在整个工作的系统性方面都进入了一个新的阶段。

2. 智能预测系统的发展趋势

（1）智能预测与智能模拟的关系　模拟是人类认识世界的一个重要手段，在电子计算机出现之前，一般采用实验室模拟，它对当时的科学技术起到了显著的推动作用，但对于大系统和比较复杂的系统，实验室模拟就会遇到困难。近年来利用计算机进行动力数值模拟已成为模拟的主流，它对一些学科的发展产生了重要的影响。然而实践也表明它所具有的局限性。智能非数值模拟正是为了克服这些局限而设计的。

智能预测的核心是基于知识的推理，做出预测决断。智能模拟的核心是基于数据、信息的分析、综合，提供模拟结论。智能模拟可作为获取知识的一种辅助手段而与预测系统联系，它可以给出应用性知识或某些基础的知识。显然，智能非数值模拟完全可以与动力数值模拟一样，作为一个独立的系统，在科学的舞台上发挥其作用。

（2）智能模拟——预测系统　目前设计的系统对预测问题只是考虑基于知识的推理，对动力、统计预测方法只是综合应用了它的预测结果。很明显，无论哪一种预测方法，在知识这一点上是共同的，仅是表述形式不同，进一步实现在知识上的结合，扩展知识表示和知识利用的内容，无疑将会提高预测能力，并将提高整个系统的效率。

预测系统设计的另一个限定是有关基础知识的，无论是基础知识的提供，还是修改，大都由人来完成，机器学习也只是在基础知识上对应用性知识进行获取。其所以如此，是由于没有充分发挥分析与综合的能力，模拟则是突出了分析，将来随着智能模拟的进展，特别是智能模拟与智能预测的进一步结合，相当一部分基础性知识将可以通过模拟由机器来获得。到那时，模拟将与预测一起组成一个综合的智能模拟——预测系统。

3. 智能预测的基本原理

所谓预测就是鉴往知来，借对过去的探讨以求对未来的了解，其目的是获取未来的信息。现代预测理论是建立在定量分析为基本内容的现代科学管理条件下的，它由五个基本要素组成：人（预测者）、知识（预测依据）、手段（预测方法）、事物未来或未知状况（预测对象）、预先推知和判断（预测结果）。预测基本要素关系如图 3-22 所示。

　　预测者根据预测依据利用预测方法对预测对象进行预测，进而得到预测结果，通过判断预测结果是否满意来完善预测依据。

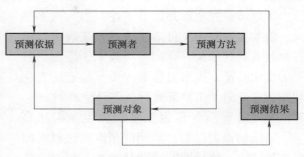

图 3-22　预测基本要素关系

　　决策是人们在生产、生活和工作中的一项基本的思维和实践活动。在制造领域内，决策是要对制造方法的可行性及加工效果和质量的优劣做出评价，从中选择满意或最优的行为。而预测作为决策的前提和基础，对最终决策选择的方案起着至关重要的作用。

　　随着人类社会的不断进步，科学工作者所涉及的系统越来越庞大，越来越复杂，对预测方法的适应性和预测理论的要求越来越高，难度也越来越大。由此产生了针对系统不确定性（模糊性、灰色性、未确定性等）的不确定性系统预测理论和方法，以及综合利用各种预测方法所提供的信息，尽可能地提高预测精度的组合预测方法。这是目前预测理论两个比较有代表性的发展方向。其中人工智能预测理论得到了发展和广泛的应用。

　　人工智能是人类智能的模拟，是由计算机来表示和执行的人工智能。人工智能技术的出现，为人们解决复杂问题提供了新的思路。智能活动的中心是知识的研究，人工智能研究的关键是知识的研究。预测是以过去的已知状况作为输入，在预测算子作用下，得到未来结果输出的过程。学者们用专家系统、人工神经网络、模糊逻辑和进化算法等人工智能理论和技术，或将它们中的几种结合起来，建立预测模型，通过运用人工智能理论和技术所建立的预测模型来完成预测，这就是智能预测的基本原理。

　　自 1956 年人工智能发展到现在已过去了六十多年，这期间经历了由理论探索到应用研究的巨大变化。正由于此，神经网络、模糊逻辑等作为人工智能的研究领域，已获得了相当的成就。并且这些理论广泛应用到了智能预测之中，为预测理论和预测系统的开发提供了有力的理论和技术支持。

3.3.2　基于加工误差传递网络的工序质量智能预测

　　随着多品种、小批量为代表的柔性生产模式和数字化、信息化制造成为离散制造业发展的趋势，在提高生产率的同时，也给过程有效质量管理提出了新的挑战和机遇。从过程质量保证来看，一个关键环节是及时、准确揭示过程质量的异常状态，即能够对加工过程的工序质量波动实施控制以及对加工质量进行预测，为质量优化决策奠定基础。因此，如何充分利用制造过程中产生的加工工件、加工工艺及生产执行过程等多方面的静态和动态有关过程量信息，运用现代质量控制和质量预测技术实现对制造过程的"精确质量控制与预测"，因此对实现企业产品质量的持续改善和提升具有重要的理论和现实意义。

　　任何制造加工过程都存在波动，剔除或减小波动使过程趋向稳态才能保证高质量的产品。因此，对加工质量进行精确、有效的控制是目前研究的热点。实现加工过程中的质量稳态保证是一项周而复始、持续改善的工程，重点涵盖以下四个环节：质量控制（Quality Control，QC）、质量预测（Quality Prediction，QP）、质量诊断（Quality Diagnosis，QD）、质量调整（Quality Adjustment，QA），如图3-23所示。

工序质量控制就是以各工序节点为基本单元，对加工过程中工件质量数据及工况参数进行离线或在线采集，运用各类技术手段分析数据的变化特征，揭示过程加工质量状态的变化规律，据此对加工要素进行优化调整。

实现过程质量预测控制的核也是构建高效、精确的预测模型。早期的预测算法以时间序列预测法、统计回归预测法为主，此类方法运算量小、操作方便、效率高，但是模型简单且在复杂多变的环境下鲁棒性差、泛化能力不

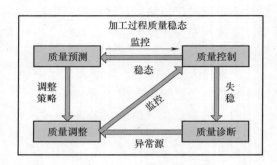

图 3-23　加工过程质量控制示意图

强。近几年来，新的理论和技术的出现促进了新的预测算法的出现，成了目前质量预测的主流工具，主要有灰色（GM）预测模型、人工神经网络预测模型、支持向量回归（SVR）预测模型、模糊预测控制模型及多种算法的混合模型。预测模型比较分析见表3-1。

表 3-1　预测模型比较分析

预测模型	主 要 人 物	预测理论支撑	预测能力	时间代价	局 限 性
灰色模型	邓聚龙	对原始时间序列做序列算子生成新序，建立离散数据微分方程动态模型，实质是一种曲线拟合过程，具有偏差的指数模型	一般	一般	适于过程基本呈指数规律变化且变化不是很快的情况
人工神经网络模型	Necat/Specht/Portillo E/Sun J	学习训练网络，不断调整权值及阈值，得到具有非线性关系的最优拟合预测模型，主要有反向传播（BP）/径向基函数（RBF）/Elman/概率等神经网络模型	较强	较高	精度和收敛速度存在矛盾，存在局部极小点，计算量大，调整参数多，网络结构难定，需要大量样本等
支持向量回归模型	Vapnik/Muller/Francis	基于SLT理论，综合衡量了ERM和SRM原则，最佳平衡模型的复杂性、学习能力和泛化水平	较强	一般	最优参数选择，训练学习网络维数的确定
模糊预测控制模型	Wong/Fish er/张化光/李少远	利用模糊推理改善传统预测控制算法在不确定信息处理上的不足；根据预测输出对控制参数进行模糊决策优化调整	较强	较高	建模复杂，对多步预测缺乏有效方法，训练和实时修正耗时多

SVR算法比较适合小批量生产过程工序质量预测模型的建立。基于 MES 环境的车间信息化系统能够实时获得每道工序节点的输入与输出质量特征参数序列，进而得到加工误差序列，通常这些数据序列会间接反映出工艺系统对加工工件质量特征影响的某种规律。因此，

通过运用适当的数据挖掘技术对数据序列进行分析就能够实现在一定精度下的质量预测。针对车间某一加工中心，在影响加工质量误差的各加工要素不发生突变的情况下，对质量特征的加工误差序列进行数据挖掘分析能够得到较好的预测结果。假设从某一种工件的工艺过程中基于 MES 的数据采集系统得到一段时间内的每个工序节点的加工误差样本序列 $P_i = \{Q_{e1},$ $Q_{e2}, \cdots, Q_{ej}, \cdots, Q_{en}\}$，式中 $1 < i < N$，为第 i 个工件，Q_{ej} 为第 j 个工序节点所有加工特征的质量特性加工误差序列，其中 $Q_{ej} = \{q_{e1}, q_{e2}, \cdots, q_{ek}\}$，$Q_{ek}$ 为第 j 个工序节点第 k 个加工特征的加工误差值。选取某道工序的一个关键质量特征节点，由于其输出加工误差受到各个前续工序质量特征已有误差和本道工序加工要素的综合影响，其中加工特征间的误差传递关系可通过分析工件的工序流中各工序节点加工特征之间的定位和演化关系获得工序之间的误差传递网络；另一方面，由于加工要素误差获取较为困难，同时便于获取的工序节点的时间序列输出加工误差中能够间接映射加工要素对工件加工误差的影响。因此，能够建立描述工序质量输入和输出的依赖关系以及工序质量自身前后相关关系的模型，从而仅通过获取时间序列加工误差就可实现对加工质量的较好预测，其质量预测模型可由图 3-24 描述。

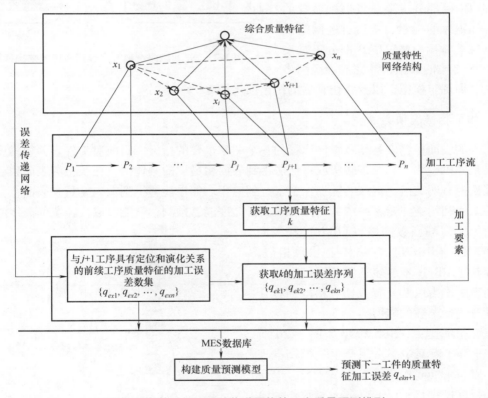

图 3-24　基于加工误差传递网络的工序质量预测模型

3.3.3　基于磨削的智能预测系统

外圆纵向磨削智能预测系统能够在外圆纵向磨削过程中对加工工件的表面粗糙度和工件尺寸进行智能性预测，智能预测系统可以完成对预测模型的建立、训练和模拟。

1. 磨削智能预测系统的结构

如图 3-25 所示，首先将外圆纵向磨削过程中的初始磨削参数和通过传感器所检测的在线参数载入预测系统中，根据所建立的外圆纵向磨削预测模型对所要预测的参数进行预测。将预测的数值与加工要求的期望值进行比较，如有偏差，则调整切削用量，使磨削达到要求，实现预测。

结合 Visual C++（VC++）程序在程序界面设计中的可视化及人机对话性强的特点，与 MATLAB 在数学运算上的强大功能，本系统总体分两个部分：①程序界面与主程序部分（VC++ 程序）；②进行神经网络运算的 MATLAB 服务程序部分。系统将 VC++ 设计的主体程序作为前台，MATLAB 作为后台。其中，VC++ 部分主要负责磨削参数的录入、知识库的检索、构造神经网络及检测结果的输出；MATLAB 部分负责接收 VC++ 传输的数据，并完成神经网络

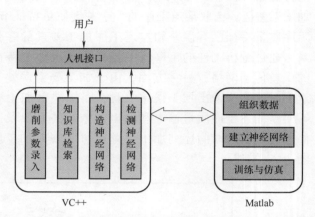

图 3-25　外圆纵向磨削智能预测系统的结构框图

的建立、训练与模拟，以及将仿真后的结果回传给 VC++ 程序。

2. 表面粗糙度预测

工件的表面粗糙度是衡量工件质量的一个非常重要的指标。目前对工件表面粗糙度的检测主要是停机检测，利用接触法或对比法得到表面粗糙度的具体值，在线检测表面粗糙度虽然在理论上有所突破，但在实际加工中未达到应用。如果能够得到输入变量和表面粗糙度之间的关系，利用类似专家系统的方法对表面粗糙度能够预测，就能够取代传统的离线测量方法。由于模糊基函数网络（FBFN）和径向基神经网络（RBFN）在结构上非常相似，同时弥补了 RBFN 不能表达复杂磨削过程中模糊知识的能力以及具有以任意精度逼近任意连续非线性函数的能力。

表面粗糙度的 FBFN 模型如图 3-26 所示。在 FBFN 模型中，采用产生式模糊推理方法，以 singleton 作为输出成员函数，以质心法进行反模糊化，以 Gaussian 函数作为输入成员函数。在外圆纵向磨削粗糙度的分析模型中，精磨时，砂轮的磨削深度对表面粗糙度 Ra 的影响不大，这种结果和前人的研究成果吻合。

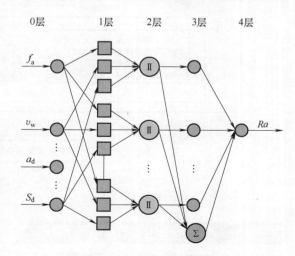

图 3-26　表面粗糙度的 FBFN 模型

3. 尺寸预测

采用具有动态记忆能力的 Elman 神经网络建立纵向磨削尺寸预测模型，可实现轴类零件尺寸的智能预测。外圆纵向磨削尺寸预测模型如图 3-27 所示。

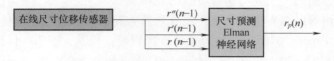

图 3-27　外圆纵向磨削尺寸预测模型

4. 智能预测系统工作流程图

如图 3-28 所示，通过外圆纵向磨削智能预测系统的人机界面，用户进入磨削参数预测系统。首先输入磨削的条件、参数，同时通过检测仪表检测的参数也显示在用户界面上。接下来可以通过后台功能模块对知识库中的相关知识进行检索，寻找到合适的规则和模型，结合用户输入和仪表检测的参数分别对表面粗糙度预测模型和加工工件尺寸预测模型进行建立、仿真和训练，后台模块是通过接口程序所驱动的仿真软件。当仿真和训练达到良好的效果时，就可以进行真实的加工。在真实的加工过程中，运用训练好的预测模型对参数进行预测，实现智能预测的过程。

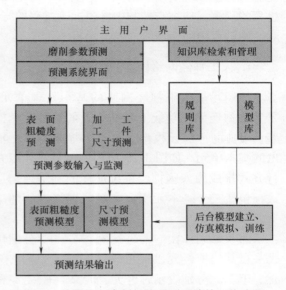

图 3-28　外圆纵向磨削智能预测系统的工作流程

3.3.4　基于人工神经网络的切屑形态的预测

人工神经网络是人工智能领域中的一个重要分支，它借鉴人脑的结构和特点，对人脑若干基本特性通过数学方法进行抽象和模拟，组成大规模并行分布式信息和非线性信息处理系统，具有高度并行性、结构可变性、容错性、高度非线性、自学习性和自组织性等特点。神经网络反映了人脑对信息的处理、知识与信息的存储、学习和识别及联想记忆等功能的相似特性，其应用已经渗透到各个领域，如智能控制、模式识别、信号处理、计算机视觉和工程设计，其研究更是得到飞速发展，各种网络结构和算法系统应运而生，逐渐形成较为完善的人工神经网络理论体系。

生产的自动化、柔性化和集成化已成为加工制造领域发展的方向，为保证制造系统的正常运行，切屑控制问题已成为能否有效地发挥机床能力、使生产正常进行的关键问题，在实际加工中十分重要，并且机械加工过程中的切屑形态是影响被加工零件精度和表面质量的重要因素。高速车削钢件等韧性材料时，连绵不断的带状切屑会烫伤或划伤操作工人。带状切屑若缠绕在工件上，会破坏工件的已加工表面，若堵塞在工件与刀具间，可迫使加工停止或损伤刀具的切屑刃。

如何实现切屑形态的预测并对其进行有效的控制已成为制约提高生产率、加工质量和生产自动化水平的重要因素，被认为是 CIMS 中的一项关键技术和尚未解决的重要难题。

在分析切屑三维形态时发现，切削回转轴的空间位置与切屑形态有一一对应的关系，同时切屑回转轴与前刀面的夹角 θ 与切屑折断明显相关。

一般认为 θ 与切屑形态有直接关系，主要划分为五个区域：当 θ 为 0 时，切屑为纯向上卷曲；当 θ 为大于 0 小于 20° 时，切屑为管状或螺旋形；当 θ 大于 30° 小于 60° 时，切屑为螺旋形；当 θ 大于 60° 小于 70° 时，切屑为弧形或 C 形；当 θ 为 90° 时，切屑为纯侧卷形态。

借助于人工神经网络的非线性映射能力、较强的鲁棒形和容错性、自适应自组织自学习的能力和虚拟现实技术的人与环境的一体化和人与环境的交互性的特点，将它们应用于切削过程的预测、仿真与控制中构建加工过程的智能预测仿真模型，进而完成在虚拟切削环境中对切削进程中的切屑等的模拟预报。

1. 人工神经网络模型的数学描述

神经元是人工神经网络的基本处理单元，是生物神经元在功能上和结构上的一种数学模型。经典的神经元模型是一种多输入、单一输出的基本单元。如图 3-29 所示人工神经元以并行方式排成像人脑神经系统那样的网络结构形式，包括三个基本元素：突触或连接链、加法器、激活函数。

图 3-29 中 x_1、x_2、…、x_i、…、x_n 分别代表来自其他神经元轴突的输入，ω_{j1}、ω_{j2}、…、ω_{ji}、…、ω_{jn} 分别表示神经元，1、2、…、i、…、n 与第 j 个神经元的突触连接强度，即权值，正值表示兴奋型突触，负值表示抑制型突触。

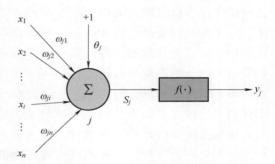

图 3-29 人工神经元结构

2. 基于人工神经网络思想的切屑形态预测仿真

采用的神经网络是基于误差反传递算法的 BP 网络模型。系统网络模型中采用单隐层结构，隐层神经元数为 7 个，隐层选用双曲正切 Sigmoid 函数。隐层的误差导数 δ（Delta）矢量的反向传播是 BP 算法的基础，它利用网络误差平方和网络各层输入的导数来调整权值和阈值，从而降低误差平方和，使网络得到理想的输出。输出层选用线性神经元函数，使得输出值可以是任何数值。切屑形态预测网络模型结构如图 3-30 所示。

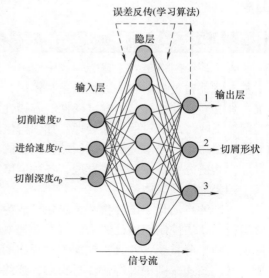

图 3-30 切屑形态预测网络模型结构

3. 切屑形态预测模块功能介绍

切屑形态预测模块分为两个主要部分，网络训练模块和仿真预测模块。网络训练模块主要是对 BP 网络进行初始化（包括对网络的输入层、隐层、输出层各层的神经元点数等），以及对主要参数进行输入（包括学习速率、目标误差、最大循环次数等），最后对 BP 网络进行训练、验证，存入数据库备用。仿真预测模块是运用训练好的 BP 网络，对新的数据进行预测，使其达到公差范围，结束预测。在网络训练模块未训练成功时，仿真预测模块不可使用。切屑形态预测模块的工作流程如图 3-31 所示。

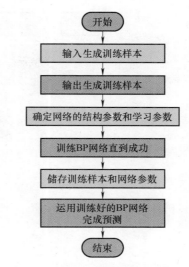

图 3-31　切屑形态预测模块的工作流程

3.4　智能制造数据库及其建模

3.4.1　数据库基础知识

信息技术已经成为当今社会生产力中重要的组成部分，而信息是企业经济发展的战略资源。数据库又是信息化社会中信息资源管理与开发利用的基础，现代计算机信息系统也都以数据库技术为基础。数据库的建设规模和使用水平已成为衡量一个国家信息化程度的重要标志。数据库是具有良好组织结构的、独立性高、共享性好及冗余小的数据集合。数据库系统一般由数据库、数据库管理系统（Database Management System，DBMS）、应用程序系统、数据库管理员（Database Administrator，DBA）和用户构成。数据库系统的体系结构（图 3-32）具有多种不同的层次，最常见的是三级模式体系结构和两级映射。

外模式也称为子模式或用户模式，对应用户级数据库。外模式用以描述用户（包括程序员和最终用户）看到或使用的那部分数据的逻辑结构，是数据库用户的数据视图，是与某一应用有关的数据的逻辑表示。用户根据外模式用数据操作语句或应用程序去操作数据库中的数据。外模式主要描述组成用户视图的各个记录的组成、相互关系、数据项的特征、数据的安全性和完整性约束条件。一个数据库可以有多个外模式，一个应用程序只能使用一个外模式。

概念模式也称为模式或逻辑模式，对应于概念级数据库。概念模式是数据库中全体数据的逻辑结构和特征的描述，是所有用户的公共数据视图，用以描述现实世界中的实体及其性质与联系，定义记录、数据项、数据的完整性约束条件及记录之间的联系。概念模式通常还有访问控制、保密定义和完整性检查等方面的内容，以及概念及物理之间的映射。一个数据库只有一个概念模式。

内模式对应物理级数据库，是数据物理结构和存储方式的描述，是数据在数据库内部的

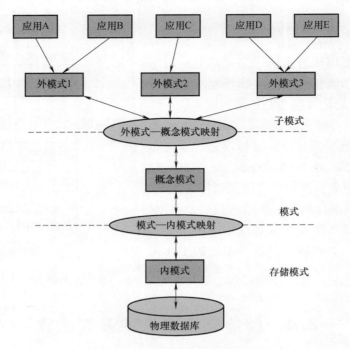

图 3-32　数据库系统的体系结构

表示方式。内模式不同于物理层，它假设外存是一个无限的线性地址空间。内模式定义的是存储记录的类型、存储域的表示和存储记录的物理顺序，以及索引和存储路径等数据的存储组织。一个数据库只有一个内模式。

在数据库系统的三级模式中，模式是数据库的中心与关键；内模式依赖于模式，独立于外模式和存储设备；外模式面向具体的应用，独立于内模式和存储设备；应用程序依赖于外模式，独立于模式和内模式。

数据库系统两级独立性是指物理独立性和逻辑独立性。三个抽象级别之间通过两级映射（外模式—模式映射和模式—内模式映射）进行相互转换，使得数据库的三级模式形成一个统一的整体。

物理独立性是指用户的应用程序与存储在磁盘上的数据库中的数据是相互独立的，当数据的物理存储改变时，应用程序不需要改变。物理独立性存在于概念模式和内模式之间的映射转换，说明物理组织发生变化时应用程序的独立程度。

逻辑独立性是指用户的应用程序与数据库中的逻辑结构是相互独立的，当数据的逻辑结构改变时，应用程序不需要改变。逻辑独立性存在于外模式和概念模式之间的映射转换，说明概念模式发生变化时应用程序的独立程度。相对来说，逻辑独立性比物理独立性更难实现。

数据模型分为两大类，分别是概念数据模型（实体联系模型）和基本数据模型（结构数据模型）。其中概念数据模型是按照用户的观点来对数据和信息建模，主要用于数据库的设计，一般用实体-联系（Entity- Relationship，E- R）方法表示，所以也称为 E- R 模型；概念模型的几个术语描述如下：

（1）实体和实体集　实体现实世界被管理的一个数据对象，可以是具体的事物，也可以是抽象的事物或者关系；将具有相同特征的一类实体的集合称为实体集，如所有的高速切削机床、高速切削材料、高速切削零件加工工艺、高速切削刀具等都构成各自的实体集。

在关系型数据库中，实体也称为关系，一般由二维表来描述，二维表由行和列构成。

（2）属性　是实体所具有的某一特性，一个实体可以由若干个属性来描述，如高速切削机床电主轴可以用主轴编号、主轴类型、型号、外径、最大功率、最高转速、转矩及质量等属性描述。

（3）实体型　用实体类型名和所有属性来表示的同一类实体，如高速刀具制造商（编号、公司名称、联系方式）。

（4）码（Key）　用来唯一标识一个实体的属性集，如表 3-2 中编号和每个唯一高速切削机床及其主轴参数实体一一对应，则编号为码。

（5）域（Domain）　用来描述实体中属性的取值范围，如表 3-2 中描述的主轴最高转速范围在 10000 ~ 80000r/min 之间，最大进给速度在 10 ~ 100m/min 之间，驱动功率在 10 ~ 100kW 之间。

表 3-2　高速切削机床及其主轴参数实体集

编号	机床名称	最高转速/(r/min)	最大进给速度/(m/min)	制造厂家	驱动功率/kW
101	HSM800 型加工中心	42000	30	Micron	13
102	HPMC 型五轴加工中心	60000	60	Cincinnati	80
103	HVM800 型卧式加工中心	20000	76.2	Ingersoll	45
104	RFM1000 型加工中心	42000	30	Boders	30
105	VZ40 型加工中心	50000	20	Nigata	18.5
106	DIGIT165	40000	30	沈阳机床厂	
107	KT1400-VB	15000	48	北京机床研究所	18.5

（6）联系（Relationship）　描述实体内部各个属性之间的联系和实体集之间的外部联系。

基本数据模型是按照计算机系统的观点来对数据和信息进行建模，主要用于数据库的实现。基本数据模型是数据库系统的核心和基础，通常由数据结构、数据操作和完整性约束三部分组成。其中数据结构是对系统静态特性的描述，数据操作是对系统动态特性的描述，完整性约束是一组完整性规则的集合。目前已有的基本数据模型有层次模型、网状模型、关系模型和面向对象模型。

（1）层次模型　层次模型是最早出现的数据模型，由于它采用了树形结构作为数据的组织方式，在这种结构中，每一个节点可以有多个子节点，但只能有一个双亲节点。层次模型数据库系统的典型代表是 IBM 公司的 IMS 数据库管理系统，现已经被淘汰。

（2）网状模型　网状模型用有向图表示实体类型和实体之间的联系。网状模型的优点是记录之间的联系通过指针实现，多对多的联系容易实现，查询效率高；其缺点是编写应用程序比较复杂，程序员必须熟悉数据库的逻辑结构。由图和树的关系可知，层次模型是网状模型的一个特例。

（3）关系模型　关系模型用二维表格结构表达实体集，用外键表示实体之间的联系。关系模型建立在严格的数学概念基础上，概念单一、结构简单、清晰，用户易懂易用；存取路径对用户透明，从而数据独立性和安全性好，能简化数据库开发工作；其缺点主要是由于存取路径透明，查询效率往往不如非关系数据模型。

关系模型是目前应用最广泛的一种数据模型。例如，Oracle、DB2. SQL Server、Sybase和 MySQL 等都是关系数据库系统。

（4）面向对象模型　面向对象模型是用面向对象的观点来描述现实世界实体的逻辑组织、对象之间的限制和联系等的模型。目前，已有多种面向对象数据库产品。例如，Object-Store、Versant Developer、Suite Poet、Oracle 和 Objectivity 等，但其具体的应用并不多。

3.4.2　概念模型与 E-R 图

概念模型最常用 E-R 模型来表示，由 E-R 图进行建模。E-R 图由实体、属性和联系三个要素构成。其中实体用矩形框表示，实体名写在框内，注意此处描述的实体实质是指实体集，如图 3-33 中的电主轴所示。

属性用椭圆框表示，一个实体一般包括多个属性，每个属性由属性名唯一标识，属性名写在椭圆框内，如图 3-33 中的主轴型号、套筒直径等所示。

联系用菱形框表示，联系名写在菱形框内，并用连线将联系框与它所关联的实体连接起来。

在 E-R 图中，基数表示一个实体到另一个实体之间关联的数目，基数可以是一个取值范围，也可以是某个具体数值，基数可以将关系分为一对一（1∶1）、一对多（1∶N）和多对多（M∶N）三种关系。因此两个实体之间的联系可分为如下三类：

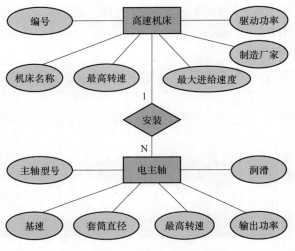

图 3-33　高速机床与电主轴 E-R 图

一对一联系：如果实体集 A 中每一个实体（至少有一个）至多与实体集 B 中的一个实体有联系；反之，实体集 B 中的每一个实体至多与实体集 A 中的一个实体有联系，则称 A 和 B 为一对一联系，记为 1∶1。

一对多联系：如果实体集 A 中每一个实体与实体集 B 中的 $n(n \geq 0)$ 个实体有联系；反之，实体集 B 中的每一个实体至多与实体集 A 中的一个实体有联系，则称 A 和 B 为一对多联系，记为 1∶N。一对多的实体联系是使用最多的联系，如高速切削机床与电主轴之间是一对多的联系，如图 3-33 所示。

多对多联系：如果实体集 A 中每一个实体与实体集 B 中的 $n(n \geq 0)$ 个实体有联系；反之，实体集 B 中每一个实体与实体集 A 中的 $m(m \geq 0)$ 个实体有联系，则称 A 和 B 为多对多联系，记为 M∶N。高速切削刀具与制造厂商之间就是多对多之间的联系。

3.4.3　概念模型向逻辑模型的转换规则及其实例

由于概念模型中最常用的是 E-R 模型（E-R 图），逻辑模型中最常用的是关系模型。因此，逻辑结构设计的任务就是将概念模型转换成相应的逻辑模型，即 E-R 图转换为关系模型。这种转换要符合关系数据模型的规则。

E-R 图向关系模型的转换是要解决如何将实体和实体间的联系转换为关系，并确定这些关系的属性和码，转换规则如下：

（1）实体类型的转换　将每个实体类型转换为一个关系模式，实体的属性就是关系的属性，实体的码就是关系模式的码。

（2）联系类型的转换　根据不同的联系类型做不同的处理。

1）一个 1∶1 联系转换，可以在两个实体类型转换成的两个关系模式中的任意一个关系模式中加入另一个关系模式的码和联系类型的属性。

2）一个 1∶N 联系转换，可在 N 端实体类型转换成的关系模式中加入 1 端实体类型的码和联系类型的属性。

3）一个 M∶N 联系转换，可将联系类型也转换成关系模式，其属性为两端实体类型的码加上联系类型的属性，而码为两端实体码的组合。

4）3 个或者 3 个以上的实体间的一个多元联系，不管联系类型是何种方法，总是将多元联系类型转换成一个关系模式，其属性为与该联系相连的各实体码及联系本身的属性，其码为各实体码的组合。

5）具有相同码的关系可以合并。

例 3-1　将高速刀具与刀具材料为构成的 1∶1 联系转换为关系模式。因实体间存在 1∶1 的构成联系，根据规则可转换为如下的关系模式，如图 3-34 所示。

方案一：高速刀具与构成两个关系合并，转换后的关系模式如下。

高速刀具（刀具编号，刀具名称，前刀角，后刀角，制造商，刀具长度，…，材料牌号）。

刀具材料（材料牌号，材料名称，硬度，抗拉强度，…，屈服强度）。

方案二：刀具材料与构成两个关系合并，转换后的关系模式如下。

高速刀具（刀具编号，刀具名称，前刀角，后刀角，制造商，刀具长度）。

刀具材料（材料牌号，材料名称，硬度，抗拉强度，…，屈服强度，刀具编号）。

类似地，工件与工件材料也是 1∶1 的关系。

例 3-2　将工件与制造工艺为加工的 1∶N 联系转换为关系模式。因实体间存在 1∶N 的构成联系，根据规则可转换为如下的关系模式，如图 3-35 所示。

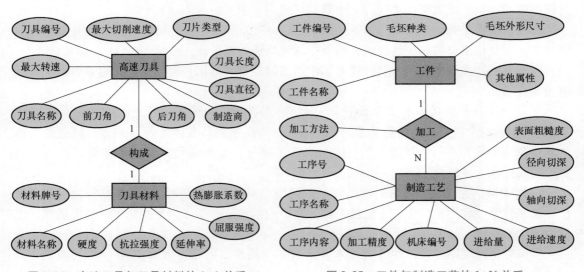

图 3-34　高速刀具与刀具材料的 1∶1 关系　　　　图 3-35　工件与制造工艺的 1∶N 关系

根据规则1）和2）可转换为如下的关系模式。

工件（工件编号，工件名称，毛坯种类，毛坯外形尺寸）

制造工艺（工序号，工件编号，工序名称，工序内容，机床编号，进给量，进给速度，轴向切深，径向切深，表面粗糙度，加工方法），其中工件编号来自工件实体的主码，在制造工艺实体中充当外码。此外，自反的一对多联系也很常见。实际上前面所述的1:1关系是1:N关系的特例。

例3-3 将高速机床与制造商为供应的M:N联系转换为关系模式。因实体间存在M:N的构成联系，根据规则可转换为如下的关系模式（带下划线的属性为码，带波浪线的属性为外码），其关系如图3-36所示。

根据规则1）和3）可转换为如下的关系模式。

高速机床（编号，机床名称，最高转速，最大进给速度，驱动功率）

制造商（制造商编号，制造商名称，联系人，银行开户，邮件地址，联系电话）

供应（机床编号，制造商编号，供应量）

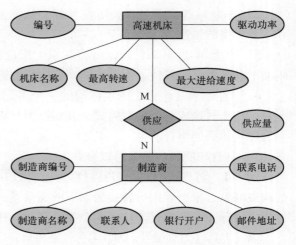

图3-36 高速机床与制造商的M:N供应关系

3.4.4 关系模型与关系规范化理论

前面已经描述，关系模型中只有关系这个单一的数据结构，也即关系模型的逻辑结构就是一张二维表。关于数据库结构的数据称为元数据，如表名、属性名等都为元数据。

（1）关系中的基本术语

元组：元组也称为记录，关系表中的每一行对应一个元组，组成元组的元素称为分量。数据库中的一个实体或实体之间的一个联系均使用一个元组来表示。

属性：属性是关系中的每个列唯一的命名，n个关系必有n个属性。属性具有型和值两层含义：型是指字段名和属性值域，值是指属性具体的取值。

候选码：若关系中的某一属性或者属性组的值能唯一标识一个元组，则称该属性或属性组为候选码。

主码：若一个关系中有多个候选码，则选定其中的一个为主码（也称主键、主关键字），当包含两个或更多的键称为复合码（键）。如高速刀具实体的刀具编号、制造商实体的制造商编号都为主码；制造工艺实体中的（工序号，工件编号）为复合主键，具有主键身份的属性称为主属性。

（2）关系的完整性 关系模型的完整性规则是对关系的某种约束条件，分为实体完整性、参照完整性和用户自定义完整性三种。其中前两种是必须要满足的完整性约束条件，也称为两个不变性。

实体完整性规则：若属性A是基本关系R的主属性，则属性A非空唯一。

参照完整性规则：若属性（或属性组）A是基本关系R的外码，它与基本关系S的主码 B 相对（R 和 S 可能是同一关系），则对于 R 中每个元组在 A 上的值或为空，或等于 S 中某个元组的主码值。

用户自定义完整性规则：针对某一具体关系数据库的约条件，它反映某一具体应用所涉及的数据必须满足的语义要求，如要求某一属性值在给定的范围之内或满足一定的逻辑关系等场合。

3.4.5　函数依赖与关系规范化理论

（1）函数依赖的定义　设一个关系为 R(U)，X 和 Y 为属性集 U 上的子集，若对于 X 上的每个值都有 Y 上的一个唯一值与之对应，则称 X 和 Y 具有函数依赖关系，并称 X 函数决定 Y，或称 Y 函数依赖于 X，记作 X→Y，称 X 为决定因素。

如高速刀具（刀具编号，名称，型号，前刀角，制造商……）关系模式中，刀具编号决定名称及型号等，记为刀具编号→名称，刀具编号→型号，刀具编号为决定因素。

（2）部分函数依赖的定义　设一个关系为 R(U)，X 和 Y 为属性集 U 上的子集，若存在 X→Y，同时 X 的一个真子集 X′ 也能够函数决定 Y，即存在 X′→Y，则称 X→Y 的函数依赖为部分函数依赖，或者说，X 部分函数决定 Y，Y 部分函数依赖于 X；否则若在 X 中不存在一个真子集 X′，使得 X′ 也能够函数决定 Y，则称 X 完全函数决定 Y，或 Y 完全函数依赖于 X。X→Y 的部分函数依赖也称为局部函数依赖。

（3）传递函数依赖的定义　一个关系为 R(U)，X、Y 和 Z 为属性集 U 上的子集，其中存在 X→Y 和 Y→Z，但 Y 不决定 X，同时 Y 不包含 Z，则存在 X→Z，称此为传递函数依赖，即 X 传递函数决定 Z，Z 传递函数依赖于 X。

（4）关系规范化理论　关系数据库设计主要是关系模式的设计，设计的好坏直接影响数据库的成败。设计数据库时要考虑减少冗余数据和避免数据经常发生变化，减少额外的维护，因为冗余的数据需要额外的维护，导致数据不一致、插入异常、删除异常和修改异常等问题。

所谓规范化的核心思想就是表中每个决定因子都必须是候选键；若不满足，可以将表分解为两个或多个满足条件的表，当然这些分解的多个表还需要进行无损连接（多个分解的表连接后能恢复到原来未分解的状态，既不丢信息，又不多出信息），以达到用户的需要。

关系规范化就是去掉不合理的设计因素，如部分依赖、传递依赖，如果一个关系的每个属性都不可分解，则属于 1NF（1 范式），1NF 是规范化的基础。若在关系中出现非主属性部分函数依赖于主属性，则存在部分函数依赖，不满足 2NF，去除部分函数依赖后，原关系称为 2NF；若在关系中出现非主属性传递函数依赖于主属性，则存在传递函数依赖，不满足 3NF，去除传递函数依赖后，原关系称为 3NF。在实践过程中，只有 3NF 既能满足函数依赖又能满足无损连接的需要。

例 3-4　设有关系模式：切削工艺（工序号，工序名称，工序内容，切削方法，工件编号，工件名称，机床编号，机床名称，机床型号），试问该关系模式是否满足 3NF？

通过观察，发现工序号、工件编号是唯一能决定切削工艺的元组的，故该关系的主码为（工序号，工件编号），当然有（工序号，工件编号）→工序名称，（工序号，工件编号）→工件名称，工件编号→工件名称，因此存在部分函数依赖关系，去除后分解为如下两个关系模式：

工件（工件编号，工件名称）。

切削工艺 1（工序号，工件编号，工序名称，工序内容，切削方法，机床编号，机床名称，机床型号）。

再看关系模式切削工艺 1 中工序号、工件编号→机床编号，机床编号→机床名称，机床编号→机床型号，属于传递函数依赖，应去除该不良依赖关系，成为 3NF，分解后的关系模式如下：

工件（工件编号，工件名称）。

机床（机床编号，机床名称，机床型号）。

切削工艺 1（工序号，工件编号，工序名称，工序内容，切削方法，机床编号）。

经过分析，上述分解的 3 个关系模式已达到 3NF，满足工程设计的目的。

3.4.6　数据库设计过程

数据库设计发生在系统需求分析完成后，根据数据分析的结果进行具体的设计。一个完整的系统分析设计过程的阶段划分描述如图 3-37 中的阴影部分所示。

其中数据库设计在过程上可分为概念设计、逻辑设计、物理设计三个阶段，每个阶段的任务分别为：

（1）概念设计　概念设计阶段的目标是根据目标系统需求分析阶段得到的用户需求抽象为信息结构的过程，即概念模型。

具体任务包括：选择需求分析过程中产生的数据流程图的数据流为切入点，通常选择实际系统中的子系统；设计子系统的 E-R 图，即各子模块的 E-R 图；生成初步 E-R 图，通过合并方法，做到各子系统实体、属性、联系的统一；生成全局 E-R 图，并消除命名冲突、属性冲突和结构冲突等。

（2）逻辑设计　逻辑设计阶段的任务是根据转换的原则将 E-R 模型转换为关系模型；进行模型优化（分析各关系模式是否存在操作异常现象，如果有，采用范式理论将其规范化，做到 3 范式）；完成数据库模式定义描述，包括各模式的逻辑结构定义、关系的完整性和安全性等内容。以表格的形式表现出来；设计用户子模式—视图设计，完成适合不同用户的子模式设计。

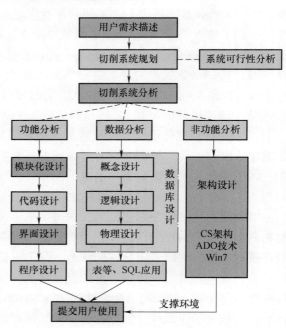

图 3-37　智能制造系统分析设计过程阶段的划分

（3）物理设计　物理设计阶段的任务是确定数据库的物理结构，如文件的存储结构、选取存取路径、确定数据的存放位置和确定存储分配，该阶段需要选择一个最适合应用环境的物理数据库结构。

经过以上三个阶段的设计，将进入数据库的实施阶段，该阶段将在某个具体的数据库支持下进行。目前常用的关系型数据库有 Access、Oracle、MySQL 及 DB2 等，在实施阶段主要在数据库中创建表、视图、索引、存储过程、触发器及用户等对象，在表中插入数据，使用 SQL 技术进行各个数据表的增加、删除、修改、查询及统计操作，也可以在 VB、JAVA 及 VC 中结合 SQL 语言开发数据库应用系统。

3.4.7　数据库应用技术

（1）SQL 定义及组成　SQL 是结构化查询（Structured Query Language，SQL）的缩写，是数据库的标准语言，包括数据定义语言（Data Definition Language，DDL）、数据操纵语言（Data Manipulation Language，DML）、数据查询语言（Data Query Language，DQL）、数据控制语言（Data Control Language，DCL）及事务控制语言（Transaction Control Language，TCL）五个部分。其中 DDL 命令为：CREATE TABLE（创建一个数据库表）、DROP TABLE（从数据库中删除表）、ALTER TABLE（修改数据库表结构）、CREATE VIEW（创建视图）、DROP VIEW（从数据库中删除视图）、CREATE INDEX（为数据库表创建索引，其作用是提高查询速度）、DROP INDEX（从数据库中删除索引）、CREATE PROCEDURE（创建存储过程，可以在网络环境下提高处理效率，减少网络流量及提高数据使用的安全性等）、CREATE TRIGGER（创建触发器，维护用户自定义完整性）。

DML 命令为：INSERT（向数据库表添加新数据行）、DELETE（从数据库表中删除数据行）、UPDATE（更新数据库表中的数据）。

DQL 命令为：SELECT（从数据库表中检索数据行和列）。

DCL 命令为：GRANT（授予用户访问权限）、REVOKE（解除用户访问权限）。

TCL 命令为：COMMIT（结束当前事务）、ROLLBACK（中止当前事务）。

（2）数据库常用的数据类型　以微软 Access2010 数据库为例，数据表的主要数据类型描述如下：

1）文本型（Text）。用于输入文本或文本与数字相结合的数据，最长为 255 个字符（字节），默认值是 50。在 Access 中，每一个汉字和所有特殊字符（包括中文标点符号）都算作一个字符。其值使用英文单引号（'　'）或英方双引号（"　　"）括起来。例：'铣削凹槽' "合金钢" 等。

2）数字型（Number）。用于进行数值计算的数据。数字型字段按字段大小分字节（Byte）、整型（Integer）、长整型（long）、单精度型（Single）、双精度型（Double 或 Number）等，分别占 1、2、4、4 和 8 个字节。其值如：加工速度为 120m/min，加工余量为 0.02mm 等。

3）日期或时间型（Date 或 Time）。用于存储日期和（或）时间值，占 8 个字节。在使用时用英文字符#号括起来。其值如：#2016-04-21#、#04/21/2016#、#2016-04-21 10：20#、#2016-04-21 10：20pm#、#10：20#都是合法的表示方法。注意，在日期和时间之间要留有一个空格。

4）自动编号型（Counter）。用于在添加记录时自动插入的序号（每次递增 1 或随机数），默认是长整型，自动编号不能更新。

5）是或否型（bit）。用于表示逻辑值（是或否，真或假），占 1 个字节。其值用 True、False，On、Off 或 Yes、No 来表示，其中前者为 -1，后者为 0。

（3）应用 SQL 进行 DDL 操作　创建、修改及删除数据库表对象，使用 SQL DDL 的创建命令，语法描述如下：

```
CREATE TABLE   table_name
column_name1  DataType  [NOT NULL]  [PRIMARY  KEY],
column_name2  DataType  [NOT NULL],
…
column_nameN DataType  REFERENCES references_table(primary_column),…
);
```

其中 DataType 是表属性的数据类型；NOT NULL 允许属性是否为空；PRIMARY KEY 表示该属性是表的主关键字；REFERENCES 表示有外键约束，建表中常见的约束有 not null，null（默认为空），primary key（主键），foreign key（外键），default（缺省值）和 check（条件约束），[ ] 括号表示可选项。

例 3-5　用 SQL 语言的 DDL 命令建立制造商数据表。

```
create table 制造商(
    制造商编号      text(6)   not null primary key,
    制造商名称      text(50)not null,
    制造商简称      text(20),
    联系人          text(20),
    联系电话        text(30),
    供应产品        text(60),
    邮件地址        text(60),
    公司地址        text(60),
    邮政编码        text(6),
    传真            text(20),
    公司网址        text(60),
    制造商类型      text(1));
```

例 3-6　用 SQL 语言的 DDL 命令建立切削机床数据表，其中制造商编号参照制造商表。

```
create table 切削机床(
    机床编号        text(6)not null primary key,
    机床名称        text(30)not null,
    机床型号        text(40),
    机床类型        text(40),
    制造商编号      text(6)references 制造商(制造商编号),
    加工对象        text(50),
    最高转速        integer,
    最大进给速度    single,
    快速移动速度    single,
    驱动功率        single);
```

还可以使用 Alter table 命令修改完成的表结构，如将机床类型的精度改为 30，则使用的命令如下：

```
Alter table 切削机床 alter column 机床类型 text(30);
```

若要增加制造日期一列，则使用如下的 SQL 命令：

```
Alter table 切削机床 add column 制造日期 date;
```

若删除切削机床中的快速移动速度一列，则使用如下的语句：

```
Alter table 切削机床 drop column 快速移动速度;
```

删除表对象的语法使用 drop table 命令，如

```
drop table 切削机床;
```

（4）索引的定义及使用　在关系数据库中，索引是一种单独的、与表有关的物理的数据库结构，可以用来提高查询性能。一般通过在表上建立索引列来实现，缺点是需要更多的存储空间。

常见的索引类型有：主键索引、普通索引、唯一索引、复合索引、位图索引、方向键索引、聚集索引等，其中主键索引是在建立表指定主关键字时自动建立的索引，Access 数据库支持 PRIMARY、DISALLOW NULL、IGNORE NULL 和 UNIQUE 四种类型的索引。WITH PRIMARY 选项将索引指定为表的主键。尽管可以用多个字段声明主键索引，但每个表只能有一个主键索引；WITH DISALLOW NULL 选项防止在字段中插入空数据；而 WITH IGNORE NULL 选项使索引忽略表中的空数。可以根据需要选择不同的索引。

创建索引的 SQL 语法如下：

```
Create[UNIQUE]index index_name on table_name(column_name)  [WITH 选项];
```

例 3-7　若经常通过机床的型号查询机床信息，则在机床型号列上建立索引，SQL 语句如下所示：

```
Create index indx_mactype on 切削机床(机床型号)WITH IGNORE NULL;
```

删除已经存在的表索引，如下所示：

```
Drop index indx_mactype on 切削机床;
```

（5）DML 语法及其应用　DML 常见的命令有：INSERT、DELETE、UPDATE 和 SELECT 四种。其中 INSERT 是数据表中插入记录的命令，DELETE 是将表中的数据删除的命令，UPDATE 是修改数据表中的记录，SELECT 是按照条件查询数据表中的若干元组。

```
INSERT INTO TableName([field1],[field2],[field3]…)VALUES(value1,value2,value3
…),
```
其中非空字段一定要提供值。
```
UPDATE TableName SET field_name =value[WHERE 条件]
DELETE FROM TableName[WHERE 条件]
```

SELECT 语句是最基本且最常用的 SQL 语句。SELECT 语句是所有 SQL 语句的基础，可以从数据库表中检索数据，结果通常以一组包含任意多字段（或列）的记录（或行）的形式返回，必须使用 FROM 子句来指定要从中进行选择的一个或多个表。SELECT 语句的基本结构为：

```
SELECT  field list  FROM table list  [WHERE 条件][GROUP BY field list]ORDER BY
field list[ASC｜DESC]
```

其中，GROUP BY 是配合聚合函数进行统计查询的语句，常见的聚合函数为求计数 count( )、平均值 avg( )、求和 sum( )、求最大值 max( ) 及求最小值 min( ) 五类。ORDER BY 是查询排序语句，HAVING( ) 可配合 GROUP BY 语句用来再次对查询结果进行筛选。

下面通过一些示例完成 DML 语句的操作理解。

例 3-8 分别向制造商表及切削机床中插入 1 条记录，如果值未定，则用 null 代替。

```
INSERT INTO 制造商 values('100101','北京机床研究所','北机','李先生','13988888888','卧式加工中心','8888@123.com','北京','100001','010-88888888','http://www.bj.com');
INSERT INTO 切削机床 values('890231','高速切削中心','DIGIT165','加工中心','200142','难加工材料等',40000,30,30,null);
```

例 3-9 将机床编号为"890231"的切削机床驱动功率改为 15.3。

```
UPDATE 切削机床 SET 驱动功率=15.3WHERE 机床编号='890231';
```

例 3-10 删除驱动功率在 10 以下并且最高转速在 10000 以下的切削机床信息。

```
DELETE FROM 切削机床 WHERE 驱动功率<10 AND 最高转速<10000;
```

例 3-11 查询驱动功率在 20 以上，并且是北京制造的机床编号、机床名称、机床类型

```
SELECT 机床编号,机床名称,机床类型 FROM 切削机床 a,制造商 s WHERE a.制造商编号=s.制造商编号;
```

例 3-12 查询企业现有的 2008 年 11 月 18 日制造的高速机床数量有多少？其平均转速是多少？

```
SELECT COUNT(*)AS 数量,AVG(最高转速)AS 平均转速 FROM 切削机床 WHERE 制造日期=#2008-11-18#;
```

例 3-13 按机床类型统计各类型的机床数量。

```
SELECT 机床类型,COUNT(机床编号)as 机床数量 FROM 切削机床 GROUP BY 机床类型;
```

例 3-14 查询还没有制造商的机床信息。

```
SELECT * FROM 切削机床 WHERE 制造商编号 IS NULL;
```

例 3-15 两个表查询的问题，给定制造商名称查询机床的详细信息。

```
SELECT a.* FROM 切削机床 a,制造商 b WHERE a.制造商编号=b.制造商编号 AND 制造商名称 LIKE '*北京*';
```

多表查询时需要注意两个表相同的字段一起使用时应该用表名加点号加以区别，如例 3-15 中的 a.制造商编号 = b.制造商编号，其中 a、b 分别是切削机床与制造商的表别名。

关键字 LIKE 用来进行模糊查询，用"＊"或"？"符号进行匹配，其中"＊"号能匹配任意个字符。"？"号只匹配一个字符。如查询机床名称中第三个字符是天的所有名称，使用"？？天＊"来描述即可。

更多的 SELECT 查询技术请参照相关文档，在此不再赘述。

3.5 智能制造专家系统设计及实例

3.5.1 专家系统的功能设计

以智能制造领域中的高速切削系统为例，描述专家系统的设计及实例实现的过程。由于高速切削涉及的实体信息结构复杂，种类繁多，对其进行收集整理，建立高速切削数据库，形成有效科学的管理很有必要，有助于实现高速切削管理工作的系统化、规范化、智能化，从而提高切削管理效率，提高切削的质量。高速切削专家系统的主要功能包括针对高速切削实际生产需求，建立工件材料与刀具材料的匹配选取规则库，根据刀具材料选择刀具型号；建立切削用量的选用规则；进行规则推理；建立切削案例库；对机床、刀具、材料、加工工艺等实体进行管理，建立切削数据库等。专家系统开发的目的是以铝合金、不锈钢、淬硬钢、钛合金、复合材料等加工材料为研究对象，建立其高速切削加工工艺数据库，并建立相应的高速切削工艺数据优选专家系统。具体的功能描述如下：

（1）工件及材料管理子系统 实现对工件及其材料的增加、更改、删除及查询管理。工件属性有：工件编号、名称、工件形状（轴类、盘类、箱体类、薄壁类和其他类）、工件材料牌号、加工特征、加工面类型（平面、阶梯面、端面、斜面、曲面、外圆、内圆、通孔、不通孔、倒角、槽、环形槽和切断）、加工孔类型（通孔、不通孔、锥孔、阶梯孔等）、加工方法（钻削、铣削、车削、扩削、锪削、铰削、锉削、磨削、挤光、滚压等）、工件刚性（差、一般、好）、毛坯类型（铸造、锻造、轧制和焊接等）、加工精度（粗加工、半粗加工、半精加工、精加工和超精加工）、表面粗糙度等。工件材料常见的属性包括：材料类别（碳素钢、低合金钢、高合金钢、铸钢、不锈钢、淬硬钢、可锻铸铁、灰铸铁、球墨铸铁、铁基合金、镍基合金、钴基合金、钛合金、铝合金和铜合金）、牌号、材料名称、材料密度、材料硬度、抗拉强度、材料状态（铸造、锻造、轧制、热处理、焊接，其中热处理状态又分为淬火、回火、正火、退火、时效处理等）、国家标准、ISO 标准、美国标准及其他标准等。

（2）高速切削刀具管理子系统 实现对高速切削刀具（分为转体式刀具及整体式刀具两种，转体式包括刀体、刀片等）及刀具材料的增加、更改、删除及查询管理。刀具常用的属性包括：刀具编号、刀具型号、刀具类型（可转体式又包括刀片型号、刀片材料、刀片精度、切削方向、几何角度、刀片类型等）、刀具材料、刀具齿数、刀具直径、刀柄型号、刀具寿命、切削液、制造商等。刀具材料包括：材料牌号、材料名称、材料类别［金刚石（PCD）、立方氮化硼（CBN）、陶瓷刀具、涂层刀具、硬质合金刀具和金属陶瓷等］、材料硬度、耐磨性及导热系数等。

（3）高速切削机床管理子系统 实现对高速切削机床的增加、更改、删除及查询管理。机床常见的属性包括：机床编号、机床型号、机床名称、加工范围、加工精度、主轴转速、最大进给速度、最大功率、最大切削高度、最大切削直径、工作台尺寸、刀架水平行程、中心距、中心高、制造商信息等。

（4）高速切削参数管理子系统 实现对高速切削用量的增加、更改、删除及查询管理，切削用量由切削刀具及切削的工件材料及机床等决定。不同的加工方法需选用不同的切削用量。选择切削用量的基本原则是：保证工件加工精度和表面粗糙度，充分发挥刀具切削性能，保证合理的刀具寿命，并充分发挥机床的性能，最大限度提高生产率，降低成本。切削用量属性包括：刀具编号、工件材料、加工方法、加工面特征、主轴转速、每齿进给量、进给速度、切削深度等。

（5）加工案例管理子系统　实现对加工案例的增加、更改、删除及查询管理。加工案例属性包括：加工类型、加工方法、加工机床、加工刀具、加工要求、表面粗糙度、切削用量、切削液类别（常见的切削液类别包括非活性切削油、活性切削油、乳化液水溶液、合成液水溶液、半合成液水溶液、气态切削液、固态润滑剂等多种形式）等。

（6）规则库管理及推理　包括事实管理、规则库的管理及规则推理等功能。

（7）案例库管理及推理　包括加工方案的管理、相似度管理及实例推理等功能。

3.5.2　专家系统的数据分析

经过对高速切削专家系统的功能分析，查阅资料文献，涉及如下的实体集：刀具材料、刀具及组成、工件、工件材料、刀具材料与刀具的匹配、切削用量、加工案例、规则表、事实表、机床与主轴等。图 3-38 所示描述了高速切削专家系统数据库的 E-R 模型。

根据数据库的逻辑结构设计理论，将 E-R 模型转换为逻辑结构，并应用规范化理论转换为 3NF，逻辑结构描述如下：

材料（材料牌号，材料名称，材料类型，硬度，抗拉强度，屈服强度，延伸率，热膨胀系数，材料状态），其中标志工件材料或刀具材料。

工件（工件编号，工件名称，工件形状，毛坯外形尺寸，工件材料牌号）。

刀具（刀具编号，刀具型号，刀片类型，前刀角，后刀角，主偏角，刃倾角，副偏角，刀刃数，刀具长度，刀具直径，刀具材料牌号）。

制造商（制造商编号，制造商名称，联系人，联系电话，供应产品，邮件地址，制造商类型）。

高速机床（机床编号，机床名称，机床类型，最高转速，最大进给速度，驱动功率）。

切削用量（切削用量编号，刀具编号，加工面特征，加工孔特征，切削方法，切削深度，切削速度，进给速度，进给量）。

加工案例（方案编号，机床编号，径向切深，轴向切深，切削液，主轴转速，加工精度，表面粗糙度，方案评价）。

事实表（事实编号，事实名称）。

规则表（规则编号，规则描述，前提，结论，重要度）。

相似度（序号，相似类型，项目 A，项目 B，值）。

电主轴（主轴型号，基速，套筒直径，最高转速，输出功率，润滑）。

基础信息（编号，材料类别，材料状态，工件形状，刀片类型，刀柄样式，机床类型，切削方法，加工精度，加工面特征，加工孔特征，切削液类型）。

3.5.3　专家系统的功能结构

根据对高速切削专家系统的分析，系统的功能结构图设计如图 3-39 所示。

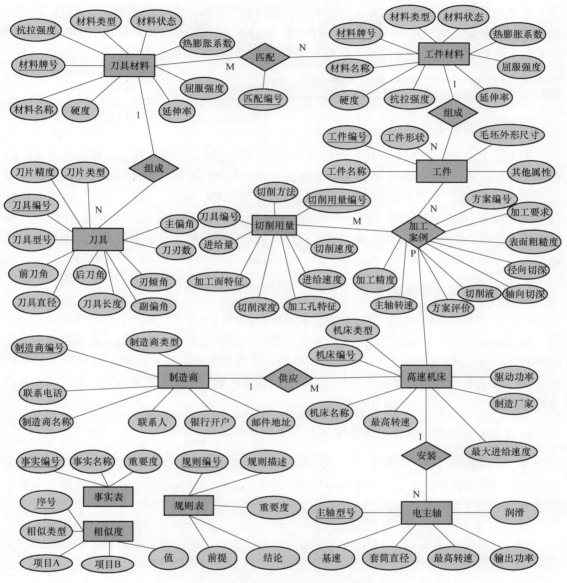

图 3-38　高速切削专家系统数据库的 E-R 模型

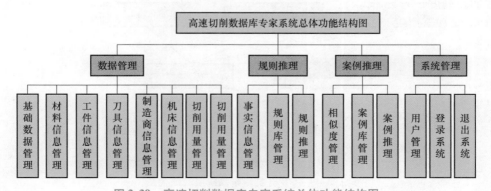

图 3-39　高速切削数据库专家系统总体功能结构图

系统主要功能分为数据管理、规则推理、案例推理及系统管理四部分，其中数据管理主要功能是对存储在数据库中的若干表进行增加、删除、修改和查询操作；规则推理功能的核心是建立规则（知识）库，知识库存储在关系型数据库的表对象中。

3.5.4 编程语言及数据管理系统的确定

1. 编程语言的选择

本系统选用 Visual Basic 6.0 作为数据库编程工具。VB 编程语言具有丰富的控件库，能够快速开发用户界面、菜单，并能进行系统的发布、打包，自动生成代码框架使编程工作量大大减少。VB 提供了多种数据库访问技术，如 ODBC API、DAO、OLE DB、ADO 等。这些技术具有简单、访问速度快、兼容性好等特点。VB 开发数据库最常用的就是 ADO 组件技术，该技术将底层的对数据库的操作封装在相应的接口中，程序员无须编写代码就可以方便地使用，常见的接口为数据库连接类，如 Connection、Command 及 ResultSet 等。

2. 数据库管理系统的选择

在建立切削数据库的过程中，数据库软件的选择直接决定系统的信息存储性能和运行速度。数据库软件具有切削信息的存储、查询、修改、维护等功能，常见的关系型数据库管理软件有 Access、SQL server、Oracle 等。其中 Access 数据库与其他数据库软件相比虽然在事务处理、数据库对象的类型等方面有所欠缺，但在单机处理方面具有处理速度快、开发简单等特点，与 VB 开发工具能够有效集成。

3. 专家系统的软件体系结构选择

专家系统的软件体系结构为 CS（Client Server）模式（图 3-40）。从上往下分别为表示层、业务逻辑层和数据库层。其中表示层为 VB 设计的用户界面，用户通过该界面与专家系统进行人机交互。

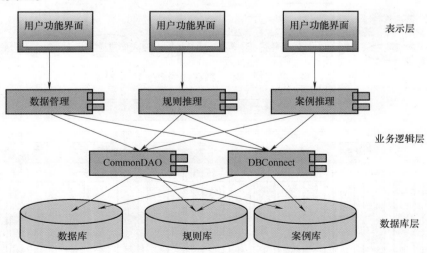

图 3-40　VB 开发专家系统层次结构图

业务逻辑层接收用户界面录入的信息，对其进行处理，并传输至数据库层进行执行、存储等，该层由程序员编程实现。数据库层将处理结果持久化，本系统有两个重要的类：DBConnect 类（主要负责数据库的连接、断开等操作）；CommonDAO 类（主要负责将在界面上获得的信息组织成 SQL，通过该类传递至数据库中执行，并返回执行的结果至用户功能界面）。由于篇幅有限，本小节只列举材料管理模块的实现。

4. 刀具材料或工件材料信息管理模块的实现

高速切削材料维护窗口如图 3-41 所示。按照设计的原则，尽量让用户少输入，如材料类别、材料状态及标志等字段的取值提供组合框进行选择或者输入，信息输入成功后要能立即在电子表格中显示出来，也可以在表格中选择一条记录进行编辑修改或者删除，其中材料类别、材料状态所选项来自于基础数据表中对应的材料类别及材料状态数据。标志设为该材料是工件材料还是刀具材料，其他字段为文本型，需要手工输入，对一些必填字段，使用VB 代码进行检验。

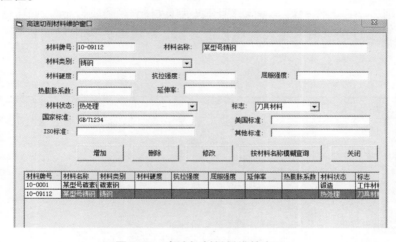

图 3-41　高速切削材料维护窗口

3.5.5　专家系统知识库的建立与实现

由于产生式规则的数据结构是一种树形结构，不能直接用关系数据库表示，必须进行一些必要的转换处理才能存储到关系数据库中，具体转换处理方法如下。

1）将产生式规则前提中具有"或"关系部分进行拆分，分解成只含有逻辑"与"关系的多个产生式规则。例如对于产生式规则：

IF 前提 1 and 前提 2　or 前提 3　and 前提 4 THEN 结论 1

则分解为下面两条产生式规则：

IF 前提 1 and 前提 2 THEN 结论 1
IF 前提 3 and 前提 4 THEN 结论 1

2）对节点进行分离。节点分离原理如图 3-42 所示，形成线性表。这样就将树形数据结构的产生式转换为线性数据结构，便于在关系数据库中存储、管理与组织。

图 3-42 节点分离原理

3）知识库建立的具体实现。本专家系统采用事实及规则两张表进行知识的存储，其实不管是前提还是结论，都应当认为是一种事实，如刀具材料为金刚石就是一个事实，可以表示为"刀具材料 = '金刚石'"，也可以表示为"刀具材料 is 金刚石"或"金刚石 is a kind of 刀具材料"，从数据库存储的角度来看，后两种都不太方便 SQL 的处理。

将一个或多个事实通过 And 组合就可以变成前提或者结论，一个拥有前提和结论的事实组合就是一条规则。如规则 1 描述为：IF 工件材料 = '铸铁' THEN 刀具材料 = '陶瓷'，当然也可能有规则 2：IF 工件材料 = '铸铁' THEN 刀具材料 = '硬质合金'。如何选择有效规则，规则表给出了重要度的区分，重要度用数值表示，数值大的规则优先选用，具体描述见表 3-3 和表 3-4。

表 3-3 事实表

事 实 编 号	事 实 名 称
1	工件材料 = '铸铁'
2	刀具材料 = '陶瓷'
3	刀具材料 = 'PCBN'
4	刀具材料 = '硬质合金'
5	切削方式 = '铣削'
6	加工面类型 = '阶梯面'
7	工件材料 = '钛合金'
8	刀具材料 = '涂层刀具'
9	刀具材料 = 'PCD 刀具'
10	切削深度≤0.3
11	工件材料 = '铝合金'
12	切削深度≥0.1 AND 切削深度≤0.3
13	加工精度 = '粗加工'

表 3-4 规则表

规则编号	规则描述	前 提	结 论	重 要 度
1	工件材料选刀具材料	工件材料 = '铸铁'	刀具材料 = '陶瓷'	0.5
2	工件材料选刀具材料	工件材料 = '铸铁'	刀具材料 = '硬质合金'	0.3
4	工件材料选刀具材料	工件材料 = '钛合金'	刀具材料 = 'PCD 刀具'	0.8
5	工材刀材选切削深度	工件材料 = '钛合金' AND 刀具材料 = 'PCD 刀具'	切削深度≤0.3	1

3.5.6　专家系统推理机制的实现

1. 推理方法选择

本专家系统采用基于规则的反向推理方法进行实现，当然也可以基于实例的推理方法实现。实现原理如下：先由用户在运行界面上输入或选择一个或者若干个前提条件，以及一系列推理实现的目标，提交给系统进行自动推理。系统在知识库中搜索与前提匹配的知识，若搜索到一条结论或若干条结论，则返回最重要的结论给用户进行参照。用户若觉得不满意，则进行修改后存入案例库，并保存新的规则，其原理图如图 3-43 所示。

事实信息管理是单独维护一个前提或结论，是一种条件表达式或逻辑表达式，为了处理问题的方便，逻辑表达式只有 AND 运算符号，事实信息管理窗口如图 3-44 所示，而规则库管理窗口如图 3-45 所示。

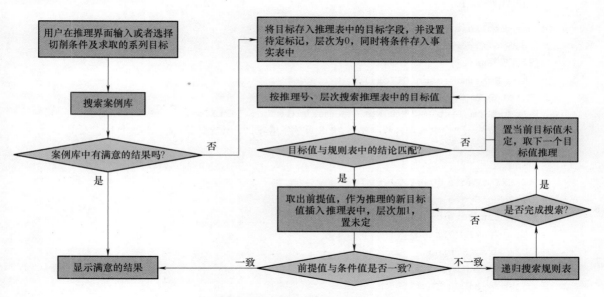

图 3-43　基于规则的反向推理原理图

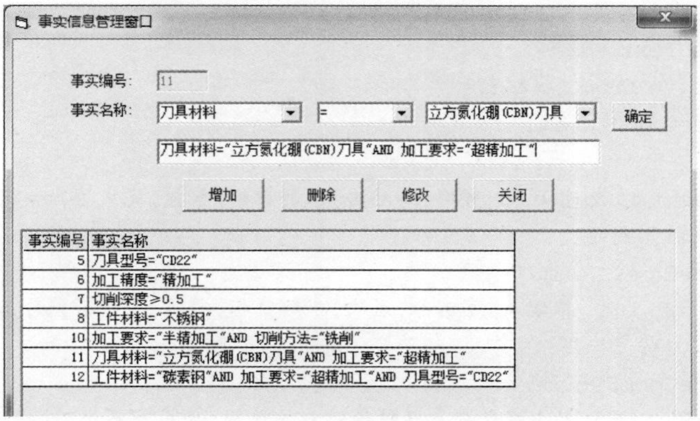

图 3-44　事实信息管理窗口

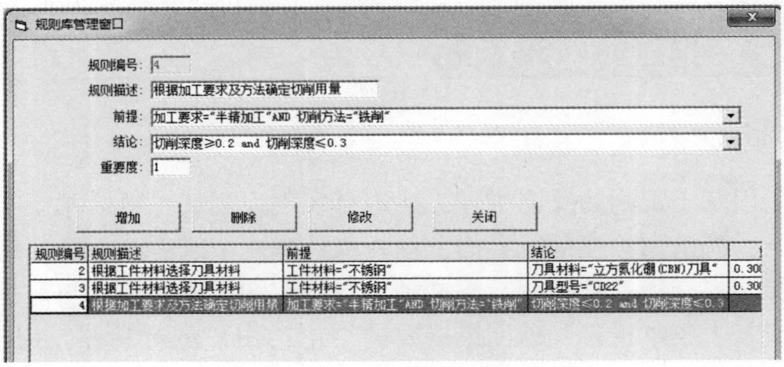

图 3-45　规则库管理窗口

2. 实现的代码示例

实现的代码如下：

```
Option Explicit
Dim dao As CommonDAO
'进行推理按钮代码
Private Sub cmdReason_Click()
On Error GoTo errhandle
    If txtNum. Text = "" Or Not IsNumeric(txtNum. Text)Then
        MsgBox "请输入该次的推理号,并且用数字填写!",vbCritical+vbOKOnly,"警告"
        Exit Sub
    End If
    IsExistFacts cgjcl. Text
    IsExistFacts cgjxz. Text
    IsExistFacts cjgtz. Text
    Dim jgyq As String
    Dim xh As String
    Dim key As Integer
    jgyq = cjgyq. Text
    xh = txtNum. Text
    Dim dml As String
    Dim ff As String
    ff = cqxff. Text
    dml = "delete from  推理表"
    dao. ExecuteCommSQL dml

    dml = "insert into 推理表(案例号,层次,求解目标,前提,完成否)values(" & Val(xh)& ",
0,'" & jgyq & "',null,'待定')"
    dao. ExecuteCommSQL dml
    dml = "insert into 推理表(案例号,层次,求解目标,前提,完成否)values(" & Val(xh)& ",
0,'" & ff & "',null,'待定')"
    dao. ExecuteCommSQL dml
    '开始搜索规则表,用目标去查规则表与结论对应的前提,如果有多个,选择一个最优的插入推理表
中,将层次加1,递归进行,直到找不到
```

```
With dao.ExecuteScanSQL("select * from 推理表 where 案例号 = " & Val(xh) & " And 层
次 = 0")
        .MoveFirst
        Do While Not.EOF
        key =.Fields(0).Value
                ReLookupRule key, xh, 0, .Fields(3).Value, cgjcl.Text, cgjxz.Text,
cjgtz.Text
                .MoveNext
        Loop
    End With
    MsgBox "推理完成", vbInformation + vbOKOnly, "提示"
    Exit Sub
errhandle:
    MsgBox Err.Description
End Sub
Private Sub Command2_Click()
    MsgBox Replace(cgjcl.Text, """", "'")
End Sub

Private Sub Form_Load() '窗体加载代码
    On Error Resume Next
    Set dao = New CommonDAO
    With dao.ExecuteScanSQL("select 材料类别 from 基础信息 where 材料类别   not like
'%刀具%'")
        .MoveFirst
        Do While Not.EOF
            cgjcl.AddItem "[工件材料] = """ &.Fields(0).Value & """"
            .MoveNext
        Loop
    End With
    cgjcl.ListIndex = 0
    With dao.ExecuteScanSQL("select 工件形状 from 基础信息 where 工件形状 is not null")
        .MoveFirst
        Do While Not.EOF
            cgjxz.AddItem "[工件形状] = """ &.Fields(0).Value & """"
            .MoveNext
        Loop
    End With

    cgjxz.ListIndex = 0
    With dao.ExecuteScanSQL("select 加工特征 from 基础信息 where 加工特征 is not null")
        .MoveFirst
        Do While Not .EOF
            cjgtz.AddItem "[加工特征] = """ &.Fields(0).Value & """"
            .MoveNext
        Loop
```

```
            End With
            cjgtz.ListIndex = 0
            With dao.ExecuteScanSQL("select 加工要求 from 基础信息 where 加工要求 is not null")
                .MoveFirst
                Do While Not.EOF
                    cjgyq.AddItem "[加工要求]=""" &.Fields(0).Value & """"
                    .MoveNext
                Loop
            End With
            cjgyq.ListIndex = 0
            With dao.ExecuteScanSQL("select 切削方法 from 基础信息 where 切削方法 is not null")
                .MoveFirst
                Do While Not.EOF
                    cqxff.AddItem "[切削方法]=""" &.Fields(0).Value & """"
                    .MoveNext
                Loop
            End With
            cqxff.ListIndex = 0
        End Sub


        Public Sub IsExistFacts(ByVal fact As String)
            On Error Resume Next
            With dao.ExecuteScanSQL("select count(*) from 事实表 where   [事实名称]=' " &
fact & "'")
                .MoveFirst.
                If Not.EOF Then
                    If.Fields(0).Value = 0 Then
                        dao.ExecuteCommSQL("insert into 事实表(事实名称)values('" & fact & "')")
                    End If
                End If
            End With
        End Sub


        Public Function ReLookupRule(ByVal key As Integer,ByVal xh As String,ByVal NO As In-
teger,ByVal result As String,ByVal s1 As String,ByVal s2 As String,ByVal s3 As String)As
Boolean
            Dim join1 As String
            Dim join2 As String
            Dim join3 As String
            Dim join4 As String
            Dim outcome As Boolean
            Dim k As String
            outcome = False
            join1 = s1 & " AND " & s2 & " AND " & s3
            join2 = s1 & " AND " & s2
            join3 = s1 & " AND " & s3
```

```
        join4 = s2 & " AND " & s2
        NO = NO + 1
        On Error Resume Next
        '满足某个结论的前提可能有多个
        With dao. ExecuteScanSQL ("select 前提 from 规则表 where 结论 = '" & result & "'")
            . MoveFirst
            Do While Not. EOF
                k =. Fields (0). Value
                If InStr (join1, k) < > 0 Or InStr (join2, k) < > 0 Or InStr (join3, k) < > 0
Or InStr (join4, k) < > 0 Or  InStr (s3, k) < > 0 Or InStr (s1, k) < > 0 Or InStr (s2, k) < >
0 Then
                    outcome = True
                    With dao. ExecuteScanSQL ("select count ( * ) from 规则表 where 前提 = '" &
k & "'")
                        . MoveFirst
                        If. Fields (0) ≥ 1 Then
                            '已到底层
                            dao. ExecuteCommSQL "update  推理表 set 前提 = '" & k & "', 完
成否 = '已定'  where 编号 = " & key
                            dao. ExecuteCommSQL "insert into 推理表 (案例号, 层次, 求解目
标, 前提, 完成否) values (" & Val (xh) & "," & NO & ",'" & k & "', null, '已定')"
                        Else
                        End If
                    End With
                    ReLookupRule = ReLookupRule (key, xh, NO, k, s1, s2, s3)
                Else
                    outcome = False
                End If
                . MoveNext
            Loop
            If outcome = False Then
                ReLookupRule = False
            End If
        End With
End Function
'显示推理结果的按钮实现代码
Private Sub CmdShowResult_Click ()
On Error Resume Next
    Dim rulesql As String
    Dim join1 As String
    Dim join2 As String
    Dim join3 As String
    Dim join4 As String
    Dim dml As String
    Dim sss As String
    Dim ttt As String
```

```
        Dim outcome As Boolean
        Dim k As String
        outcome = False
        join1 = cgjcl & " AND " & cgjxz & " AND " & cjgtz
        join2 = cgjcl & " AND " & cgjxz
        join3 = cgjcl & " AND " & cjgtz
        join4 = cgjxz & " AND " & cjgtz
        rulesql = "select * from 规则表 where 前提 = '" & cgjcl & "' or 前提 = '" & cgjxz & "
' or 前提 = '" & cjgtz & "' or 前提 = '" & join1 & "' or 前提 = '" & join2 & "' or 前提 = '" &
join3 & "' or 前提 = '" & join4 & "'"
         sss = "select * from view1 where [工件材料] = " & Replace(GetSplitFunc4
(cgjcl. Text),"'","'") & " AND[加工特征] = " & Replace(GetSplitFunc4(cjgtz. Text),"'","
'") & _
        " AND[切削方法] = " & Replace(GetSplitFunc4(cqxff. Text),"'","'") & " AND[加工要
求] = " & Replace(GetSplitFunc4(cjgyq. Text),"'","'")
        Set dgdatatl. DataSource = dao. ExecuteScanSQL("select * from 推理表")
        ttt = "select * from 切削用量 where [工件材料] = " & Replace(GetSplitFunc4
(cgjcl. Text),"'","'") & " AND[加工特征] = " & Replace(GetSplitFunc4(cjgtz. Text),"'","
'") & _
        " AND[切削方法] = " & Replace(GetSplitFunc4(cqxff. Text),"'","'")
        Set dgdata. DataSource = dao. ExecuteScanSQL(sss)
        Set dgdata2. DataSource = dao. ExecuteScanSQL(rulesql)
        Set dgdata3. DataSource = dao. ExecuteScanSQL(ttt)
        AutoSizeFlexGrid dgdatatl
        AutoSizeFlexGrid dgdata
        AutoSizeFlexGrid dgdata2
    End Sub
```

3. 运行专家系统推理

专家系统推理运行结果的规则推理功能窗口如图3-46所示。

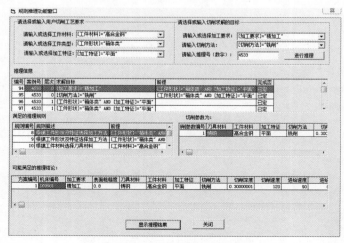

图3-46 规则推理功能窗口

3.5.7 专家系统的数据库表描述

```
CREATE TABLE   材料(
    材料牌号              text(10)not null primary key,
    材料名称              text(30)not null,
    材料类别              text(50),
    材料硬度              text(30),
    抗拉强度              text(30),
    屈服强度              text(30),
    延伸率                text(30),
    热膨胀系数             text(30),
    材料状态              text(30),
    标志                  text(4),
    国家标准              text(30),
    ISO 标准             text(30),
    美国标准              text(30),
    其他标准              text(30)
    );
注:标志字段值为 1 表示工件材料,0 表示刀具材料


CREATE TABLE   工件(
    工件编号              text(5)not null primary key,
    工件名称              text(30)not null,
    工件形状              text(30),
    毛坯外形尺寸           text(30),
    工件材料              text(10)not null
    );


CREATE TABLE   刀具(
    刀具编号              text(5)not null primary key,
    刀具型号              text(30)not null,
    刀片类型              text(30),
    刀片精度              text(30),
    刀柄样式              text(30),
    前刀角                single,
    后刀角                single,
    主偏角                single,
    刃倾角                single,
    副偏角                single,
    刀刃数                single,
    刀具长度              single,
    刀具直径              single,
    刀具材料              text(30)
    );
```

```
CREATE TABLE  事实表(
    事实编号          COUNTER primary key,
    事实名称          text(100)not null
    );

CREATE TABLE  规则表(
    规则编号          counter primary key,
    规则描述          text(60)not null,
    前提             text(60)not null,
    结论             text(60)not null,
    重要度            single
    );

CREATE TABLE 推理表(
    编号             COUNTER primary key,
    案例号           integer not null,
    层次             integer not null,
    求解目标          text(60)not null,
    前提             text(60),
    完成否           text(1)
    );

CREATE TABLE  相似度(
    序号             COUNTER primary key,
    相似类型          text(20)not null,
    A               text(20),
    B               text(20),
    相似值           single
    );

CREATE TABLE  电主轴(
    主轴型号          text(20)primary key,
    机床编号          text(6)not null,
    基速             single,
    套筒直径          single,
    最高转速          single,
    输出功率          single,
    润滑             text(20)
    );

CREATE TABLE  基础信息(
    编号             COUNTER PRIMARY KEY,
    材料类别          text(50),
    材料状态          text(50),
    工件形状          text(50),
    刀片类型          text(50),
```

```
    刀柄样式           text(50),
    机床类型           text(50),
    切削方法           text(50),
    加工精度           text(50),
    加工特征           text(50),
    切削液类型         text(50)
    );

CREATE TABLE   切削用量(
    切削用量编号       COUNTER primary key,
    刀具材料           text(50)not null,
    工件材料           text(50)not null,
    加工特征           text(50),
    切削方法           text(50),
    切削深度           single,
    切削速度           single,
    进给速度           single,
    进给量             single
    );

CREATE TABLE   加工案例(
    方案编号           COUNTER primary key,
    机床编号           text(6),
    径向切深           single,
    轴向切深           single,
    切削液             text(50),
    主轴转速           single,
    加工要求           text(30),
    表面粗糙度         text(50),
    切削用量编号       integer,
    方案评价           text(50)
    );

create table 制造商(
    制造商编号         text(6)   not null primary key,
    制造商名称         text(50)not null,
    制造商简称         text(20),
    联系人             text(20),
    联系电话           text(30),
    供应产品           text(60),
    邮件地址           text(60),
    公司地址           text(60),
    邮政编码           text(6),
    传真               text(20),
    公司网址           text(60),
    制造商类型         text(1)
```

```
                    );

    create table 切削机床(
        机床编号              text(6) not null primary key,
        机床名称              text(30) not null,
        机床型号              text(40),
        机床类型              text(40),
        制造商编号            text(6) references 制造商(制造商编号),
        加工对象              text(50),
        最高转速              integer,
        最大进给速度          single,
        快速移动速度          single,
        驱动功率              single
                    );
```

智能加工技术是未来加工技术的必然发展方向，是加工技术的又一次技术革命。智能加工技术是智能制造的核心技术，关系着国家装备制造的发展，具有重要的经济意义与战略意义。智能加工技术的应用必然会给制造业带来深远影响，促进制造业的智能化发展，提高加工效率与质量，实现智能化加工。智能加工技术现已用于许多加工领域，取得了较好的效果，但现有的智能加工技术还远不能解决加工中的问题，需要进一步地对智能加工技术进行更加深入的研究与应用，现主要在以下几方面进行说明。

（1）完善智能加工技术理论体系　一方面由于切削过程的复杂性，对切削过程产生影响的因素非常多，各种因素之间的关系错综复杂，相互影响，在加工过程中涉及各种技术与理论的应用与配合必然会产生复杂而又庞大的智能加工理论体系，对智能加工理论体系的完善是实现智能加工的基础。另一方面，智能加工技术作为新兴的加工技术，是在不断发展与完善的，随着相关技术的不断发展，新技术、新理论的不断引入，更需要对智能加工技术的理论体系进行丰富与完善。

（2）做好基础技术研究与标准的制定　智能加工技术涉及的技术领域多、范围广。其中包括：工艺规划、切削仿真、传感器技术、数据处理技术、人工智能、优化算法、控制理论、数据库、大数据、云计算等。可以说，每种领域在基础技术上的突破对智能加工技术的发展都会起到非常重要的作用，抓好基础技术的研究是智能加工技术不断发展的前提。智能加工技术相关基础标准制定是智能加工技术发展的基础，只有标准统一，才能更好地联合各方共同推进智能加工技术的快速发展。

（3）联合仿真与仿真优化关键技术突破　切削仿真对于加工过程的控制具有举足轻重的地位，通过切削仿真能够对加工过程中的许多情况进行预测。现有仿真软件大多还只是作为单独模块使用，没有很好地将仿真软件与其他建模软件、优化软件结合使用。因此，通过将仿真软件与建模软件、优化软件相结合进行联合仿真是未来切削仿真的发展方向。而且，现有仿真软件更多关注的是切削过程的模拟，对于切削过程的优化功能相对较弱，进一步开发仿真软件的切削过程优化功能，是仿真软件的重要课题与研究方向。

（4）加大对智能优化算法研究　在智能加工前的工艺规划与加工中的在线控制都涉及智能优化算法的应用，选取何种优化算法，如何对现有优化算法进行改进，开发专用优化算法等都会对智能加工技术的提升起到很大的推动作用。智能优化算法是智能加工技术的

"大脑"，只有不断在智能优化算法上取得技术突破，使优化算法更加快速、准确、智能，才能保证智能加工技术的长足发展。

（5）加大在线控制关键技术研究　对于智能加工过程中的在线控制尤为重要。在线控制技术涉及在线数据处理、优化算法、实时驱动等关键技术。如何实现各关键技术间协调工作、缩短反应时间、提高控制系统的智能性、准确性都是亟待解决的问题。

（6）处理好"政""产""学""研""用"之间的关系　通过政府引导与投入，企业与学校、科研院所紧密合作，以"用"促"研"，"产""学""研"相结合的方式推动智能加工技术的发展。以实际加工中的问题入手，根据国家战略发展方向与企业实际需求，解决重大制造技术难题，推动装备制造的快速发展。

第4章

加工过程的智能监测与控制

4.1 概　　述

在制造生产实践中，加工过程并非一直处于理想状态，而是伴随着材料的去除出现多种复杂的物理现象，如加工几何误差、热变形、弹性变形及系统振动等。这些复杂的物理现象，导致了产品质量不能满足要求。随着信息技术、传感器技术、计算机技术、互联网技术的飞速发展，以及生产中人们对加工质量要求的不断提高，通过对加工过程参数实施监测并通过主被动控制的方法对不利于产品高质量生产的加工过程进行干预的智能加工技术受到广泛关注。本章重点介绍加工过程的检测与控制技术的相关内容。

4.1.1 加工过程的智能监测与控制的目的

制造过程中的状态监测主要是对制造系统的一些关键参数进行有效的测量和评估。现代制造系统中，为了保障自动化加工设备的安全和加工质量，迫切需要解决加工过程的监控问题。为实现高效低成本加工，现代自动化加工设备采用了更高的切削速度，切削过程的不稳定性和意外情况比传统加工高得多。智能状态监测技术的发展使传统的状态监测逐渐摆脱对专家知识的依赖，它将来自制造系统的多传感器在空间或时间上的冗余或互补信息通过一定的准则进行组合，便于挖掘更深层次、更为有效的状态信息。

4.1.2 智能监测与控制的内容

智能加工技术通过借助先进的检测、加工设备及仿真手段，实现对加工过程的建模、仿真、预测，对加工系统的监测与控制；同时，集成现有加工知识，使得加工系统能根据实时工况自动优选加工参数、调整自身状态，获得最优的加工性能与最佳的加工质效。加工过程监测与控制实现流程如图4-1所示。

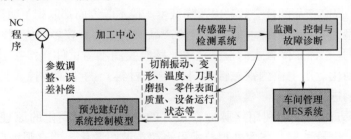

图4-1　加工过程监测与控制实现流程

（1）加工过程仿真与优化　针对不同零件的加工工艺、切削用量、进给速度等加工过程中影响零件加工质量的各种参数，通过基于加工过程模型的仿真，进行参数的预测和优化选取，生成优化的加工过程控制指令。

（2）过程监控与误差补偿　利用各种传感器、远程监控与故障诊断技术，对加工过程中的振动、切削温度、刀具磨损、加工变形以及设备的运行状态与健康状况进行监测；根据预先建立的系统控制模型，实时调整加工参数，并对加工过程中产生的误差进行实时补偿。

（3）通信等其他辅助智能　将实时信息传递给远程监控与故障诊断系统，以及车间管理 MES 系统。

如图 4-1 所示，加工过程中传感器与检测系统通过实时拾取机床加工过程信息，并传递给机床的远程监测及控制系统，实现产品加工的动态控制。加工过程的智能监测与控制在智能制造技术的实现中起着十分关键的作用。

4.1.3 加工过程的智能监测与控制发展趋势

加工过程的智能监控技术的发展趋势主要包括：

1）加工过程监控更适合于精密加工和自适应控制的要求。

2）由单一信号的监控向多传感器、多信号监控发展，充分利用多传感器的功能来消除外界干扰，避免漏报误报情况。

3）智能技术与加工过程监控结合更加紧密；充分利用智能技术的优点，突出监控的智能性和柔性。

4）提高监控系统的可靠性和实用性。例如：基于人工智能的状态监测策略、基于统计学习的状态监测策略和基于多传感器信息融合的状态监测策略等方向的研究。

4.2 加工过程的无损检测技术

4.2.1 加工过程中常用的无损检测技术

金属零件缺陷的无损检测是通过利用电、磁、声、光、热等作为激励源对金属零件进行加热，根据试件内部结构的形态以及变化所反馈的信息进行检测，从而判断金属零件内部是否存在缺陷。目前，加工过程的典型无损检测方法主要有：涡流检测、超声检测、射线检测、激光检测、渗透检测、磁粉检测。这些传统的检测方法在金属零件的检测中取得了非常好的效果，在提高产品质量、提高产品的社会效益以及降低生产成本等方面都取到了明显的效果。

这些传统典型的无损检测技术中，在检测产品缺陷方面有较多的应用，并各有其特点。

1）涡流检测是一种非接触式的检测技术，感应线圈不与试件直接接触，可进行高速检测，易于实现自动化。用于检测铁磁性材料（导电材料）的金属零件，且只能用于对零件表面及近表面缺陷进行检测。

2）超声检测方法是一种利用声脉冲在试件的缺陷处发生变化的原理来进行检测的方法。通过计算机、信号采集及图像处理技术可将超声波图像化，能直观地反映出被检金属零件内部的结构信息。作为一种新型的无损检测方法，超声无损检测技术有着诸多优点：灵敏度高、检测深度大、结果精确可靠、成本低、操作简单且超声波探伤仪体积小、重量轻，便于携带，对人体无害，已经广泛地用于金属加工、材料试验、航空航天等领域。根据目前的发展情况，超声波无损检测技术主要用于金属零件的质量评估，例如钢板、管道、压力容器、金属材料复合层、铁路轨道以及列车零件等的无损检测。

3）射线检测技术是一种利用 X 射线、γ 射线及中子射线等穿过试件时产生的强度衰减变化进行检测的方法。根据穿过试件的射线强度不同，可以判断出试件内部结构是否存在缺陷，只要试件中存在缺陷就会破坏射线的连续性，由于不连续的射线在胶片上的感光程度存在着一定差异，因而就显示出不连续的图像信息。近年来，射线检测技术主要用于对小型、几何形状复杂的金属铸件或锻件的无损检验和尺寸测量，以及航空工业复合型材料和金属零件等的无损检测。射线检测方法具有检测效果直观，缺陷尺寸检测结果精确，能提供永久性记录及灵敏度高等优点是目前应用最广泛的体积型缺陷的无损检测方法，只是射线有一定的危害性，要求操作人员具有较高的安全意识。

4）渗透检测方法具有操作简单、成本低、检测灵敏度高、一次性检测范围广、缺陷显示效果直观等特性，可用于检测各类不同缺陷。该方法只能用于检测金属零件表面开口裂纹，且被检试件表面必须相对光滑且无污染物。

5）磁粉检测方法操作简单且成本低，适用于检测所有铁磁性材料的表面和近表面的缺陷，检测完毕后需要对被检试件进行清理。

6）激光检测方法原理是对被检试件施加激光载荷，当金属零件内部存在缺陷时，其缺陷部位与正常部位发生的形变量不同，通过对施加载荷前后所形成的信息图像的叠加来判断其内部是否存在缺陷。由于激光束可以入射到试件的任何部位，故可用来检测几何形状不规则金属零件。目前，激光检测主要用于对高温条件、不易接近的试件以及超薄超细试件进行检测，如热钢材、放射性材料的检测等。由于激光检测技术的成本高、安全性差，目前仍处在发展完善的阶段。

7）红外热成像检测技术是一种利用红外热像仪将物体表面不可见的红外热辐射信息转换为可见的热图像的方法。该方法具有非接触、不破坏、实时、快速等特性，能有效对金属零件缺陷进行无损检测研究。目前，该技术广泛应用于军事领域、航空航天、冶金机械、电力石化、压力容器等诸多领域。虽然红外无损检测有其突出的优点，但也存在着一定的局限性，如信号的信噪比不高，热传导惰性大、衰减快，缺陷定量化检测水平低等。

随着计算机技术、信息技术、精密加工等技术的发展，一些新的技术如机器视觉、声发射技术、热红外技术等实现了加工过程参数的在线检测，为智能制造技术的实现奠定了基础。

4.2.2　机器视觉

1. 机器视觉的定义、用途及其系统构成

机器视觉（Machine Vision，MV）也称为计算机视觉，是一种以机器视觉产品代替人眼的视觉功能，利用计算机对机器视觉设备采集的图像或者视频进行处理，从而实现对客观世界的三维场景的感知、识别和理解的技术。机器视觉技术涉及人工智能、神经生物学、心理物理学、计算机科学、图像处理和模式识别等多个技术领域。它主要利用计算机来模拟人或者再现与人类视觉有关的某些智能行为，从客观事物的图像中提取信息，分析特征，最终用于如工业检测、工业探伤、精密测控、自动生产线及各种危险场合工作的机器人等。

机器视觉系统是一种非接触式的光学传感器，它同时集成软硬件，能够自动地从所采集的图像中获取信息或者产生控制动作。该系统主要由三部分组成：图像的采集（信息拾取）、图像的处理和分析（特征提取、模式识别、数据融合）、输出或显示。一般一个典型的机器视觉系统应该包括光源、目标、光学系统、图像捕捉系统、图像采集与数字化、智能图像处理与决策、控制执行器，如图4-2所示。

机器视觉系统构成示例如图4-3所示。

（1）光源　光源照明技术对机器视觉系统性能的好坏有着至关重要的作用。光源一般应具备以下特征：尽可能突出目标的特征，在物体需要检测的部分与非检测的部分之间尽可能产生明显的区别，增加对比度；保证足够的亮度和稳定性；物体位置的变化不影响成像的质量。在机器视觉系统应用中多采用透射光和反射光。对于反射光情况，需要充分考虑光源和

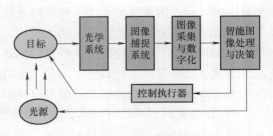

图 4-2　机器视觉系统的一般构成

光学镜头的相对位置、物体表面的纹理、物体的几何形状等要素。光源设备的选择必须符合所需的几何形状；同时，照明亮度、均匀度、发光的光谱特性也需符合实际的要求。常用的光源类型有卤素灯、荧光灯和 LED 光源灯。

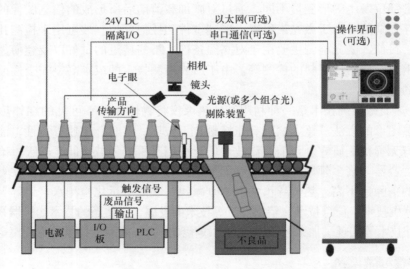

图 4-3　机器视觉系统构成示例

（2）光学镜头　光学镜头成像质量的优劣程度可用像差的大小来衡量，常见的像差有球差、彗差、像散、场曲、畸变和色差 6 种。为此，在选用镜头时需要考虑：

成像面积大小：成像面积是入射光通过镜头后所成像的平面，该平面是一个圆形。一般使用 CCD 相机，其芯片大小有 1/3in（1in = 0.0254m）、1/2in、2/3in 及 1in 四种大小，在选用镜头时要考虑该镜头的成像面与所用的 CCD 相机是否匹配。

焦距、视角、工作距离、视野：焦距是镜头到成像面的距离；视角是视线的角度，也就是镜头能看到的宽度；工作距离是镜头的最下端到景物之间的距离；视野是镜头所能够覆盖的有效工作区域。上述四个概念之间是关联的，其关系是：焦距越小，视角越大，最小工作距离越短，视野越大。

（3）摄像机（CCD）　CCD（Charge Coupled Device）是美国人 Boyle 发明的一种半导体光学器件，该器件具有光电转换、信息存储和延时等功能，并且集成度高、能耗小，在固体图像传感、信息存储和处理等方面得到广泛应用。CCD 摄像机按照其使用的 CCD 器件分为线阵式和面阵式两大类，其中线阵 CCD 摄像机一次只能获得图像的一行信息，被拍摄的物

体必须以直线形式从摄像机前移过，才能获得完整的图像，而面阵摄像机可以一次获得整幅图像的信息。目前，在机器视觉系统中以面阵 CCD 摄像机应用较多。

（4）图像采集卡　图像采集卡是机器视觉系统中的一个重要部件，它是图像采集部分和图像处理部分的接口。一般具有以下的功能模块：

1）图像信号的接收与模数转换模块。负责图像信号的放大与数字化。有用于彩色或黑白图像的采集卡，彩色输入信号可分为复合信号或 RGB 分量信号。同时，不同的采集卡具有不同的采集精度，一般有 8、16、24、32Bit。

2）摄像机控制输入输出接口。主要负责协调摄像机进行同步或实现异步重置拍照、定时拍照等。

3）总线接口。负责通过 PC 内部总线高速输出数字数据，一般是 PCI 接口，传输速率可达 130Mbit/s，能胜任高精度图像的实时传输，且占用较少的 CPU 时间。在选择图像采集卡时，主要应考虑到系统的功能需求、图像的采集精度和摄像机输出信号的匹配等因素。

（5）图像信号处理　图像信号处理是机器视觉系统的核心。视觉信息处理技术主要依赖于图像处理方法，包括图像增强、数据编码和传输、平滑、边缘锐化、分割、特征抽取、图像识别等内容。经过这些处理后，输出图像的质量得到相当程度的改善，既优化了图像的视觉效果，又便于计算机对图像进行分析、处理和识别。随着计算机技术、微电子技术及大规模集成电路技术的发展，为了提高系统的实时性，图像处理的很多工作都可以借助于硬件完成，如 DSP 芯片、专用的图像信号处理卡等，而软件则主要完成算法中非常复杂、不太成熟或需要改进的部分。

（6）执行机构　机器视觉系统最终功能的实现还依靠执行机构来实现。根据应用场合不同，执行机构可以是机电系统、液压系统或气动系统中的一种。无论采用何种执行机构，除了要严格保证其加工制造和装配的精度外，在设计时还需要对动态特性，尤其是快速性和稳定性加以重视。

2. 机器视觉测量原理

视觉系统的输出并非视频信号，而是经过运算处理后的检测结果，采用 CCD 摄像机将被摄取目标转换成图像信号，传送给专用的图像处理系统，根据像素分布和亮度、颜色等信息，通过模数转换器转换成数字信号；图像系统对这些信号进行各种运算来提取目标的特征（面积、长度、数量和位置等）；根据预设的容许度和其他条件输出结果（尺寸、角度、偏移量、个数、合格/不合格等）；上位机实时获得检测结果后，指挥运动系统或 I/O 系统执行响应的控制动作。这里以双目机器视觉的信息获取详细介绍机器视觉的工作原理。

（1）双目视觉的信息获取　双目视觉是机器视觉的重要分支之一，它由不同位置的两台摄像机经过移动或旋转拍摄同一幅场景，获得图像信息，通过计算机计算空间点在两幅图像中的视差，得到该物体的深度信息，获得该点的坐标，即视差原理。双目视觉系统的传感器代替了人的眼睛，计算机代替了人的大脑，通过匹配算法找到多幅图片中的同名点，从而利用同名点在不同图片中的位置不同产生相差，采用三角定位的方法还原出深度信息。双目视觉系统测量原理如图 4-4 所示。

其中 O_1 和 O_r 是双目系统的两个摄像头，P 是待测目标点，左右两光轴平行，间距是 T，焦距是 f。对于空间任意一点 P，通过摄像机 O_1 观察，看到它在摄像机 O_1 上的成像点为

P_1，X 轴上的坐标为 X_1，但无法由 P 的位置得到 P_1 的位置。实际上 O_1P 连线上任意一点均是 P_1。所以，如果同时用 O_1 和 O_r 这两个摄像机观察 P 点，由于空间 P 既在直线 O_1P_1 上，又在 O_rP_2 上，所以 P 点是两直线 O_1P_1 和 O_rP_2 的交点，即 P 点的三维位置是唯一确定的。

$$d = X_1 - X_2 \qquad (4\text{-}1)$$

$$\frac{T-d}{Z-f} = \frac{T}{Z} \qquad (4\text{-}2)$$

进而可得

$$Z = \frac{fT}{d} \qquad (4\text{-}3)$$

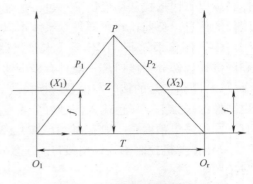

图 4-4　双目视觉系统测量原理

由式（4-3）可知，视差与深度成反比关系。同时易知，可通过同一点在左右摄像头中成像位置不同产生的视差计算该点的深度信息，即只要能够在两摄像头拍摄到的图片中确定同一个目标，就能得知该目标的坐标，而难点在于分析视差信息。传统的图像匹配算法需要进行大量的循环运算完成这一过程，对于实时性要求较高的工程应用，还必须对图像匹配的过程进行优化，提高算法的实时性。

（2）双目视觉的信息处理　基于双目视觉系统的障碍物检测是障碍物检测中比较常用的方法，相比超声波等其他检测方法，视觉系统接收的信息包含更加广泛的数据，可以检测到更多其他方法监测不到的信息。基于双目视觉系统的障碍物检测通常按以下步骤进行处理：

1）图像采集。双目视觉系统利用两个摄像头从不同的角度同时拍摄照片，获得待处理的图片。

2）图像分割。通过阈值法、边缘法、区域法等图像分割方法将目标从图像背景中分离出来，本节主要讲述阈值法分割。

3）图像匹配。图像分割后，对多幅图片进行同名点匹配，从匹配结果中可以获得同一目标在多幅图片上的视差，最后计算出该目标的实际坐标。

双目视觉系统处理流程如图 4-5 所示。

图像采集是图像信息处理的第一个步骤，此步骤为图像分割、图像匹配和深度计算提供分析和处理的对象。图像采集所用摄像头分为电子管式和固体器件摄像头两种，目前普遍采用 CCD 摄像头。本节中所述原理即是采用 CCD 摄像头和图像采集卡在计算机的控制下实现图像的输入、数字化和预处理工作的。CCD 摄像头先将局部视场内的光学图像信号转换成为带有图像空间信息的电信号，然后与同步信号合成完整的视频信号，利用同轴电缆传输给图像采集卡；视频信号经过图像采集卡上的模数转换器转换成为数字式图像数据，存放在采集卡的帧存储器中，供计算机进行各种处理

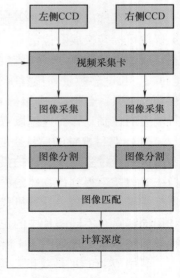

图 4-5　双目视觉系统处理流程

操作。

视觉图像是模拟量，要对视觉图像进行数字化才能输入计算机。视频图像采集卡可以将摄像头摄取的模拟图像信号转换成数字图像信号，使得计算机得到需要的数字图像信号。转换后的数字图像存储在图像采集卡上的帧存储器内，该存储器被映射为微型计算机内存的一部分，微型计算机可通过访问这部分内存处理图像。图像数字化后，从计算机上所得到的图像数据是由一个个像素所组成的，每个像素都对应于物体上的某一点。

图像分割的目的是将图像划分成若干个有意义的互补交互的小区域，或者是将目标区域从背景中分离出来，小区域是具有共同属性并且在空间上相互连接的像素的集合。如采用阈值分割原理进行图像分割时，首先设定某一阈值 T 将图像（包括目标、背景和噪声）分成两部分：大于 T 的像素群和小于 T 的像素群。由于实际得到的图像目标和背景之间并不一定单纯地分布在两个灰度范围内，此时就需要两个或两个以上的阈值提取目标。

目标匹配是双目视觉系统信息处理的关键技术。在机器识别事物的过程中，常常需要把不同传感器或同一传感器在不同时间、不同成像条件下对同一景物获取的两幅或多幅图像在空间上对准，或根据已知模型到另一幅图中寻找相应的模式。当空间三维场景被投射为二维图像时，受场景中光照强度和角度、景物几何形状、物理特性、噪声干扰及摄像头特性等因素的影响，同一景物在不同试点下的图像会有一定的不同，要快速准确地对包含以上不利因素的图像进行匹配具有一定的难度。目前常用的目标匹配算法可分为两类：一类为局部匹配，如在一定区域内寻找最小误差的区域匹配、通过梯度优化，使得某度量函数的相似性最小化的梯度优化算法、对数据可靠性特征进行匹配的特征匹配算法等；另一类为全局匹配，如动态规划、非线性融合、置信度传播和非对应性方法等。

3. 机器视觉技术的应用举例

（1）刀具磨损状态的机器视觉检测　机械加工过程中，刀具磨损是影响产品加工精度、加工质量与效率的关键问题之一。传统的刀具磨损状态的监测方法是以切削力、切削温度或声发射信号的变化特征为依据进行在线检测，但以上各量与刀具的磨损程度没有严格的对应关系，而且由于切削条件的复杂多样，在应用上都存在一定的限制。机器视觉检测系统因具有非接触、测量效率高、劳动强度低等优点，能在很大程度上克服现有刀具状态监测方法所存在的缺陷，已经发展成为现代刀具状态监测领域的一类重要监测手段。本节给出一个基于机器视觉的刀具磨损检测方法示例。

1）刀具磨损检测系统总体架构及检测原理。基于机器视觉的刀具磨损检测系统主要包括 CCD 相机、镜头、光源、支架等，其结构简图如图 4-6 所示。其检测原理包括以下几点：①在光学镜头放大比一定的条件下，选择适当的光照方向；②调整被测刀具位置，以便清楚地看到刀具磨损区域大小；③采用 CCD 相机获取刀具图像；④由图像采集卡将刀具影像的模拟信号变为数字信号传输到计算机中；⑤由图像处理软件对刀具图像进行处理，得到刀具的轮廓信息；⑥结合光学系统的放大倍率与实际像素的对应关系，最终求得磨损区域几何尺寸的特征值。

2）刀具磨损检测系统总体架构。刀具磨损检测系统的总体架构如图 4-7 所示，可分为刀具状态检测和刀具状态识别两个阶段。刀具磨损检测总体流程如图 4-8 所示，包括刀具图像的离线训练和识别检测两大模块。

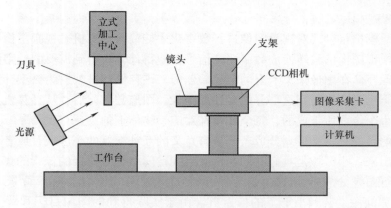

图 4-6　刀具磨损检测系统结构简图

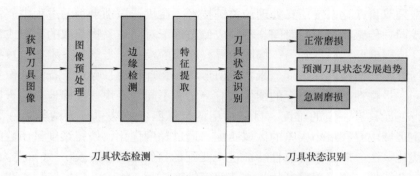

图 4-7　刀具磨损检测系统的总体架构

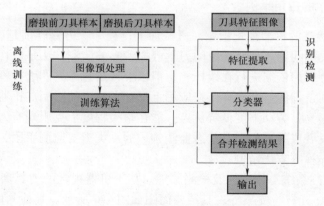

图 4-8　刀具磨损检测总体流程

　　刀具状态检测阶段主要包括获取刀具图像、图像预处理（包括灰度化、滤波去噪及二值化）、边缘检测及特征提取过程，这一阶段主要是为了提取刀具磨损的特征数据，通过磨损区域的几何尺寸测量，获取特征训练样本，建立刀具磨损数据知识库，该阶段属于离线训练阶段。

　　刀具状态识别阶段主要是通过一定的规则选择适当的刀具磨损表征方式和分类策略。表征方式通过特征提取实现。分类策略的选择则需对刀具图像进行训练，构造合适的分类器，基于获取的刀具相关信息进行分类识别，从而识别出刀具所处的状态，如正常磨损或急剧磨损，并预测刀具状态的发展趋势。当刀具磨损严重时发出预警信号，提示机床操作者更换刀具，以免继续使用磨损严重的刀具加工工件而造成工件表面质量受损。该阶段属于识别检测阶段。

3）图像处理过程。基于机器视觉的刀具磨损检测可以测量刀具的磨损量，其检测精度取决于刀具磨损图像的处理。刀具磨损检测中的图像处理过程主要包括图像的灰度化、自适应中值滤波、自适应二值化及边缘检测，其流程图如图 4-9 所示。

预处理阶段：机器视觉测量建立在图像灰度信息处理基础上，在测量前，首先判断获取的刀具图像是否为灰度图像，如果系统输入图像为彩色图像，则先进行灰度化处理转换成灰度图像。刀具图像成像过程不可避免地产生或多或少的噪声，对依赖于图像像素灰度值进行处理的算法而言，噪声对后续处理结果的影响非常大。为降低噪声对后续处理的影响，必须对刀具图像进行滤波去噪。一般采用自适应中值滤波方法对刀具图片进行滤波处理。图像的二值化是将灰度图像转换为表达物体和背景的黑白图像，其目的是从图像中把目标区域和背景区域分开。二值化处理的关键是阈值的选取，以便进一步对二值化后的黑白图像进行边缘检测，提取被测对象的正确边缘轮廓。

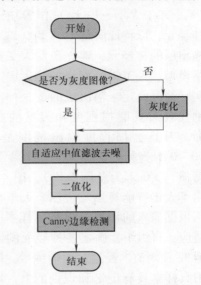

图 4-9　刀具磨损中的图像处理过程

Canny 边缘检测：边缘是图像局部灰度不连续的部分，图像中的边缘是图像的重要结构属性，这是图像分割、纹理特征和形状特征提取等图像识别与理解的重要基础。可采用 Canny 边缘检测算法提取刀具轮廓。Canny 边缘检测通过寻找图像梯度的最大值来查找边缘，适用于检验真正的弱边缘，其计算过程如下：

① 首先用二维高斯函数的一阶导数对图像进行平滑。

② 计算梯度的幅值和方向。采用 2×2 领域一阶偏导的有限差分来计算平滑后图像中每个像素点的梯度幅值和梯度方向。

③ 对梯度的幅值进行非极大值抑制。非极大值抑制通过抑制梯度方向上的所有非屋脊峰值的梯度幅值来得到细化边缘后的图像。

④ 用双阈值算法检测和连接边缘。设两个阈值分别为高阈值和低阈值，检测候选边缘图像中的任一像素点的梯度幅值，若大于高阈值则认为该点一定为边缘点；若小于低阈值则认为该点一定不是边缘点，而对于梯度幅值处于两个阈值之间的像素点，则将其看作疑似边缘点。

使用本方法对铣刀片照片进行图像处理，其处理结果如图 4-10 所示。由图 4-10 可知，采用图像处理技术可以提取出刀具的轮廓信息，方便后续对磨损区域尺寸的测量和分类识别。

图 4-10　对铣刀片照片进行图像处理的结果

4）基于计算智能的刀具磨损检测。采用计算智能技术，可以对不同工况下刀具的磨损状况进行分析与预测。例如，在不同刀具材料、切削用量、冷却方式及加工要求情况下，分别获取加工前的刀具和加工 Δt 时段以后的刀具图像，并提取刀具磨损区域数据特征量，如后刀面磨损量、前刀角和后刀角、刀尖距离等。将不同工况、不同刀具磨损区域的数据特征向量作为样本，输入人工神经网络模型。基于人工神经网络的刀具磨损检测示意图如图4-11所示。以特征向量 $X = (X_1，X_2，X_3，\cdots，X_n)$ 作为输入层的神经元，以特征向量 $Y = (Y_1，Y_2)$ 作为输出层的神经元，建立3层人工神经网络模型。人工神经网络的输入层节点由实际情况而定，输出层的2个神经元分别代表刀具磨损程度和刀具的剩余寿命。刀具磨损程度输出范围是 0～1（0～0.1 为初期磨损、0.1～0.3 为正常磨损、>0.3 为急剧磨损）。图 4-12 给出了人工智能算法流程图。人工神经网络根据输入的训练（学习）样本进行自适应、自组织，确定各神经元的连接权值 W 和阈值，经过多次训练后，网络对刀具样本具有记忆和识别能力，可判别刀具样本的磨损程度，并预测刀具的剩余寿命。

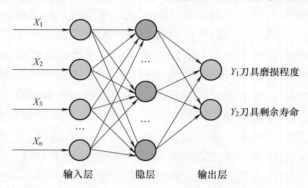

图 4-11　基于人工神经网络的刀具磨损检测示意图

基于机器视觉的刀具磨损检测方案，将图像处理技术应用于刀具磨损检测，克服了传统方法的不足，具有简单快捷、无接触、无变形、判断精度高等优点。通过边缘检测提取出刀具的边缘，为进一步提取刀具磨损区域数据特征，识别刀具磨损程度，提供了快捷和可靠的手段。最后，建立了识别刀具磨损程度和预测刀具剩余寿命的人工神经网络模型，为进一步提高高性能件的加工精度与质量控制提供了途径。

（2）基于机器视觉的零件表面缺陷检测　工业产品的表面缺陷会对产品的美观度、舒适度和使用性能等带来不良影响，所以生产企业要对产品的表面缺陷进行检测以便及时发现并加以控制。

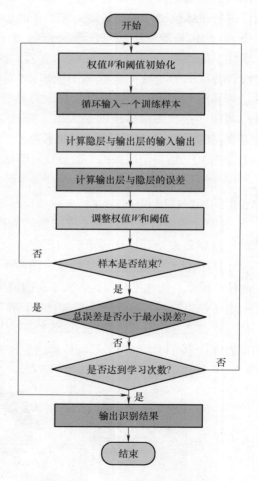

图 4-12　人工智能算法流程图

机器视觉的检测方法可以很大程度上克服人工检测方法的抽检率低、准确性不高、实时性差、效率低、劳动强度大等弊端，在现代工业中得到越来越广泛的研究和应用。下面将详细介绍机器视觉表面缺陷检测的方法和机器视觉在表面缺陷检测领域的应用情况。

1）基于机器视觉的表面缺陷研究现状、视觉软件系统和研究平台。

① 基于机器视觉的表面缺陷研究现状。机器视觉在金属（特别是钢板）表面、纸张印刷品、纺织品、瓷砖、玻璃、木材等表面缺陷检测方面，国内外有较多的研究成果，具有较多的成功应用系统和案例。在钢板表面缺陷检测领域，美国 Westinghouse 公司采用线阵 CCD 摄像机和高强度的线光源检测钢板表面缺陷，并提出了将明域、暗域及微光域 3 种照明光路形式组合应用于检测系统的思路。这些系统可识别的缺陷种类相对较少，并且不具备对周期性缺陷的识别能力。美国 Cognex 公司研制成功了 iS-2000 自动检测系统和 iLearn 自学习分类器软件系统。这两套系统配合有效改善了传统自学习分类方法在算法执行速度、数据实时吞吐量、样本训练集规模及模式特征自动选择等方面的不足；Parsytec 公司为韩国浦项制铁公司研制了冷轧钢板表面缺陷检测系统 HTS，该系统能对高速运动的热轧钢板表面缺陷进行在线自动检测和分级，在连轧机和 CSP 生产线上取得了良好的效果；英国 European Electronic System 公司研制的 EES 系统也成功地应用于热连轧环境下的钢板质量自动检测。EES 系统能实时地提供高清晰度、高可靠性的钢板上下表面的缺陷图像，交由操作员进行缺陷类型的分类判别。北京科技大学的高效轧制国家工程研究中心也在进行钢板表面质量检测系统的研制，对其常见缺陷类型进行了检测与识别，取得了一定的研究成果。东北大学、中国宝武钢铁集团有限公司、武汉科技大学等科研院所研究了冷轧钢板表面缺陷的检测系统。重庆大学对高温连铸坯表面缺陷进行了研究。在其他领域，视觉表面缺陷检测也得到了广泛的研究和应用，如对规则纹理表面（天然木材、机械加工表面、纺织面料）的表面缺陷采用傅里叶变换进行图像的复原、集成电路晶片表面缺陷检测、铁轨的表面质量的自动检测、铁轨表面质量的实时检测和分类、皮革表面缺陷检测等。

② 机器视觉软件系统。机器视觉软件系统除具有图像处理和分析功能外，还应具有界面友好、操作简单、扩展性好、与图像处理专用硬件兼容等优点。国外视觉检测技术研究开展较早，已涌现了许多较为成熟的商业化软件，应用比较多的有 HALCON、HexSight、VisionPro、LEADTOOLS 等。

HALCON 是德国 MVtec 公司开发的一套完善的标准的机器视觉算法包，拥有应用广泛的机器视觉集成开发环境，在欧洲及日本的工业界已经是公认具有最佳效能的机器视觉软件。HALCON 的 image processing library，由一千多个各自独立的函数和底层的数据管理核心构成，其函数库可以用 C、C ++ 、C#、Visualbasic 和 Delphi 等多种编程语言访问。HALCON 为百余种工业相机和图像采集卡提供接口，包括 GenlCam，GigE 和 IIDC 1394。HALCO 还具有强大的 3D 视觉处理能力。另外，自动算子并行处理 （AOP） 技术是 HALCON 的一个独特性能。HALCON 应用范围涵盖自动化检测、医学和生命科学，遥感，通信和监控等众多领域。Adept 公司出品的 HexSight 是一款高性能的、综合性的视觉软件开发包，它提供了稳定、可靠、准确定位和检测零件的机器视觉底层函数。HexSight 的定位工具是根据几何特征、采用轮廓检测技术来识别对象和模式的。在图像凌乱、亮度波动、图像模糊和对象重叠等方面有显著效果。HexSight 能处理自由形状的对象，并具有功能强大的去模糊算法。HexSight 软件包含一个完整的底层机器视觉函数库，可用来建构完整的高性能

2D 机器视觉系统，可利用 Visual Basic、Visual C ++ 或 Borland Dephi 平台方便地进行二次开发。其运算速度快，具有 1/40 亚像素平移重复精度和 0.05°旋转重复精度。此外，内置的标定模块能矫正畸变、投影误差和 X-Y 像素比误差。完整的检测工具包含硬件接口、图像采集、图像标定、图像预处理、几何定位、颜色检测、几何测量、Blob 分析、清晰度评价（自动对焦）、模式匹配、边缘探测等多种开放式体系结构，支持 DirectShow、DCam，GigE vision 等多种通用协议，几乎与市面上所有商业图像采集卡，以及各种 USB、1394 及 GigE 接口的摄像机兼容。Cognex 公司的 VisionPro 是一套基于网络的视觉工具，适用于包括 FireWire 和 CameraLink 在内的所有硬件平台，利用 ActiveX 控制可快速完成视觉应用项目程序的原模型开发，可使用相应的 VisualBasic、VB. Net、C#或 C ++ 搭建出更具个性化的应用程序。LEADTOOLS 在数码图像开发工具领域中已成为全球领导者之一，是目前功能强大的优秀的图形、图像处理开发包，它可以处理各种格式的文件，并包含所有图形、图像的处理和转换功能，支持图形、图像、多媒体、条码、OCR、Internet、DICOM 等，具有各种软硬件平台下的开发包。此外，还有 Dalsa 公司的 Sherlock 检测软件，日本的 OMRON 和 Keyence，德国 SIEMENS 等，这些机器视觉软件都能提供完整的表面缺陷检测方法。国内机器视觉检测系统开发较晚，相关的企业主要是代理国外同类产品，提供视觉检测方案和系统集成，其中具有代表性的企业有凌华科技、大恒图像、视觉龙、凌云光子、康视达、OPT、三姆森和微视图像等。

③ 机器视觉硬件平台。机器视觉表面质量检测，特别是实时检测，图像采集的数据量大，需要提高图像处理速度。除优化算法外，其主要手段是提高硬件规格。

a. 通用计算机网络并行处理。这种处理结构采用"多客户机 + 服务器"的方式，一个图像传感器对应一台客户机，服务器实现信息的合成，图像处理的大部分工作由软件来完成。该结构虽然比较庞大，但升级维护方便、实时性较好。

b. 数字信号处理器（DSP）。DSP 是一种独特的微处理器，是以数字信号来处理大量信息的器件。其工作原理是将接收的模拟信号转换为"0"或"1"的数字信号，再对数字信号进行修改、删除和强化，并在其他系统芯片中把数字数据解译为模拟数据或实际环境格式，其实时运行速度远远超过通用微处理器。但是，DSP 的体系仍是串行指令执行系统，而且只是对某些固定的运算进行硬件优化，故不能满足众多的算法要求。

c. 专用集成电路（ASIC）。ASIC 是针对某一固定算法或应用而专门设计的硬件芯片，有很强的实时性。但在实际应用中存在开发周期相对较长、成本高、适应性和灵活性差等缺点。

d. 现场可编程门阵列（FPGA）。FPGA 是由多个可编程的基本逻辑单元组成的一个 2 维矩阵，逻辑单元之间以及逻辑单元与 I/O 单元之间通过可编程连线进行连接。FPGA 在设计上具有很强的灵活性，集成度、工作速度也在不断提高，可实现的功能也越来越强；同时，其开发周期短，系统易于维护和扩展，能够大大地提高图像数据的处理速度。实时图像处理系统中，底层的信号数据量大，对处理速度的要求高，但运算结构相对比较简单，适合采用 FPGA 以硬件方式来实现；高层处理算法的特点是处理的数据量相对较少，但算法和控制结构复杂，可使用 DSP 来实现。所以，可以把两者的优点结合在一起以兼顾实时性和灵活性。USB、串口、并口是计算机和外设进行通信的常用接口，但对于数据量大的图像来说，串行 RS232 协议难以达到图像采集实时性要求。USB 接口即使能满足所需速度，但要求外设必须支持 USB 协议，而 USB 协议与常用工程软件的接口还不普及。IEEE-1394 接口具有廉价，速度快，支持热拔插，数据传输速率可扩展，标准开放等特点，在众多领域得到了广泛应用。但随着数字图像采集速度的提高、数据量的增大，原有的标准难以满足需求。为了简化数据的连接，实现高速、高精度、灵活、简单的连接，National Semiconductor 公司等多家相机制造商共同制定了 Camera Link 标准。Camera Link 是专门为数字摄像机的数据传输提出的接口标准，专为数字相机制定了一种图像数据、视频数据控制信号及相机控制信号传输的总线接口，其最主要特点是采用了低压差分信号（LVDS）技术，使摄像机的数据传输速率大大提高。

2）表面缺陷检测图像处理和分析算法。

① 图像预处理算法。工业现场采集的图像通常包含噪声，图像预处理主要目的是减少噪声，改善图像的质量，使之更适合人眼的观察或机器的处理。图像的预处理通常包括空域方法和频域方法，其算法有灰度变换、直方图均衡、基于空域和频域的各种滤波算法等，其中直观的方法是根据噪声能量一般集中于高频，而图像频谱则分布于一个有限区间的这一特点，采用低通滤波方式进行去噪，例如滑动平均窗滤波器、Wiener 线性滤噪器等。其中频域变换复杂，运算代价较高；空域滤波算法采用各种模板对图像进行卷积运算。直接灰度变换法通过对图像每一个像素按照某种函数进行变换后得到增强图像，变换函数一般多采用线性函数、分段线性函数、指数函数、对数函数等，运算简单，在满足处理功能的前提下实时性也较高。近年来，开始采用数学形态学方法、小波方法用于图像的去噪，取得了较好的效果。

② 图像分割算法。图像的分割是把图像阵列分解成若干个互不交叠的区域，每一个区域内部的某种特性或特征相同或接近，而不同区域间的图像特征则有明显差别。它是由图像处理到图像分析的关键步骤。现有的图像分割方法主要分为基于阈值的分割方法、基于区域的分割方法、基于边缘的分割方法以及基于特定理论的分割方法等。近年来，研究者不断改进原有的图像分割方法并把其他学科的一些新理论和新方法用于图像分割，提出了不少新的分割方法。图像分割后提取出的目标可以用于图像语义识别、图像搜索等领域。

③ 特征提取及其选择算法。图像的特征提取可理解为从高维图像空间到低维特征空间的映射，是基于机器视觉的表面缺陷检测的重要一环，其有效性对后续缺陷目标识别精度、计算复杂度、鲁棒性等均有重大影响。特征提取的基本思想是使目标在得到的子空间中具有较小的类内聚散度和较大的类间聚散度。常用的图像特征主要有纹理特征、形状特征、颜色特征等。

a. 纹理特征提取。纹理是表达图像的一种重要特征，反映了表面结构组织排列的重要信息以及它们与周围环境的联系。与颜色特征和灰度特征不同，纹理特征不是基于像素点的特征，它需要在包含多个像素点的区域中进行统计计算，即局部性；同时，局部纹理信息也存在不同程度的重复性，即全局性。纹理特征常具有旋转不变性，并且对于噪声有较强的抵抗能力。根据 Tuceryan 和 Jain 的分类，基于纹理特征的提取方法有统计法、信号处理法、模型法、结构法和几何法。

统计法。统计法将纹理看作随机现象，从统计学的角度来分析随机变量的分布，从而实现对图像纹理的描述。直方图特征是最简单的统计特征，但它只反映了图像灰度出现的概率，没有反映像素的空间分布信息；灰度共生矩（GLCM）是基于像素的空间分布信息的常用统计方法；局部二值模式（LBP）具有旋转不变性和多尺度性、计算简单；此外，还有行程长度统计法、灰度差分统计法等，因计算量大、效果不突出而限制了其应用。

信号处理法。将图像当作二维分布的信号，从而可从信号滤波器设计的角度对纹理进行分析。信号处理方法也称滤波方法，即用某种线性变换、滤波器（组）将纹理转到变换域，然后应用相应的能量准则提取纹理特征。基于信号处理的方法主要有傅里叶变换、Gabor 滤波器、小波变换、Laws 纹理、LBP 纹理等。

结构法。结构法是建立在纹理基元理论基础上的，认为复杂的纹理是由一些在空间中重复出现的最小模式即纹理基元按照一定的规律排列组成。结构方法主要有两个重要问题：一是纹理基元的确定；二是纹理基元排列规律的提取。确定基元后需要提取基元的特征参数和纹理结构参数作为描述图像纹理的特征。基元的特征参数有面积、周长、离心率、矩量等，结构参数则由基元之间的排列规律确定；基元的排列规则是基元的中心坐标及基元之间的空间拓扑关系，可从基元之间的模型几何中得到，也可以通过基元之间的相位、距离等统计特征得到，较复杂的情况可以用句法、数学形态学等方法分析。

模型法。模型法以图像的构造模型为基础，采用模型参数的统计量作为纹理特征，不同的纹理在某种假设下表现为模型参数取值的不同，如何采用优化参数估计的方法进行参数估计是模型法研究的主要内容。典型的模型法有马尔可夫随机场（MRF）模型、分形模型和自回归模型等。

b. 形状特征提取。形状特征是人类视觉进行物体识别时所需要的关键信息之一，它不随周围的环境（如亮度等）因素的变化而变化，是一种稳定信息；相对纹理和颜色等底层特征而言，形状特征属于图像的中间层特征。在二维图像中，形状通常被认为是一条封闭的轮廓曲线所包围的区域。对形状特征的描述主要可以分为基于轮廓形状与基于区域形状两类，区分方法在于形状特征仅从轮廓中提取还是从整个形状区域中提取。

基于区域的形状特征。基于区域的形状特征是利用区域内的所有像素集合起来获得用以描述目标轮廓所包围的区域性质的参数。这些参数既可以是几何参数，又可以是密度参数，还可以是区域二维变换系数或傅里叶变换的能量谱。基于区域的形状特征主要有几何特征、拓扑结构特征、矩特征等。

基于轮廓的形状特征。基于轮廓的形状描述符是对包围目标区域的轮廓的描述，主要有边界特征法（边界形状数、边界矩等）、简单几何特征（如周长、半径、曲率、边缘夹角）、基于变换域（如傅里叶描述符、小波描述符）、曲率尺度空间（CSS）、数学形态学、霍夫变换等方法。基于轮廓的特征有如下优点：轮廓更能反映人类区分事物的形状差异，且轮廓特征所包含的信息较多，能减少计算的复杂度；但是，轮廓特征对于噪声和形变比较敏感，有些形状应用中无法提取轮廓信息。

c. 颜色特征提取。颜色特征是人类感知和区分不同物体的一种基本视觉特征，是一种全局特征，描述了图像或图像区域所对应的景物的表面性质。颜色特征对于图像的旋转、平移、尺度变化都不敏感，表现出较强的鲁棒性。颜色模型主要有 HSV、RGB、HSI、CHL、LAB、CMY 等。常用的特征提取与匹配方法如下：

颜色直方图。颜色直方图（Color Histogram，CH）是最常用的表达颜色特征的方法，它能简单描述一幅图像中颜色的全局分布，即不同色彩在整幅图像中所占的比例，特别适用于描述那些难以自动分割的图像和不需要考虑物体空间位置的图像，且计算简单，对图像中的对象的平移和旋转变化不敏感；但它无法描述图像中颜色的局部分布及每种色彩所处的空间位置。当颜色特征并不能取遍所有取值时，在统计颜色直方图时会出现一些零值，这些零值对计算直方图的相交带来很大影响，使得计算的结果不能正确反映两幅图像之间的颜色差别。为解决上述问题，可利用累积直方图法。

颜色集。颜色直方图法是一种全局颜色特征提取与匹配方法，无法区分局部颜色信息。颜色集是对颜色直方图的一种近似，首先将图像从 RGB 颜色空间转化成视觉均衡的颜色空间（如 HSV 空间），并将颜色空间量化成若干个柄（bin）。然后，用色彩自动分割技术将图像分为若干区域，每个区域用量化颜色空间的某个颜色分量来索引，从而将图像表达为一个二进制的颜色索引集。在图像匹配中，比较不同图像颜色集之间的距离和色彩区域的空间关系。因为颜色集表达为二进制的特征向量，可经构造二分查找树来加快检索速度，这对于大规模的图像集合十分有利。

颜色矩。颜色矩（Color Moments，CM）是另一种简单而有效的颜色特征提取与匹配方法。该方法的数学基础在于：图像中任何的颜色分布均可以用它的矩来表示。由于颜色分布信息主要集中在低阶颜色矩中，因此仅采用颜色的一阶中心矩、二阶中心矩和三阶中心矩就可以表达图像的颜色特征，它们分别表示图像的平均颜色、标准方差和三次根非对称性。该方法的另一个优点是它无须对颜色特征进行向量化。但因为没有考虑像素的空间位置，该方法仍存在精确度和准确度不足的缺点。

颜色聚合向量。其核心思想是：将属于直方图每一个柄的像素分成两部分，如果该柄内的某些像素所占据的连续区域的面积大于给定的阈值，则该区域内的像素作为聚合像素，否则作为非聚合像素。在目前图像处理的硬件条件下，直接对彩色图像进行处理与分析是复杂而又耗时的，因此对彩色图像的处理通常都是先转化为灰度图像，然后再按照灰度图像处理方法进行。

d. 特征的选择。图像的特征提取及其选择的目的是提高后续图像识别的准确性和鲁棒性。图像的特征提取实现了从图像空间到特征空间的转换，但是并非所有的特征都对后续的图像识别和分类有作用。如果特征提取的数量多，使得特征向量有较高的维数，这些高维特征中很可能存在冗余信息，从而导致图像处理结果的精确度下降；图像特征维度过高，还会使图像处理算法的复杂度高，导致"维度灾难"。因此，对于高维图像特征，为了降低所提取图像特征维数之间的相关性，需要消除图像特征之间的依赖性，即降维处理，也就是从图像原始特征中找出真正有用的特征，以降低图像处理算法的复杂度，并提高处理速度和结果的精确度，这个处理过程就是特征的选择。很多特征选择问题被认为是 NP 问题，因此人们一般只能寻找特定问题的评价标准来保证所选择的特征是最优的，这也就造成了目前特征选择方法众多。目前，特征选择的方法包括：主成分分析法（PCA）、独立成分分析法（ICA）、Fisher 分析法（FDA）、相关分析法（CFS）、自组织映射法（SOM）、Relief 法、遗传算法、模拟退火法、Tabu 搜索法及基于流形的非线性降维方法等。

④ 表面缺陷目标识别算法。统计模式识别（Statistical Pattern Recognition，SPR）和句法（结构）模式识别（Syntactic Pattern Recognition，SPR）是两种基本的模式识别方法。前者是模式的统计分类方法，即结合统计概率的贝叶斯决策系统进行模型识别的技术，又称为决策理论识别方法；后者的基本思想是把一个模式描述为较简单的子模式的组合，子模式又可进一步描述为更简单的子模式的组合，最终得到一个树状结构描述，利用模式与子模式分层

结构的树状信息完成模式识别任务。数字图像的识别问题通常适用于统计模式识别，而句法模式识别主要用于遥感图像识别、文字识别等。目前，基于机器视觉的表面缺陷识别主要涉及统计模式识别。统计模式识别按其实现方式又分为有监督学习的模式识别和无监督学习的模式识别。前者是在已知类别标签的特征集（即训练集）基础上进行分类器构建；后者也称为聚类，该方法不需要已知类别的训练集，分类器直接根据特征向量之间的相似性，将待分类的特征向量集合分为若干个子集。

3）机器视觉表面缺陷检测系统设计。

① 硬件系统设计。本系统的总体设计主要包括两大部分：一是软件设计、二是硬件设计。按照功能，整个系统可以分成四个模块：光源（硬件）、摄像机（硬件）、图像处理模块（软件）和自动检测结果的输出与储存（软件）。缺陷检测系统如图 4-13 所示：置于载物台上的待检测零件，在均匀光照环境下，通过 CCD 摄像机获取零件的图像，采用 GigE Vision 技术，通过数据线将数字图像输入计算机进行图像处理，提取特征参数，并应用模式识别技术对特征参数进行识别和分类，从而完成系统的检测任务。

② 软件系统设计。将采集到的零件图片通过缺陷检测软件进行检测，才能对零件的质量等级进行评估，从而掌握零件的质量状况。缺陷检测软件可以对图像进行预处理、图像分割、缺陷特征提取、质量等级评定等任务。检测软件需要利用具有强大功能的开发工具进行开发，如 MATLAB7.10 编程环境。缺陷检测系统主要包括四个模块：读入图像、图像处理、缺陷后处理、缺陷识别和质量等级评定，如图 4-14 所示。

图 4-13　缺陷检测系统

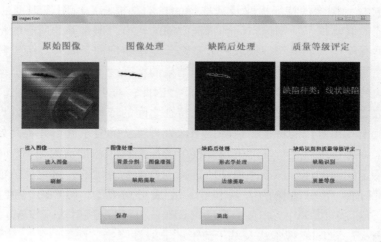

图 4-14　缺陷检测系统与缺陷检测示例

图像读入模块：可将采集到的图像读入该检测系统当中，通过刷新按钮可以对输入图像进行更换。

图像处理模块：包括图像背景的分割、图像增强和缺陷的提取。背景分割模块是将零件图像从图像背景中分割出来，通过设计两种不同的双结构元素，采用一系列的形态学处理，分割图像背景。图像增强模块采用了灰度图像均衡化的方法，对图像进行增强，以增加图像的对比度。缺陷提取模块是将缺陷从零件表面中提取出来的一个模块，通过基于小波变换和 Otsu 相结合的改进算法来实现缺陷的分割。

缺陷后处理模块： 该模块是对提取出来的零件缺陷进行一些必要的后处理，包括形态学处理和边缘检测。形态学处理模块是对缺陷进行填充、修补的一个后处理模块，通过该模块处理后，零件缺陷将达到最接近原缺陷的一种状态。边缘检测是对修补后的缺陷进行边缘检测，从而更好地进行测量。该模块是通过一种基于小波变换和 Canny 算子相结合的算法来实现的。通过该模块处理后，缺陷的边缘得到了很好的检测。

缺陷识别和零件质量等级评定模块： 缺陷识别模块是对处理后的缺陷图像进行特征的提取，并且建立相应的参数库来训练缺陷分类器的一种模块。如 BP 神经网络分类器，通过采用大量的训练样本，可使分类器达到识别率较高的一种状态。通过缺陷识别模块后，缺陷将被分成点状缺陷、麻点缺陷、坑状缺陷或者线装缺陷。质量等级评定模块是对零件进行总体的质量评估，首先对缺陷的阈值进行计算，将该阈值与给出的质量等级评定标准进行比较，从而得出零件的质量等级。该模块根据质量由好到差，将评估的等级分为一级到五级零件。读入的图像是一幅含有线状缺陷的零件，通过图像处理模块得到零件的缺陷图像。经过缺陷后处理操作，可提取缺陷的边缘。通过缺陷识别，可将缺陷进行正确的分类。通过质量等级模块处理，可得到零件的阈值和质量等级，如图 4-15 所示。

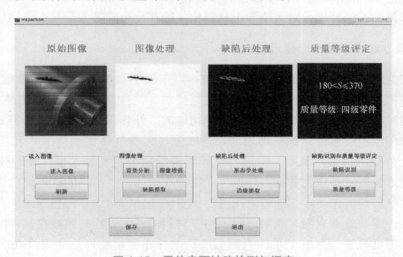

图 4-15　零件表面缺陷检测与评定

4.2.3　机械零件内部缺陷的红外无损检测技术

1. 红外热成像技术简介

红外热成像技术是一种利用红外摄像机将物体表面不可见的红外热辐射信息转换为可见的热图像的非接触、不破坏、实时、快速检测方法，除在军事领域广泛应用外，已在其他诸如冶金机械、航空航天、电力石化、压力容器、生命科学、农业及食品工业、建筑及新材料研发等诸多民用领域获得应用，是当今世界无损检测领域的研究热点之一。

红外检测技术根据是否需要外部激励源可分为有源（主动）检测和无源（被动）红外检测。被动红外热成像技术是利用物体发射的红外辐射载有物体的特征信息进行智能分析判断。主动红外热成像技术是通过主动施加特定的外部热激励，通过热量在物体内部的热传导，根据物体内部缺陷处的热传导系数不同导致物体表面温度的差异，使用红外热像仪采集热像图并加以判断。在主动式红外热成像检测中激励源和激励方式的研究始终处于非常重要的地位，因为它关系到主动式红外热成像检测能否真正获得实际应用。常见的激励方式有光热激励、脉冲激励、超声激励及激光激励等，实际检测中，受限于主动红外热成像技术中对加热的均匀性及快速响应性等苛刻的要求，这些激励方式下的红外无损检测效果一直不是太理想。电磁脉冲激励红外热成像技术，也称脉冲涡流红外热成像技术，是近几年来快速兴起的新型无损检测手段。它结合了传统的涡流探伤及红外热成像技术的优点，应用电磁感应原理对被检零件施加热激励，零件在电磁脉冲激励作用下因涡流效应而生热，当被检零件表面或亚表面存在缺陷时，导致被检体中涡流场分布会发生改变，引起局部温度异常，从而影响零件表面的温度场。用红外热成像设备获取该表面温度场，即可实现对被检零件的非接触温度测量和热状态成像，从而推断零件（近）表面或内部是否存在缺陷。这种检测技术克服了传统主动红外热成像检测中的激励不均匀以及激励的稳定性和重现性差等问题，能充分发挥涡流检测和红外热成像检测两者的综合优势（涡流检测易于实现自动化、红外热成像检测结果直观便捷），相对其他几种无损检测方法其优势更加明显，在金属零件的（近）表面或内部细微缺陷的检测，以及对大型导电材料构件的在役检测等方面具有广阔应用前景。

2. 电磁激励红外无损检测技术基本原理

（1）红外无损检测原理　红外无损检测技术以电磁学和热力学理论为基础。自然界中，一切高于绝对零度的物体都在不停地向外辐射红外线，这些红外辐射载有物体的特征信息，因此，基于这一特性可以利用红外热像仪记录物体的红外热图像。根据是否需要外部热激励源，红外热成像检测技术可分为被动式红外热成像（无源红外检测技术）和主动式红外热成像（有源红外检测技术）所示。被动式红外热成像技术主要是根据任何物体在绝对零度以上都会不断地发射红外辐射的基本理论，获取载有物体特征信息的红外辐射，无须热激励源。而主动式红外热成像技术则通过对待测物体主动施加特定的外部热激励来获取其特征信息。当被检零件表面或亚表面存在缺陷时，由于材料的各向异性，热波在其内部的扩散率不同，引起局部温度异常，影响了零件表面温度场的分布，用红外热成像仪获取该表面温度场，即可实现对被检零件的非接触温度测量和热状态成像，通过分析评判零件表面或内部是否存在缺陷，从而达到无损检测的目的。红外无损检测原理如图 4-16 所示，红外热像仪是主动检测系统的必备条件。

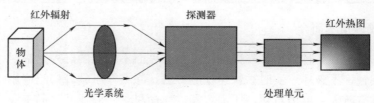

图 4-16　红外无损检测原理

电磁激励红外热成像技术是主动红外热成像技术中一种最近几年才出现的无损检测技术。其基本原理是将电磁原理与涡流效应相结合，最大的特点就是采用电磁激励的方式对被测试件进行加热。这种方法的加热方式属于非接触式加热。其优点在于可以对试件的局部进行检测，所以激励源的均匀性问题基本可以不用考虑，同样不需要参考有无缺陷区域的温度场。此外，电磁激励的激励源采用感应线圈，这样激励源的选取就具有一定的可调性，可以选取不同的频率波形及输出功率等，所以在实际的检测过程中，为达到最佳的检测效果，可以根据样品的不同去选择不同的激励参数。

（2）含缺陷金属零件的检测示例

1）检测平台。试验平台由信号发生器、功率放大器、激励线圈、红外热像仪和计算机等部分组成（图 4-17）。

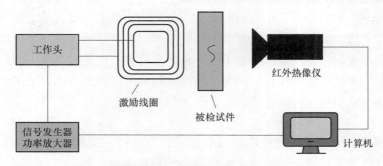

图 4-17 金属零件的缺陷检测系统组成示意图

2）实验过程。加热时，假设钢板有缺陷的一面为正面，感应线圈则位于钢板反面的正上方，人工设置激励的强度，通过时间控制器来自动控制加热时长，在加热开始后，就通过红外热像仪进行采集；加热结束后，再通过红外热像仪采集钢板的散热图；红外热像仪采集的图像称为热像图，通过加热和散热热像图，就可以了解整个检测过程中热量在金属板表面的变化。以下几个方面是在实验中要特别注意的。

① 不同材料的性能有很大的差异，在实验中需根据材料自身的热传导性能确定加热时间和强度。

② 在对同一块金属板进行多次实验时，需考虑两次实验的时间间隔，保证金属板在上次实验后热量全部散去以免对后面实验造成影响。

③ 在采集热像图时，需要避免实验室中其他热源对结果的影响。

3）实验结果。实验中通过红外热像仪采集到的钢板表面温度分布的热像图如图 4-18 所示，第一排缺陷直径不同而深度相同的缺陷，其直径依次递减，第二排为深度较浅的缺陷，其直径与第一排相对位置相同。在加热及散热过程中采集热像图，通过对时间序列热像图的观察对比，得到如图 4-18 所示的缺陷检测结果。从加热的像图中可以看出不同大小和深度的缺陷在钢板表面所呈现的温度差异很大，缺陷尺寸越大，深度越深就越容易被检测出来。

实验过程中，红外检测容易受到外界因素的干扰，并且仪器本身在成像过程中也会出现一些噪声，所以需要对采集后的图像做如滤波、边缘提取等处理，红外图像处理将为后续对缺陷进行精确的分析提供帮助。

0.1s 0.2s

图 4-18 缺陷检测结果

4.2.4 阵列涡流检测技术及其应用

阵列涡流检测技术是最近几年发展起来的一种高效的涡流检测技术,相比于常规涡流检测,采用阵列技术检测时,阵列传感器可以得到更多有关缺陷的信息,灵敏度更高,检测速度更快,而且也不使用任何药液,具有干净环保等多种优点,在航空航天等领域已经得到了广泛的应用,例如飞机涡轮叶片的检验等。同时,阵列涡流检测技术也适用于发电厂汽轮机叶片和叶根槽的缺陷检测,检测速度快,检测无残留,不需做后续处理,具有良好的优越性和实用性。

(1) 阵列涡流技术原理 涡流检测以电磁感应为基础,当载有交变电流的检测线圈靠近被检导体时,由于线圈磁场的作用,试件中会感应出涡流。同时,该涡流也会产生磁场,涡流磁场会影响线圈磁场的强弱,进而导致检测线圈电压和阻抗的变化。导体表面或近表面的缺陷会影响涡流的强度和分布,引起检测线圈电压和阻抗的变化,根据这一变化,可以推知导体中缺陷的存在。根据信号的幅值及相位,对缺陷进行判断,是一种快速、简便可靠的检测技术,可用于检测导电材料的表面和近表面缺陷。但使用常规涡流技术对检测面积较大或者检测面形状较复杂的被检部件进行检测时,操作工作量比较大,且常用的笔式探头在移动方向与缺陷方向具有一定取向性,容易产生漏检。近年来,随着计算机技术、电子扫描技术及信号处理技术的发展,阵列涡流检测技术逐渐发展起来。该技术采用阵列式涡流检测线圈,并借助计算机化的涡流仪器强大的分析、计算及处理功能,设定阵列线圈之间的响应关系,实现信号激发与采集(图 4-19),通过使用多路技术采集数据,避免了不同线圈之间的互感,忽略互感影响的阵列涡流在检测中对缺陷特征进行提取、分类识别和成像。阵列涡流探头在长度方向上相对尺寸较大,一次检测覆盖面积大,检测效率高;同时,阵列式涡流探头对涡流信号的响应时间极短,只需激励信号的几个周期,在高频时主要由信号处理系统的响应时间决定,各线圈单元通过电子方式快速自动切换,检测扫查速度快;通过设定不同线圈在阵列各方向的相互组合与匹配,达到一次扫查可以检出各方向缺陷的目的,缺陷检出率高。

(2) 阵列涡流技术的特点 阵列涡流技术相较于其他检测方式具有以下特点:

能够对被检工件被检面进行大面积的高速扫描检测,阵列探头的一次检测过程相当于传统单个涡流探头对被检测部件的往返步进扫描的过程。

对被测工件表面(含近表面)有与传统涡流检测同样的测量精度和分辨率,对不同方向、不同深度的缺陷都有良好的检测效果,不存在因缺陷方向导致的漏检问题。能用于检测

通道1 通道2 通道3 通道4 通道5 通道6 通道7 通道8

图 4-19　阵列涡流传感器之间的切换

多种结构形状的检测面，如各种异型管、棒材、板材、轮毂、叶片等部件。能变换线圈的结构类型以形成特殊的阵列能力。可以采用多频和混频的方法，调节灵敏度，改变渗透深度，抑制干扰，提高信噪比。

（3）阵列涡流技术在实际中的应用

1）焊缝检测。焊缝检测一直是涡流检测的难点，采用传统探头检测对铁磁性材料的磁导率极其敏感，焊缝表面高低不平和热影响区变化会造成严重的干扰信号，无法进行可靠检测。而采用阵列涡流检测时，阵列涡流能采集焊缝区域的相关信号数据，信号清晰稳定，利用计算机归一化处理，从图像中可以看出焊缝表面存在的微小裂纹。

2）金属板材检测。许多重要结构的金属板材需要进行 100% 涡流检测，常规的涡流检测需要配备自动化驱动系统，设备昂贵，并且耗时长。而使用阵列涡流检测，仅需要配备简单的直线驱动装置或者手动操作即可完成检验工作，因此工作效率大幅度提高。相比传统表面检测（如磁粉检测、渗透检测），阵列涡流检测费用和时间更为节省，检测效果更为优越，并且无污染。

3）管、棒、条型金属材料的检测。在使用传统涡流技术对管材、棒材等金属材料进行检测时，会受到被检材料的直径大小、断面形状的限制，以及对纵向长裂纹和非相切方向的小缺陷容易造成漏检。而阵列涡流检测此类材料没有这些方面的局限性，也无须机械旋转装置，扫查速度快、噪声小、同时拥有更高的灵敏度。

4）特殊结构金属材料的检测。采用阵列涡流检测技术可以对特殊结构金属材料进行检测，例如对飞机轮毂的检测，因为飞机轮毂形状的不规则，使用传统涡流检测需要配置多种探头，而且手动操作时间长、检测可靠性不足。而采用阵列涡流技术，使用柔性探头进行检测，无须更换探头，与工件表面耦合更良好，可大大降低提离效应的影响，既省时又可靠。本节以电厂汽轮机叶片与叶根槽阵列涡流检测技术的应用为例对该技术进行介绍。

例如汽轮机叶片和叶根槽阵列涡流检测。汽轮机叶片和枞树型叶根槽（图 4-20）在运行过程中受离心力和激振力的作用，在叶片表面和叶根槽变截面处易产生极大的应力，常会发生叶片断裂或叶根槽开裂情况。通过对叶片和叶根槽的相关部位进行无损检测，可以有效地发现已经发展成形的宏观缺陷和微观缺陷，确保机组的安全运行。

1）仪器选用。选用 SMART—5097 阵列涡流探伤仪，该仪器支持 32 通道阵列传感器，可以满足产品检验的需要。

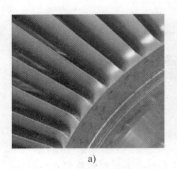
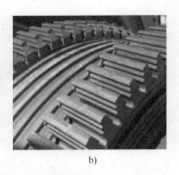

a)   b)

图 4-20　汽轮机叶片和枞树型叶根槽

2）探头结构。根据阵列涡流探头的特点和汽轮机叶片、叶根槽的结构特性可以看出，对于面积较大工件的检测，除了需要满足检测灵敏度、检测速度及缺陷定位精度等要求外，还需要考虑被检测工件的几何形状、曲面变化、测量空间等客观条件。因此，检测选择柔性32 通道阵列探头对汽轮机叶片的进汽侧和出汽侧外表面进行检测（图 4-21a），柔性探头线圈阵列能够分布在很大的面积范围内，从而实现一次性对叶片大面积的检测，且柔性探头可以更好地与叶片表面贴合，保证探头线圈产生的涡流场与叶片耦合良好，减小了提离效应的影响。叶片边缘使用弹性夹持探头进行检测（图 4-21b），弹性夹持探头可以随叶片边缘的薄厚变化提供良好的弹性接触。叶根槽检测是根据槽的尺寸形状将线圈植入仿形结构中，定制专用的仿形检测探头（图 4-21c）。仿形探头中线圈随着探头结构的外形平行布置，保证在各变截面处能达到相应的检测效果，根据支持的通道数可将线圈布置在单侧或双侧。通过一次或两次的扫查，实现对叶根槽两个侧面的完整检测。

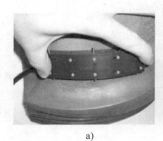

a)   b)   c)

图 4-21　阵列涡流传感器探头

a）阵列柔性探头　b）叶片边缘检测探头　c）叶根槽检测仿形探头

汽轮机转子叶片多由铁素体或马氏体不锈钢制作而成，选择一种与被检叶片材质、热处理工艺一致的叶片制作成对比试块（图 4-22），在叶片的叶片尖端、根部、进汽侧边缘、出汽侧边缘各加工 3 个电火花槽，方向分别为 45°、90°和 180°。尺寸（长×宽×深）分别为尖端槽 10mm × 0.1mm × 0.2mm、10mm × 0.1mm × 0.5mm、5mm × 0.1mm × 1mm；根部槽 5mm×0.12mm×0.2mm、5mm × 0.12mm × 0.5mm、5mm × 0.12mm × 1mm；进汽侧边缘槽 5mm × 0.12mm × 0.2mm、5mm × 0.12mm × 0.5mm、3mm × 0.12mm × 1mm；出汽侧边缘槽 5mm×0.1mm×0.2mm、5mm × 0.1mm × 0.5mm、3mm × 0.1mm × 1mm。叶根槽对比试块制作选用与叶根槽结构一致的模拟体，并在特征位置处分别加工尺寸（长×宽×深）为 5mm ×0.1mm×0.2mm、5mm ×0.1mm×0.5mm、3mm ×0.1mm×1mm 的电火花槽。

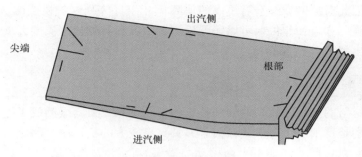

图 4-22　叶片对比试块

3）检测设置。阵列涡流的主副频率可独立调节，但存在相互匹配问题，检测时要保证被检区域内涡流的流动，缺陷信号与其他信号之间也要有足够的相位差以便于判别，因此频率选择比较复杂，且需考虑以下几个因素。

灵敏度的要求。 检测频率的高低会直接影响线圈与试件间的耦合。频率低，则耦合效率低，小缺陷不易被发现。

阻抗及相位变化量。 阻抗幅值变化量的大小与频率比 f/f_g（f_g 为特征频率）有关，表面裂纹深度的变化引起的阻抗变化与 f/f_g 之间存在一定的关系，不同深度的裂纹，阻抗或有效磁导率变化量最大时所对应的 f/f_g 不同。一般地，当 f/f_g 取较小值时相位变化量较大。根据被检工件的特点和易产生缺陷特性来确定频率比 f/f_g 的最佳值，就可以获得大的线圈阻抗变化量和相位变化量，提高检测灵敏度和检测效率。

干扰信号。 涡流检测时，较强的干扰信号会与缺陷信号混合在一起，难以区分。阵列涡流检测技术可用矢量叠加来去除干扰信号的影响，因为探头对干扰信号和缺陷信号的反应是独立的，两者共同作用的反应为单独作用时的矢量叠加，利用这一特点，可以通过改变检测频率来改变涡流在被检工件中的大小和分布，使同一缺陷或者干扰信号在不同频率下对涡流产生不同的反应，通过矢量运算，抵消干扰信号的影响，只保留缺陷信号。考虑到上述几点因素，结合被检产品的材质和所选用的阵列探头进行分析实验，平衡相位差、探头扫查速度、检测灵敏度和检测深度之间的关系，设定激励频率为 500kHz；滤波参数高通 1.0，低通 65.0；检测灵敏度校准时，探头以 20mm/s 检测速度扫过不同的电火花槽，根据信号幅值情况，将 0.2mm 深电火花槽信号幅度调整到满屏的 50%，将此灵敏度作为检测基准灵敏度。图 4-23 所示为在叶片试样上扫查电火花槽时的数据图，通过数据的 C 扫描及幅度图显示，可以直观地识别出缺陷，并且可以初步判断出缺陷尺寸。因为对比试块上的模拟缺陷深宽比很小，而实际同深度的疲劳裂纹其深宽比通常比模

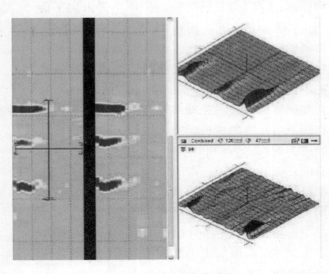

图 4-23　模拟试样检测图

拟缺陷大得多，因此对疲劳裂纹会有更高的信噪比。而且阵列涡流探头多频和混频的应用，再配置不同的场强、增益和相位，可以兼顾检测灵敏度和有效检测深度，满足不同深度、不同形状缺陷的检出率。

4.2.5 加工过程刀具振动检测

随着难加工材料的应用和超高速切削技术的不断推广，刀具振动成了提高机床加工效率的障碍之一。特别是铣削加工等方式，由于刀具具有较大的长径比，因此刀具往往是机床刚度最薄弱的环节，刀具振动（如不平衡振动与颤振）的产生直接影响了加工精度和表面粗糙度，如图 4-24 所示。加工中刀具的振动还导致刀具与工件间产生相对位移，使刀具磨损加快，甚至产生崩刃现象，严重降低刀具寿命；此外，振动使得机床各部件之间的配合受损，机床连接特性受到破坏，严重时甚至使切削加工无法继续进行。为减小振动，有时不得不降低切削用量，甚至降低高速铣削加工速度，使机床加工的生产率大大降低。因此，为了提高机床加工效率，保障产品加工质量和精度，对高速铣削过程中刀具的振动监测具有重要意义。

图 4-24　刀具振动导致零件表面产生波纹

实际上，刀具振动是刀具在切削过程中因主轴-刀具-工件系统在内外力或系统刚性动态变化下在三维空间内所发生的不稳定运动，它的位移具有方向性，且是一个空间概念：①刀具刀尖平面到工件表面纵向的垂直位移；②刀具刀尖在平行于工件表面的平面内所产生的横向位移；③因刀具扭转振动所产生的刀尖平面与工件表面的夹角。图 4-25 所示为刀具空间三维振动特征参数示意图。在高速铣削加工过程中，外部扰动、切削本身的断续性或切屑形成的不连续性激起的强迫振动、因加工系统本身特性所导致的自激振动和切削系统在随机因素作用下引起的随机振动直接导致刀具三维振动轨迹在时间、方向和空间上的变化。因此，刀具的三维振动特征，即纵向振动位移、横向振动位移和刀具扭转振动角度的动态检测，能帮助快速、全面、准确地识别高速铣削刀具的不稳定振动行为。本节介绍刀具振动的一般检测方法，并以高速加工中颤振的测量为例简要说明振动的检测过程。

图 4-25　刀具空间三维振动特征参数示意图

1. 铣削振动信号测试方法

国内外对切削颤振信号的采集设计了各种实验及方法，其中主要围绕构成加工的关键组件如回转主轴、刀具、工件、夹具及机床工作台等进行在线测试采集振动信号。美国学者 T. L. Subramanian、M. F. Devries 和 S. M. Wu 是早期研究机床切削颤振在线监测技术的，其采用拾取车床刀架处的振动信号 $x(t)$，然后计算其均值和方差，并设定两者之和为门限值判断颤振的发生。Lee. B. Y 和 Tarng. Y. S 主要针对工件及刀具的振动位移量来反映加工过程中的非线性振动模型。日本学者 Elbestawi 等人采用信息融合技术，将切削力、扭矩、主轴振动信号输入模式识别模型中来实现铣削过程振动的监测。Tansel 等通过识别工件振动位移信号波形的谐振波成分来预报颤振。赵坚等人设计颤振激发实验系统，以改变切削深度和切削宽度的方法，对切削过程信号建立相关分析，求得目标函数的相位信息，找出切削颤振的起振点来识别颤振信号。李庚新等人用零间距法来识别加工过程中有无颤振发生。南昌航空大学的李勇将振动信号与声发射信号融合，输入神经网络进行振动的监测，从而实现对铣刀磨损的检测目的。

无论采用何种检测方法，其目的均在于通过适当的传感器准确获取机床部件的振动信号，以便于后续通过信号的处理、信号的分析，提取信号中所蕴含的被检测对象的工况信息。刀具振动信号检测流程如图 4-26 所示。

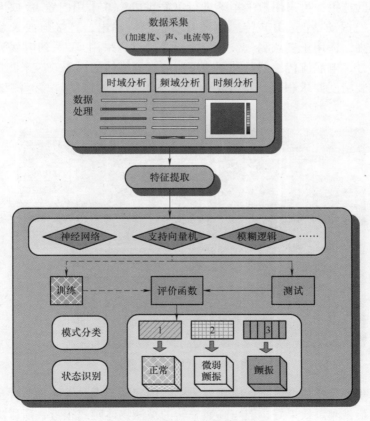

图 4-26　刀具振动信号检测流程

2. 测振传感器的选择

测振传感器主要是通过传感器装置，检测与振动有关的物理量。在传感器线性频率范围之内，将感应的物理量信号转换为电信号输出。测振传感器的种类很多，依测量方式分为接触式和非接触式，依测量振动物理量可分为位移传感器、速度传感器、加速度传感器。传感器的选取主要考虑以下方面：

（1）检测物理量的选择　振动传感器中，检测量主要有位移、速度和加速度，三者之间可相互换算。在低频时加速度的幅值很小，会被噪声信号掩盖掉，选用位移传感器测量低频振动，可以增加信噪比并可以减小误差。同样，用加速度传感器测量高频振动，特别是在高速铣削（8000r/min以上）时，振动频率相对较高，选择加速度传感器可以实现信号的合理采集。

（2）选择传感器的量程、灵敏度等动态特性指标　根据传感器自身的特点，不同种类及不同原理的传感器都有其适用的范围。通常质量与传感器的灵敏度成反比，可以根据检测量范围及对灵敏度的要求来确定选用的传感器。

（3）考虑传感器的使用环境、寿命、耐用程度等要求　针对高速铣削过程中的振动信号的采集，并进行现场分析处理的要求，应选用抗干扰性很好的振动加速度传感器，主要进行刀具、工件及主轴的振动测量。

结合传感器的选用，可采用数采系统进行ICP供电，并采用内置IC放大器的加速度计测量主轴、工件的振动情况。ICP传感器还具有低阻抗输出，直接与数采系统相连，噪声小，性能价格比高，适用于多点测量，安装方便等优点。采用ST系列电涡流传感器测量刀具的振动位移信号，电涡流传感器是利用传感器与被测物体的涡流效应来测量被测物体的振动位移情况，安装精度要求很高，十分适合测量旋转物体的振动位移。测试传感器布置如图4-27所示。

图4-27　测试传感器布置图

传感器现场布置需要注意的是，电涡流传感器的安装范围与被测物体保持在3mm左右，因此受噪声干扰小，测量效果好，但与高速旋转的被测物体距离很近，所以应使夹具足够坚固且稳定性好，需要一定的安装技巧。加速度传感器的位置应放在距离刀具切削工件作用点垂直且较近的地方，以保证采集振动信号的准确性。

3. 铣削振动信号的采集系统构建

切削振动检测可采用 DH5922 数据采集系统，用以实现切削力与切削振动的同步采集，信号采集端口分别接入 PCB 加速度传感器测量刀具主轴和工件的振动，用电涡流位移传感器采集刀具切削时的振动情况，用 kistler9257B 压电晶体传感器测量加工过程中工件所受的切削力。在考虑传感器方位布置及信号交互影响的条件下，能够很好地实现切削过程数据的采集。切削力测试系统示意图如图 4-28 所示。

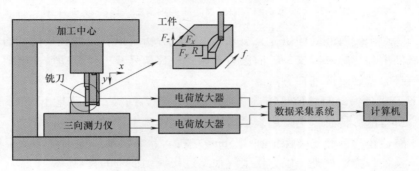

图 4-28　切削力测试系统示意图

在信号由安装在前端的各类传感器获取后，接入 DH5922 数据采集系统中进行采集，数采系统共有 12 个采集通道，可实现力与振动信号的同时采集。设定 1~3 通道为动态切削力采集通道，4~9 通道分别采集主轴振动和工件的振动加速度信号，10、11 通道采集刀具行距和进给方向的位移，数采系统将各通道采集的信号打包通过 1394 接口传送到计算机中，应用 DHDAS 5920 动态信号采集分析系统完成信号的分析和预处理。

4. 铣削振动信号预处理方法

对传感器采集信号进行简单的预处理，可消除采集过程中明显的噪声干扰，提高信号的真实度并为进一步的信号分析奠定基础。通常主要应用预处理的方法有：剔点处理、消趋势项等预处理。

剔点处理是在传输信号过程中，由于信号采集系统的硬件或软件原因造成的信号的突然损失或夹杂外界突现的干扰信号等现象，这些点的存在会提高噪声水平，使功率谱密度产生偏离，进而严重影响对信号的分析结果，需要剔除掉，称为剔点。

消趋势项是在采集振动信号过程中，由于传感器周围的环境干扰产生的低频性能不稳定等因素导致振动信号起始点偏离基准线。趋势项的存在往往使信号在进行 FFT 变换时在 0Hz 附近存在很大的值，进而导致分析结果的偏离。图 4-29 所示为动态切削力数据消除趋势项前后频谱图对比。

5. 铣削振动信号的时/频域特征分析

时频域分析方法是对信号进行比较基础的分析方法。时域具有直观、快捷的特点，尤其对于带有明显振动特征的振动信号来说，采用时域分析观察信号的峰值、有效值及平均值是

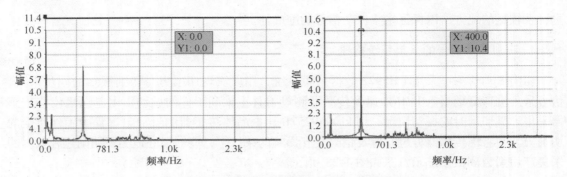

图 4-29 动态切削力数据消除趋势项前后频谱图对比

很容易分辨的。对于较有经验的研究人员来讲，时域分析可以有效地观察信号的频率复杂程度，有无明显冲击和故障等因素。下面以刀具振动位移信号及工件振动加速度信号为例，介绍一下振动信号时域观察的处理方法。

（1）刀具及工件振动时域信号特点　高速旋转的铣刀的振动位移是由 ST 系列电涡流位移传感器采集所得的，传感器由万用表磁力座安装在机床主轴末端固定位置上，夹具备很好的刚性，传感器距离被测物体保证在 1.5mm 左右。针对切削过程中主轴及工件振动信号进行时域分析及信号提取处理，以方便了解加工过程振动信号的特点。

主轴系统的振动加速度信号时域波形和刀具的振动位移时域信号波形分别如图 4-30 和图 4-31 所示，此时主轴转速 n 为 4200r/min，进给速度 v_f 为 1200mm/min，切削深度 a_p 为 0.5mm，切削宽度 a_e 为 0.3mm。

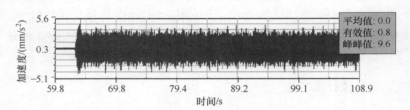

图 4-30　主轴系统的振动加速度信号时域波形

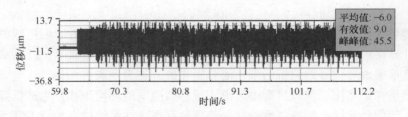

图 4-31　刀具的振动位移时域信号波形

图 4-31 所示为加工稳定切削过程中的振动信号，信号的采样频率为 10kHz，图中可清楚地看出在振动信号采集过程中夹杂着许多噪声信号，使信号呈锯齿形状。可应用分析软件选择 4×1024 个点对信号做统计分析得到多组统计量。其中，有效值代表了整个过程中振动加速度或振动位移的大小，其变化情况反映加工过程的平稳性。平均值代表所测信号随该值上下波动的范围情况。峰峰值代表了整个切削过程中产生变化的最大值，反映了加工过程某

一瞬间切削状况。由图 4-30 和图 4-31 所示可知，当机床刀具在稳定切削参数下进行时，主轴和刀具的振动均能在某一固定值上下波动，没有明显的突变现象，也没有颤振发生的迹象。

（2）铣削振动信号的频域分析　利用时域波形一般都是对振动做初步的定性分析，当采集到的振动信号混有强烈的噪声时，实际有效的信号将会被淹没其中，此时时域分析起到的作用不大，因此需要对信号进行频域分析。所谓的频域分析，即是将时域信号通过一定的映射方法，分解成一组简单周期信号的叠加过程。常用的分析方法主要有：傅里叶变换分析、高阶谱分析等。

6. 振动信号的特征量常用方法

特征提取是将样本通过某种映射（或变换）的方法，将原样本由高维空间转向低维空间，从而有效提取能够表征信号全新的特征量的过程。所谓特征提取在广义上就是指一种变换，选择变换或供提取特征的函数及方法的不同，决定了特征提取的类别和适用范围。切削信号的特征提取是机床颤振预报的基础，根据各类信号的分析技术对比，可将特征提取分为以下几大类。

（1）对信号进行时域提取特征　观察时域信号，比较常用的处理方法是提取信号的方差、峰峰值、平均值及时域信号的有效值振动幅值。采用时域分析的方法能够直接反映切削颤振从无到有的过程，具有直观和运算速度快等优点，但表现颤振状态的特征不明显，容易出现误判漏判的情况。

（2）应用傅里叶频域变换提取振动信号特征　在傅里叶变换的基础上，对被测信号在时域和频域上进行数据划分，得出信号的频率组成，有效地分析信号的成分，对于平稳信号的处理非常有效，但对于不平稳信号的突变信息，该方法很难提取特征和有效分辨。首先，对于存在细小频率波动的系统，这种方法可能无法识别。另外，随着采集数据增多，该方法的计算时间会明显加长，其计算量也成倍数增加。

（3）应用小波包分解算法提取振动信号特征　近年来，小波分析逐渐在振动信号分析领域应用开来，基于小波的伸缩窗口特性，使得小波分析对高频和低频信号都有较好的分辨功能。小波包比小波分解表现信号更为详细，可满足对信号在低频和高频多尺度的小波分解能力。可以对信号同频带的分布进行分析和提取能量值等信息值，这种信号特征分解技术称为频带分析技术。

4.3　加工过程的智能诊断

目前，机械状态监测和故障诊断的研究主要集中在以下几个问题：

1）故障机理的研究。通过理论分析和实验分析找出反映监测信号和设备故障的参数化模型。

2）信号提取与多信息融合。为了全面获取监测对象的信息，目前大多数监测方案都采集多种传感器进行监测，这就需要对传感器的种类、型号进行选择和安装。

3）信号分析与特征提取。目前常用的信号分析技术包括：传统的时域分析、频域分析，还有随机共振、小波分析、盲信源分离等现代信号分析算法。

4）智能诊断与混合诊断。目前常用的诊断方法包括：神经网络、粗糙集、支持向量机、遗传算法、隐马尔科夫模型等。近年来充分利用多种诊断算法组合的混合智能诊断技术得到了充分的发展，包括：遗传算法与支持向量机混合、粒子群算法与支持向量机混合、模糊与神经网络混合等。

1. 颤振及其危害

切削颤振是机床闭环切削系统的动态不稳定现象，它是发生在切削刀具与工件之间的剧烈振动。颤振的发生会影响生产率及加工质量，同时还可引起过度噪声、刀具损坏等，对产品质量、刀具及机床设备等的危害已毋庸置疑。随着现代制造业向高度自动化和精密化方向发展的不断深入，妥善解决加工过程中引发的颤振问题，发展切削颤振的控制技术已成为生产工程界广泛关注的热点之一。为了有效地控制颤振，很多学者做过颤振控制方面的研究，如可变的阻尼或开放式控制器，然而有效颤振控制必须依靠可靠的颤振检测。由于机床主轴磨损，工作温度变化、工件刚度变化等因素导致加工过程是非平稳的，因此在线的颤振检测就更加重要。很多学者做过颤振检测方面的研究，主要可分为以下三类：第一类是信号频率域的分析，如傅里叶变换、小波分解和希尔伯特变换等；第二类是统计学方法，如排列熵、近似熵等，这类方法中熵的计算具有较高的计算复杂度；第三类是模式识别方法，主要有人工神经网络、案例推理、支持向量机等，这种方法将颤振问题转化为分类问题，可利用多个特征综合判断颤振的发生，同时这类方法易将人工智能理论引入到颤振检测中，使检测系统具有自适应能力。

2. 支持向量机特点

支持向量机能解决神经网络学习推广能力差、局部收敛和欠学习的问题，在刀具的故障监测中得到了广泛的应用。支持向量机可以在小样本下有效实现刀具的故障监测，其参数的优化程度是其识别精度的重要影响因素。

3. 颤振在线智能检测系统构成

颤振检测属于机械故障检测，在线检测过程中，如果能根据输出结果实时调整和进化检测模型，以反映系统最新的状态，检测系统就具有一定智能性。一个有效的在线智能检测系统应具有如下特征。

（1）检测故障　在线故障检测系统能很好地评价机械部件的性能并检测出故障。

（2）较少的用户设定参数　用户设定的参数应尽量少，同时这些参数可以通过优化来获取。

（3）适应性　故障智能检测系统应该能在检测中不断更新模型，即可以在线学习。

（4）计算复杂度　为了适应在线检测的需要，检测机制的计算复杂度应该尽可能的小，可以在线训练，即先使用部分离线数据训练模型，然后逐渐加入数据更新出新的模型。

颤振在线智能检测系统如图4-32所示，主要包括以下几个步骤。

（1）离线训练LS-OC-SVM　根据历史稳定加工信号，提取出特征矢量，对特征矢量组成的数据集，训练出颤振LS-OC-SVM模型，包括超平面方程和半径，并得到数据集的字

典 D。

（2）在线颤振识别　在实时加工过程中，随着时间的推移，得到一个新的特征矢量 x_n+1，并计算与超平面的距离。通过与半径（阈值1）比较，判断是否发生颤振。

（3）模型更新与进化　若发生颤振，则控制相关机构抑制颤振。若没有发生颤振，判断其是否是绝对稳定状态（阈值2）。对于确定的稳定样本，根据相干准则更新模型的字典，得到新的特征库来更新 LS-OC-SVM 模型。这样随着时间推移，检测数据不断增多，模型特征库不断充实，达到模型进化的效果。

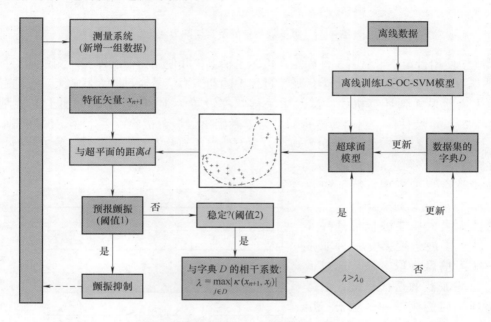

图 4-32　颤振在线智能检测系统示意图

4. 智能故障检测试验系统

智能故障检测试验系统如图 4-33 所示。颤振发生前后及其切削力变化如图 4-34 所示。

图 4-33　智能故障检测试验系统

1—力传感器　2—计算机　3—数据采集器　4—放大器

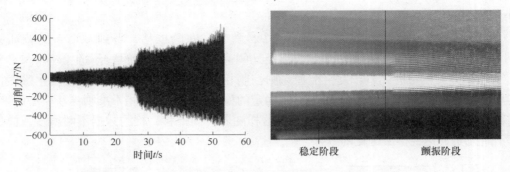

图 4-34　颤振发生前后及其切削力变化

试验中使用自定心卡盘将工件固定在机床主轴上，并使用力传感器实时测量加工过程中的切削力，刀具安装在力传感器上。加工过程中的动态力信号经过放大器放大后，通过便携式数据采集器采样到计算机中。试验中采样频率设置为 10kHz。试验中加工工件是一个 $\phi80mm \times 200mm$ 圆柱体，材料为不锈钢。为了激励出颤振，试验中采用变切深外圆车削的方法，随着切削深度变大，工件切削动态力变大，当达到一定的临界条件，使工件刀具系统产生在其固有频率附近的剧烈振动。

在智能检测过程中，特征矢量的提取是非常重要的一步，一个有效的特征矢量应该能够抵抗外界环境的干扰。小波包变换是一种非常有效的故障信息提取方法，通过低通和高通滤波器的迭代滤波，信号被分解到不同的频带中。对于三层小波包变换，原始信号被分解到 8 个节点中，每个节点对应一个频带，其结构示意图如图 4-35 所示。

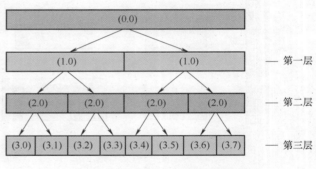

图 4-35　小波包变换结构示意图

在上述特征分析基础上，进一步使用离线模型在线检测的方法，其中离线模型有两种，分别为 OC-SVM 和 LS-OC-SVM。离线训练均是使用稳定加工部分的特征矢量作为训练样本，得到超球面模型后，计算后续特征矢量与超球面的距离，通过与阈值比较来检测颤振。

4.4　机床加工精度的控制

1. 加工过程机床热性能的设计与控制

机床的热变形是影响加工精度的主要原因之一。机床的零部件通常由钢或铸铁等金属制成，在 20℃ 时，1m 长的钢尺，温度变化 1℃，长度将变化 11μm。因此，机床在工作时，受到车间温度变化、电动机发热和机构运动摩擦发热、切削过程产生的热以及冷却介质的影响，造成机床各个部件因发热和温升不均匀而产生热变形，使得机床主轴中心（刀具中心点）与工作台产生相对位移，最终导致精度发生变化。实践中，热变形在机床加工过程中是不可忽视的。因为机床处在温度变化的车间环境中，且机床本身在工作时会消耗能量，这些能量的相当一部分会以各种形式转化为热，引起机床构件变形。这种物理变化又因机床结构形式的不同，材质的差异有所不同。影响机床热变形的因素和产生加工误差的缘由可分为环境影响和机床内部影响两个方面，如图 4-36 所示。

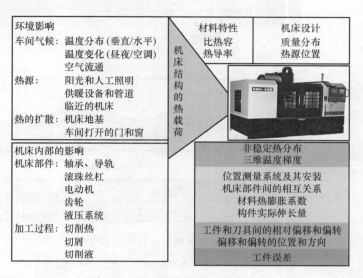

图 4-36　机床热变形的影响因素

制造技术的发展对高端数控机床的精度和可靠性提出了越来越苛刻的要求。研究表明：在精密加工中，由机床热变形所引起的加工误差占总误差的 40% ~ 70%。为此，对机床热变形进行控制，使得热变形对加工精度的影响减到最小，对控制它的有害影响有重要意义。

（1）机床热态特性数值模拟法研究　近年来，有限元差分法、有限体积法和有限单元法等数值模拟法成了典型的机床热特性分析方法，如可以采用有限差分法来分析高速主轴的热生成、热应力、热传导、热漂移分析和散热及能量分布情况等。如图 4-37 所示为一种综合考虑温度、变形、润滑剂黏度系数和轴承刚度舒适变化的热机主轴模型。研究中，首先应用实验建模的方法获取主轴系统的阻尼系数；其次，在主轴受力分析基础上，建立主轴-轴承系统的动力学模型，经仿真分析，在设计初期即可预测主轴系统的性能和设计尺寸；然后，借助有限元软件对主轴系统进行快速精细仿真分析，获取主轴各级工作模态；最后，计算包括热效应在内的有限单元变形，用于预测主轴上的温度分布以及轴承的刚度和接触载荷随时间的变化。

（2）机床主轴热态特性试验方法

1）热测试平台研究。搭建准确的试验平台是校验机床主轴热态特性和热设计结果的关键。图 4-38 给出了一种基于分解法的主轴轴向热误差测量的方法，该方法可同时测量主轴箱、立柱、主轴和刀具的热变形。图 4-39 给出了一种可利用热成像相机采集数据来减少机床热误差的智能补偿系统，该系统采用基于灰色模型和模糊 c 均值聚类法的方案来识别热图像中不同组里的关键温度点。图 4-40 给出了一种基于热敏区域黄金分割布点和利用温度传感标签实现机床温度分布监测及信号无线传输的方法，通过该方法可以解决主轴热误差有线监测方法中存在的布线困难和温度测点布置优化问题。

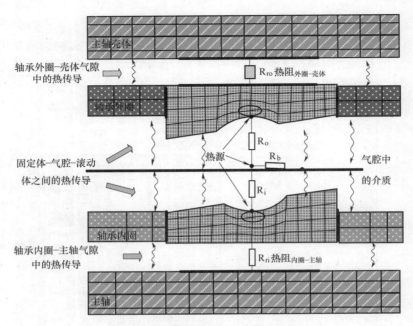

图 4-37　轴承及其周边的有限元热模型

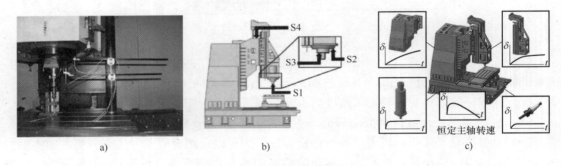

图 4-38　分解法测量热误差

a）测量框架　b）位移传感器设置　c）分解后的热误差示意图

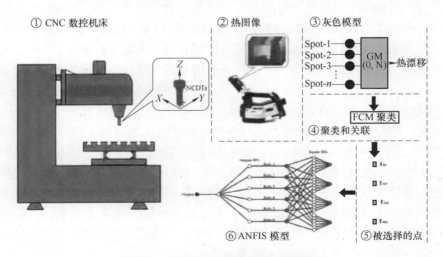

图 4-39　机床热误差智能补偿系统框图

2）测点优化研究。以温度测点布置与优化为代表的热态特性试验方法，是目前数控机床热试验研究的热点。温度变量作为数控机床热误差补偿模型的唯一输入变量，其测点布置选择对于数控机床的热态性能测试有着非常重要的作用，对于建立高精度、高鲁棒性热误差补偿模型更起着决定性的作用。目前，热态特性试验测点布置的常用做法是在机床的关键位置，如温度敏感点上安装若干个温度传感器，然后建立测量温度与机床主轴端部变量为函数关系的热误差补偿模型。这

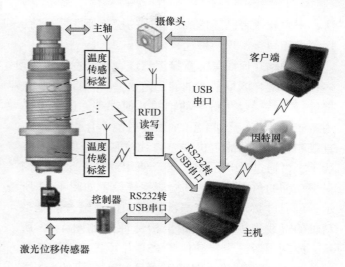

图 4-40　机床主轴热误差监测系统

就要求温度传感器安放位置需要兼顾最大限度地表述温度场对机床热误差的影响和各温度传感器之间的共线性干扰较小两个条件，从而实现模型的稳健性预测。

上述做法，在一定程度上其实是根据经验来进行试凑的过程：首先基于计算机仿真或者工程判断，将大量温度传感器安装在机床不同位置上；再采用统计相关分析来筛选出少量温度传感器用于误差建模。试凑法在一定程度上满足了测量的需要，但是该方法也导致了大量人力、时间和物力等的浪费，造成大量的传感器浪费，很多传感器测量结果并没有用在最终热误差建模及补偿中。因此，开展温度测点优化布置理论与技术的研究，既可以减少测点数目，简化热误差建模过程和模型，又可以提高机床热态特性分析的精度。如采用热传导反问题方法在获得的测点温度基础上求出了热载荷，并进一步建立可用于优化温度测点的温度—热误差综合模型；利用相关系数法，在对所建立模型精度没有影响的前提下减少测温点数目；采用简单相关分析，剔除掉与热误差明显不相关的测点，并对筛选出的测点开展进一步模糊聚类分析，消除温度变量间的复共线性问题；同时，进行灰色综合关联度分析，判断各测点与热误差间的紧密程度；最后，根据分析结果建立多个不同测点的热误差模型，并基于统计学理论的分析确定关键温度变量，从而达到减少温度测点数量的目的。

总之，随着现代制造业的发展对于机床高速高精加工的要求日益增加，热刚度已与静刚度和动刚度一起并列为机床的"三大刚度"，机床主轴的热态特性和机床主轴的静态特性、动态特性和声学特性一样成为不容忽视的重要特性。因此，将传热学理论、计算机辅助设计技术、智能优化技术、机构仿生学等多学科交叉融合，将主动热设计与事后热误差补偿（控制）措施双管齐下，是降低热误差控制难度的重要技术方向。

2. 数控机床空间定位精度控制方法

（1）几何误差的检测与辨识

1）平动轴几何误差的检测与辨识。平动轴的空间定位精度是衡量机床加工精度的重要指标之一，也是五轴数控机床空间定位精度改善的重要基础。关于平动轴几何误差的检测方

法，国内外学者已经形成了相应的检测标准。目前，机床平动轴几何误差的获取方法包括直接测量和间接辨识两种途径。

平动轴几何误差的直接测量。 直接测量方法无须建立机床的误差模型，通常利用一种或多种仪器配合测量平动轴的几何误差项，直接利用检测数据作为平动轴几何误差或对检测数据进行简单拟合获得平动轴的几何误差。通常可采用激光干涉仪、干涉镜和平面反射镜组合测量方法，直接测量平动轴的定位误差，其检测原理如图 4-41 所示；可通过激光干涉仪组合使用或电子水平仪测量平动轴的角度误差，其检测系统设置如图 4-42 所示；可通过激光干涉仪与沃拉斯顿棱镜组合测量平动轴的直线度误差，其系统检测原理如图 4-43 所示，或利用激光多普勒仪和 PSD 相位探测器测量平动轴的直线度误差；也可以通过 API 公司的 6D 激光干涉仪直接测量平动轴的六项几何误差，相应的系统检测原理如图 4-44 所示。

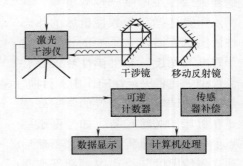

图 4-41　激光干涉仪定位误差检测原理

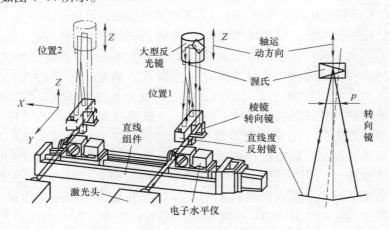

图 4-42　激光干涉仪及电子水平仪检测角度误差

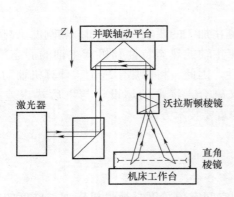

图 4-43　激光干涉仪直线度误差检测原理

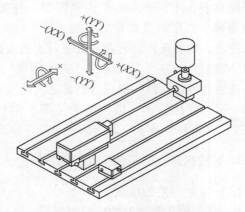

图 4-44　API 公司 6D 激光干涉仪测试系统

平动轴几何误差的间接辨识。间接辨识方法需要在误差检测前建立机床平动轴的误差模型。通常只运用一种简单的检测仪器测量机床平动轴在工作空间内多条运动轨迹的定位误差，然后将检测的误差值与误差模型结合，应用相应的数学方法计算平动轴的各项几何误差。学者们以激光干涉仪为轨迹定位误差检测工具，提出了多种平动轴几何误差的辨识方法。如应用激光干涉仪检测平动轴工作空间内的 22 条轨迹线（图 4-45）的定位误差，然后与误差模型结合运用遍历辨识算法获得机床的几何误差。

在间接辨识方法中，也可以应用激光跟踪仪对机床刀具误差进行检测，以检测误差为依据直接进行加工误差的在线补偿，或应用激光跟踪仪测量平动轴在工作空间的联动轨迹的空间误差（图 4-46），并与机床误差模型结合辨识出平动轴的几何误差。由于激光跟踪仪检测精度有限，因此对于加工精度要求较高的机床，激光跟踪仪适用于机床的误差状态的周期性检测而非机床平动轴误差的标定。

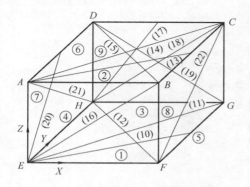

图 4-45　22 线辨识法定位误差检测轨迹

图 4-46　基于激光跟踪仪的平动轴误差检测

2）转动轴几何误差的检测与辨识。相对于平动轴，转动轴更难以获得较高的制造精度，但转动轴的误差对刀具的空间定位精度却具有更加明显的影响作用。因此，转动轴的几何误差成为限制五轴数控机床空间定位精度的关键因素。通常转动轴在六个方向的误差难以全部通过检测工具直接获得，以检测数据为基础的基于误差模型的间接辨识成为获取转动轴几何误差的主要方式。目前，五轴数控机床转动轴几何误差的检测和辨识处于研究的热潮，按照所采用的检测方式的不同可以分为基于加工试件的辨识和基于检测仪器的辨识两种方法。

基于加工试件的转动轴几何误差的辨识是在平动轴误差预先补偿的基础上，利用待检测的五轴数控机床加工有特殊几何特征的试件，然后通过坐标测量机检测试件特征点的位置，通过特征点理想位置和实际位置的偏差及机床的误差模型来辨识转轴的误差项。

基于检测仪器的摆动轴几何误差辨识方法通常是以检测仪器获取的机床的误差信息为基础，结合机床的误差模型通过数学方法解算摆动轴的各项几何误差。

3）动态误差的检测方法。由于机床运动副的结合面是刚度薄弱环节，最易发生振动和变形，因而动态误差通常发生在机床的运动副中，动态误差的这一特点与静态误差类似。不同的是动态误差具有时变和随机特性，动态误差因进给轴的速度和加速度的不同而变化。因此，尽管动态误差的检测工具或所依赖的检测载体与静态误差基本一致，但所采用的检测方法却大不相同。如以球杆仪为测量工具，分析摇篮转台式五轴机床实现圆周测试轨迹的所有平动轴与转动轴的组合类型。通过圆周测试分析平动轴与转动轴伺服不匹配性对机床动态精度的影响，并通过位置增益和速度增益调节改善了机床的伺服匹配性。通过 S 试件加工误差对机床的动态特性进行溯源等。此外，动态误差的理论分析有助于解释动态误差的产生机理，找到动态误差的发生规律，并在此基础上进行抑制和控制。国内外学者在机床的动态误差理论分析方面所采用的方法主要包括 FFT 分析、小波分析、有限元分析、试验模态分析和运行模态分析等。如采用加速度传感器检测机床振动信号（图 4-47），并基于运行模态分析的方法对机床在工作状态下的频谱特性进行分析。

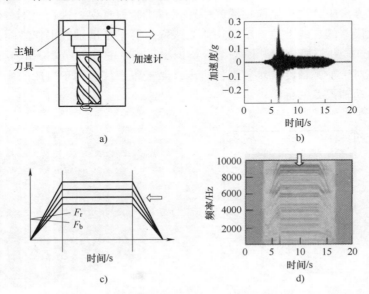

图 4-47　应用加速度传感器进行试验模态分析的试验流程

（2）数控机床的误差补偿方法　在误差检测、辨识获得了相应机床误差源的基础上，合理的误差补偿是提升五轴数控机床空间定位精度的重要环节。随着制造业对机床加工精度要求的不断提升，误差补偿方法也发生了重要的变化。针对不同的误差类型，所实施的误差补偿方法也不相同。

1）几何误差的补偿。五轴数控机床几何误差补偿所采用的补偿方法包括：硬件补偿和软件补偿两种。硬件补偿是指运用一些补偿装置或者微动机构对机床的几何误差进行局部的修正。如为了改善金刚石单点切削时工件表面的波纹度，基于压电陶瓷设计了运动行程为 $4.6\mu m$ 的微动补偿机构（图 4-48），并在此基础上对金刚石车床进行位置误差补偿实现了高精镜面加工。然而，硬件补偿属于刚性补偿，通常可调节性较差或调节范围有限，当机床的几何误差发生较大变化时补偿机构将失效，此外硬件补偿机构的制造成本和设计周期也成为其广泛应用的限制因素。

几何误差的软件补偿是在机床误差预测模型基础上发展起来的一种新方法。该种方法通常是在几何误差检测、辨识后建立机床的加工误差预测模型，然后根据误差预测模型计算工件加工过程中刀尖点的空间位置误差，通过坐标系零点偏

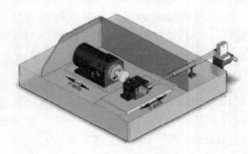

图 4-48　基于压电陶瓷的微动补偿机构

置、修改 NC 代码或在控制系统中增加位置前馈补偿的方式实现刀具空间定位精度的改善。如图 4-49 所示的基于五轴数控机床的误差预测模型，针对非开放式数控系统应用 CNC-PLC 结合的坐标偏置几何误差补偿方法。试验结果表明偏置补偿的方法可以有效地补偿机床的几何误差和热误差。随着数控技术的不断发展，越来越多的数控厂商生产的数控系统都具有丰富的误差补偿模块，为五轴数控机床几何误差的补偿提供了有力工具，如西门子、发那科、华中数控等。

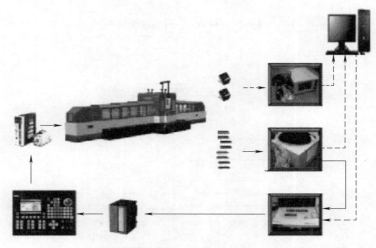

图 4-49　基于误差模型的 CNC-PLC 误差补偿系统示意图

2）动态误差的补偿。与静态误差相比，动态误差具有时变、随机、相关和动态特性，因而其补偿方法与几何误差的补偿方法有很大的差异。关于动态误差的补偿方法还处于研究初期，当前机床动态精度的改善还主要是通过伺服增益的调整和优化控制算法来实现。如基于正交耦合控制方法，采用可变增益正交耦合控制（控制框图如图 4-50 所示），可用以提升两轴联动的动态精度，有效地改善两轴联动的直线运动和圆弧运动的动态误差。采用广义正交耦合控制方法（控制框图如图 4-51 所示），可以在无须预先知道控制轨迹的轮廓函数的前提下，改善两轴联动任意轨迹的动态误差。对伺服机构的速度控制环路（图 4-52），采用扰动自适应补偿以及负载力矩预估的动态控制方法。通过自适应控制调节误差补偿器的增益来使伺服系统的输出实时跟随名义运动，对测量噪声不敏感且对扰动具有较高的估计精度，能够在轨迹跟踪过程中不过分依赖建模精度和外部扰动，实现较高的联动轨迹跟踪精度。

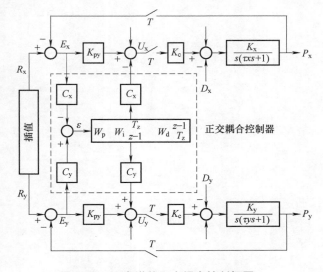

图 4-50　可变增益正交耦合控制框图

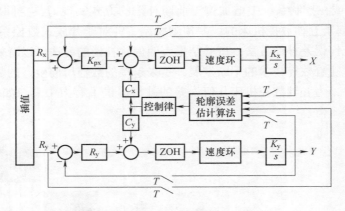

图 4-51　广义正交耦合控制框图

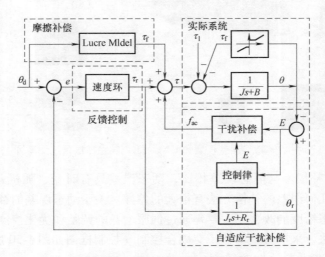

图 4-52　扰动自适应控制系统框图

第5章

智能制造系统

5.1 智能制造系统的定义及特征

1. 智能制造系统的产生背景

智能制造系统（Intelligent Manufacturing System，IMS）是适应传统制造领域以下几方面的情况需要而发展起来的：一是制造信息的爆炸性的增长，以及处理信息的工作量猛增，这些要求制造系统表现出更强的智能；二是专业人才的缺乏和专门知识的短缺，严重制约了制造工业的发展，在发展中国家是如此，而在发达国家，由于制造企业向第三世界转移，同样也造成本国技术力量的空虚；三是多变的激烈的市场竞争要求制造企业在生产活动中表现出更高的敏捷性和智能化；四是 CIMS、ERP 及 PDM 的实施和制造业的全球化的发展，遇到的"自动化孤岛"的连接和全局优化问题，以及各国、各地区的标准、数据和人机接口的统一问题，这些问题的解决依赖于智能制造技术的发展。

2. 智能制造系统的定义

智能制造系统的定义是：在制造过程中，采用高度集成且柔性的方式，并利用计算机对人脑的分析、判断、思考和决策等行为进行模拟，以实现对制造环境中部分脑力劳动的延伸或取代。据此定义，智能制造系统由智能制造模式、智能生产和智能产品组成。其中，智能产品可在产品生产和使用中展现出自我感知、诊断、适应和决策等一系列智能特征，且其实现了产品的主动配合制造；智能生产是组成智能制造系统最为核心的内容，其是指产品设计、制造工艺和生产的智能化；智能制造是通过将智能技术和管理方法引入制造车间，以优化生产资源配置、优化调度生产任务与物流、精细化管理生产过程和实现智慧决策。

加快推进智能制造，是实施中国制造 2025 的主攻方向，是落实工业化和信息化深度融合，打造制造强国的战略举措，更是我国制造业紧跟世界发展趋势，实现转型升级的关键所在。为解决标准缺失、滞后及交叉重复等问题，指导当前和未来一段时间内智能制造标准化工作，根据"中国制造 2025"的战略部署，工业和信息化部、国家标准化管理委员会共同组织制定了《国家智能制造标准体系建设指南》。该指南重点研究了智能制造在两个领域的幅度与界定：一方面是指基于装备的硬件智能制造，即智能制造技术；另一方面，是基于管理系统的软件智能制造管理系统，即智能制造系统。

新的智能制造研究背景，更多地强调大数据对智能制造带来的新的应用与智能制造本身的智能化，基于产品、系统和装备的统一智能化水平有机结合，最终形成基于数据应用的全过程价值链的智能化集成系统。

3. 智能制造系统的特征

与传统的制造系统相比智能制造系统具有以下特征：

（1）自组织能力　自组织能力是指 IMS 中的各种智能设备，能够按照工作任务的要求，自行集结成一种最合适的结构，并按照最优的方式运行。完成任务以后，该结构随即自行解散，以备在下一个任务中集结成新的结构。自组织能力是 IMS 的一个重要标志。

（2）自律能力　IMS 能根据周围环境和自身作业状况的信息进行监测和处理，并根据处理结果自行调整控制策略，以采用最佳行动方案。这种自律能力使整个制造系统具备抗干扰、自适应和容错等能力。

（3）自学习和自维护能力　IMS 能以原有专家知识为基础，在实践中，不断进行学习，完善系统知识库，并删除库中错误的知识，使知识库趋向最优。同时，还能对系统故障进行自我诊断、排除和修复。

（4）整个制造环境的智能集成　IMS 在强调各生产环节智能化的同时，更注重整个制造环境的智能集成。这是 IMS 与面向制造过程中的特定环节、特定问题的"智能化孤岛"的根本区别，IMS 涵盖了产品的市场、开发、制造、服务与管理整个过程，并把它们集成为一个整体，系统地加以研究，实现整体的智能化。

4. 智能制造系统研究的支撑技术

（1）人工智能技术　IMS 的目标是用计算机模拟制造业人类专家的智能活动，取代或延伸人的部分脑力劳动，而这些正是人工智能技术研究的内容。因此，IMS 离不开人工智能技术（包括专家系统、人工神经网络、模糊逻辑等）。IMS 智能水平的提高依赖于人工智能技术的发展。

（2）并行工程　针对制造业而言，并行工程作为一种重要的技术方法学，应用于 IMS 中，将最大限度地减少产品设计的盲目性和设计的重复性。

（3）虚拟制造技术　用虚拟制造技术在产品设计阶段就模拟出该产品的整个制造过程，进而更有效、更经济、更灵活地组织生产，达到产品开发周期最短，产品成本最低，产品质量最优，生产效率最高的目的。虚拟制造技术应用于 IMS，为并行工程的实施提供了必要的保证。

（4）信息网络技术　信息网络技术是制造过程的系统和各个环节"智能集成"化的支撑技术，也是制造信息及知识流动的通道。

（5）人机一体化　IMS 不单纯是"人工智能"系统，而是人机一体化智能系统，是一种混合智能。人机一体化一方面突出人在制造系统中的核心地位，同时在智能机器的配合下，更好地发挥出人的潜能，使人机之间表现出一种平等共事、相互理解、相互协作的关系。

（6）自组织与超柔性　IMS 中的各组成单元能够依据工作任务的需要，自行组成一种最佳结构，使其柔性不仅表现在运行方式上，而且表现在结构形式上，所以称这种柔性为超柔性，如同一群人类专家组成的群体，具有生物特征。

5. 智能制造系统涉及的研究热点

1）制造知识的结构及其表达。大型制造领域知识库，适用于制造领域的形式语言、语义学。

2）计算智能在设计与制造领域中的应用。计算智能是一门新兴的与符号化人工智能相对的人工智能技术，主要包括人工神经网络、模糊逻辑、遗传算法等。

3）制造信息模型（产品模型、资源模型、过程模型）。

4）特征分析、特征空间的数学结构。

5）智能设计、并行设计。

6）制造工程中的计量信息学。

7）具有自律能力的智能制造设备。

8）新的信息处理及网络通信技术，如大数据、互联网＋、先进的通信设备、通信协议等。

9）推理、论证、预测及高级决策支持系统，面向加工车间的分布式决策支持系统。

10）生产过程的智能监视、智能诊断、智能调度、智能规划、仿真、控制与优化等。

11）智能制造管理与服务体系的建设。

5.2 智能制造系统体系架构

5.2.1 IMS 的总体架构

目前，国内制造业存在自主创新能力薄弱、智能制造基础理论和技术体系建设滞后、高端制造装备对外依存度还较高、关键智能控制技术及核心基础部件主要依赖进口。智能制造标准规范体系也尚不完善。智能制造顶层参考框架还不成熟，完整的智能制造顶层参考框架尚没有建立，智能制造框架逐层逻辑递进关系尚不清晰。

根据《国家智能制造标准体系建设指南》（2018 年版），智能制造系统架构主要从生命周期、系统层级和智能功能三个维度进行构建。其中生命周期是由设计、生产、物流、销售、服务等一系列相互联系的价值创造活动组成的链式集合；系统层级自上而下分为协同层、企业层、车间层、单元层和设备层；智能功能则包括资源要素、系统集成、网络互联、信息融合和新兴业态五个层次。通过研究各类智能制造应用系统，提取其共性抽象特征，构建一个从上到下分别是管理层（含企业资源计划与产品全寿命周期管理）、制造执行层、网络层、感知层及现场设备层五个层次的智能制造系统层级架构，如图 5-1 所示。

系统层级的体系结构及各层的具体内容简要描述如下：

（1）协同层 协同层的主要内容包括智能管理与服务、智能电商、企业门户、销售管理及供应商选择与评价、决策投资等。其中智能管理与服务是利用信息物理系统（Cyber Physical System，CPS），全面地监管产品的状态及产品维护，以保证客户对产品的正常使用，通过产品运行数据的收集、汇总、分析，改进产品的设计和制造。典型如罗罗公司的航空发动机产品。而智能电商是根据客户订单的内容分析客户的偏好，了解客户的习惯，并根据订单的商品信息及时补充商品的库存，预测商品的市场供应趋势，调控商品的营销策略，开发新的与销售商品有关联的产品，以便开拓新的市场空间，该层将客户订购（含规模化定制与个性化定制）的产品通过智能电商与客户及各协作企业交互沟通后，将商务合同信息、产品技术要求及问题反馈给管理层的 ERP 系统处理。

（2）管理层 智能制造系统的管理层，位于总体架构的第二层，其主要功能是实现智能制造系统资源的优化管理，该层分为智能经营、智能设计与智能决策三部分，其中智能经营主要包括企业资源计划（ERP）、供应链管理（SCM）、客户关系管理（CRM）及人力资

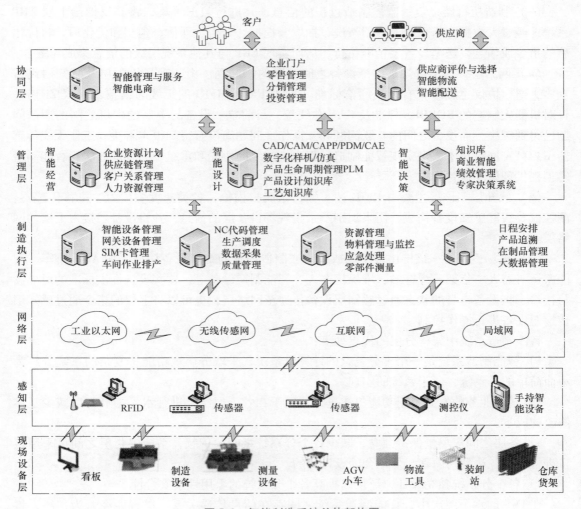

图 5-1 智能制造系统总体架构图

源管理等系统；智能设计则包括 CAD/CAPP/CAM/CAE/PDM 等工程设计系统、产品生命周期管理（PLM）、产品设计知识库、工艺知识库等；智能决策则包括商业智能、绩效管理、其他知识库及专家决策系统，它利用云计算、大数据等新一代信息技术能够实现制造数据的分析及决策，并不断优化制造过程，实现感知、执行、决策、反馈的闭环。为了实现产品的全生命周期管理，本层 PLM 必须与 SCM 系统、CRM 系统及 ERP 系统进行集成与融合，SCM 系统、CRM 系统及 ERP 系统在统一的 PLM 管理平台下协同运作，实现产品设计、生产、物流、销售、服务与管理过程的动态智能集成与优化，打造制造业价值链。该层的 ERP 系统将客户订购定制的产品信息交由 CAD/CAE/CAPP/CAM/PDM 系统、财务与成本控制系统、供应链管理（SCM）系统和客户关系管理（CRM）系统进行产品研发、成本控制、物料供给的协同与配合，并维护与各合作企业、供应商及客户的关系；产品研发制造工艺信息、物料清单（BOM）、加工工艺、车间作业计划交由底层的制造执行层的制造执行系统（MES）执行。此外，该层获取下层制造执行层的制造信息进行绩效管理，同时将高层的计划传递给下层进行计划分解与执行。

（3）制造执行层　负责监控制造过程的信息，并进行数据采集，将其反馈给上层 ERP 系统，经过大数据分析系统的数据清洗、抽取、挖掘、分析、评估、预测和优化后，将优化后的指令或信息发送至设备层精准执行，从而实现 ERP 与其他系统层级的信息集成与融合。

（4）网络层　该层首先是一个设备之间互联的物联网。由于现场设备层及感知层设备众多，通信协议也较多，有无线通信标准（WIA-FA）、RFID 的无线通信技术协议 ZigBee，针对机器人制造的 ROBBUS 标准及 CAN 总线等，目前单一设备与上层的主机之间的通信问题已得到解决，而设备之间的互联问题和互操作性问题尚没有得到根本解决。工业无线传感器 WIA-FA 网络技术，可实现智能制造过程中生产线的协同和重组，为各产业实现智能制造转型提供理论和装备支撑。

（5）感知层　该层主要由 RFID 读写器，条码扫描枪，各类速度、压力、位移传感器，测控仪等智能感知设备构成，用来识别及采集现场设备层的信息，并将设备层接入上层的网络层。

（6）现场设备层　该层由多个制造车间或制造场景的智能设备构成，如 AGV 小车、智能搬运机器人、货架、缓存站、堆垛机器人、智能制造设备等，这些设备提供标准的对外读写接口，将设备自身的状态通过感知层设备传递至网络层，也可以将上层的指令通过感知层传递至设备进行操作控制。

智能制造系统中架构分层的优点如下：

1）智能制造系统是一个十分复杂的计算机系统，采取分层策略能将复杂的系统分解为小而简单的分系统，便于系统的实现。

2）随着业务的发展及新功能集成进来，便于在各个层次上进行水平扩展，以减少整体修改的成本。

3）各层之间应尽量保持独立，减少各个分系统之间的依赖，系统层与层之间可采用接口进行隔离，达到高内聚、低耦合的设计目的。

4）各个分系统独立设计，还可以提高各个分系统的重用性及安全性。

在 IMS 的六个层次中，智能制造系统之间存在信息传递关系，以智能经营为主线，将智能设计、智能决策及制造执行层集成起来，最终实现协同层的客户需求及企业的生产目标，各层次主要系统之间的关联关系如图 5-2 所示。

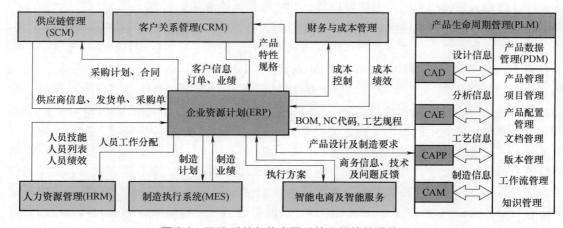

图 5-2　IMS 系统架构主要系统之间的关联关系

如图 5-2 所示，企业资源计划 ERP 是 IMS 的中心，属于智能经营范畴，处于制造企业的高层。ERP 是美国 Gartner Group 公司于 20 世纪 90 年代初提出的概念，是在制造资源计划（Manufacturing Resource Planning，MRP）的基础上发展起来的，其目的是为制造业企业提供销售、生产、采购、财务及售后服务的整个供应链上的物流、信息流、资金流、业务流的科学管理模式。ERP 发展的历程见表 5-1。

表 5-1　ERP 发展的历程

阶　　段	企业经营方	要解决的问题	管理软件发展阶段	基　础　理　论
第 1 阶段 20 世纪 60 年代	追求降低成本，手工订货发货，生产缺货频繁	确定订货时间和订时段式货数量	时段式 MRP 系统	库存管理理论，主生产计划，BOM，期量标准
第 2 阶段 20 世纪 70 年代	计划偏离实际，人工完成车间作业计划	保障计划工作的有效实施和及时调整	循环式 MRP 系统	能力需求计划、车间作业管理，计划、实施、反馈与控制的循环
第 3 阶段 20 世纪 80 年代	寻求竞争优势，各子系统缺乏联系，矛盾重重	实现管理系统一体化	MRP II 系统	系统集成技术、物资管理和决策模拟
第 4 阶段 20 世纪 90 年代	寻求创新，要求适应市场环境的迅速变化	在全社会范围内利用一切可利用的资源	ERP 系统	供应链、混合型生产研究和事前控制
第 5 阶段 20 世纪 90 年代末到 21 世纪初	寻求创新，要适应全球化市场环境的迅速变化	在全球范围内利用一切可利用的资源	ERP II 系统	商业智能、商业法规和高级生产计划等

ERP 系统的主要功能包括销售管理、采购管理、库存管理、制造标准、主生产计划（Master Production Schedule，MPS）、物料需求计划（Material Requirement Planning，MRP）、能力需求计划（Capacity Requirement Planning，CRP）、车间管理、准时生产管理（Just In Time，JIT）、质量管理、财务管理、成本管理、固定资产管理、人力资源管理、分销资源管理、设备管理、工作流管理及系统管理等，其核心是 MRP。

在 IMS 中 ERP 与时俱进，不断适应知识经济的新的管理模式和管理方法。如敏捷制造、虚拟制造、精益生产、网络化协同制造、云制造及智能制造等不断融入 ERP 系统。以 ERP 为核心衍生出的供应链管理、客户关系管理、制造执行系统也较好补充了新的需求，互联网、物联网、移动应用、大数据技术等在 ERP 系统中不断加强。如今企业内部应用系统 ERP 与知识管理（Knowledge Management，KM）、办公自动化（Office Automation，OA）日益交互，已经成为密不可分的一个集成系统。产品数据管理（Product Data Management，PDM）、先进制造技术（Advanced Manufacturing Technology，AMT）与 ERP 的数据通信及集成度也不断加强。供应链、CRM、企业信息门户（Enterprise Information Portal，EIP）等处于内部信息与外部互联网应用的结合处，使得面向互联网应用，如电子商务、协同商务与企业信息化日益集成构建了全面信息集成体系（Enterprise Application Integration，EAI），这些变化形成了 ERPII 系统。ERP II 系统与其他系统的关系如图 5-3 所示。

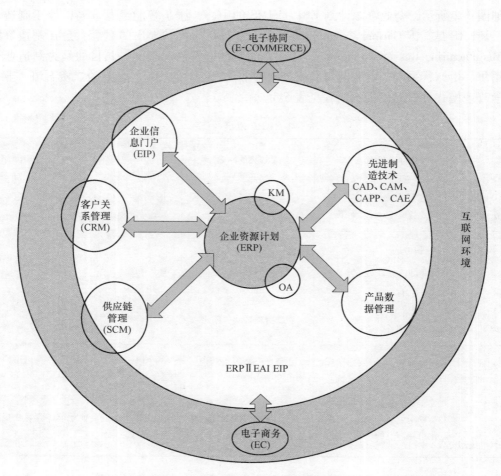

图 5-3　ERPⅡ系统与其他系统的关系

1. 无线射频技术（RFID）

近年来，趋于成熟的 RFID 技术是一种非接触式自动识别技术，它通过无线射频信号自动识别制造车间中的移动对象，如物料、运输小车、机器人等。RFID 从其读取方式、读取范围、信息储量及工作环境等方面，可取代传统的条码技术。RFID 可实现动态快速、高效、安全的信息识别和存储，其在制造业中应用较广泛。

RFID 射频卡具有体积小、非接触式、重复使用、复制仿造困难、安全性高、适应恶劣环境、多标签同时识别读写、距离远速度快等诸多优点。一个基本的 RFID 系统由射频卡（标签）、射频阅读器、射频天线及计算机通信设备等组成。其中射频卡是一种含有全球唯一标识的标签，标签内含有无线天线和专用芯片。按供电方式分为有源标签及无源标签；按载波频率分为低频、中频及高频，其中低频主要适合于车辆管理等，中频主要应用于物流、智能货架等，而高频应用于供应链、生产线自动化、物料管理等；按标签数据读写性可分为只读卡及读写卡；射频阅读器也称读卡器，通过 RS232 等总线与通信模块相连，其功能是提供与标签进行数据传输的接口，对射频卡进行读写操作，通过射频天线完成与射频卡的双向通信；在射频卡及阅读器中都存在射频天线，两种天线必须相互匹配。天线的性能与频率、结构及使用环境密切相关；通信设备一般采用 ZigBee 无线通信协议，以满足低成本、低功耗无线通信网络需求。ZigBee 模块有主副之分，一个主模块可与一个或多个副模块自动构建无线网络，其中主模块可与计算机相连，来实现主从模块间点对多点的无线数据传输。

RFID 系统的工作原理是阅读器通过发射天线发送一定频率的射频信号，当附有射频卡的物料进入发射天线工作区域时产生感应电流激活射频卡，射频卡将自身编码等信息的载波信号通过卡的内置发送天线发出，由系统接收天线接收，经天线调节器传送到阅读器，阅读器对接收的信号进行解调和解码，通过无线通信副模块传至通信主模块所在的 RFID 控制器进行相关处理；控制器根据逻辑运算判断该卡的合法性，做出相应的处理和控制，完成系统规定的功能。根据 RFID 的原理及特点，将 RFID 读写器放置在智能制造系统的感知层，而将电子标签放置在现场设备层，将 RFID 控制器放置在高层的制造执行层，高层的控制器与底层的感知层通过网络层的 ZigBee 模块进行网络通信，完成对现场相应设备的控制。当然现场设备层还配置较多的各类传感器，连同 RFID 及无线通信网络，共同完成物理制造资源的互联、互感，确保制造过程多源信息的实时、精确和可靠的获取。

2. 智能机床

智能机床就是对制造过程能够做出决策的机床。它通过各类传感器实时监测制造的整个过程，在知识库和专家系统的支持下，进行分析和决策，控制、修正在生产过程中出现的各类偏差。数控系统具有辅助编程、通信、人机对话、模拟刀具轨迹等功能。未来的智能机床会成为工业互联网上的一个终端，具有与信息物理系统 CPS 联网的功能。对机床故障能进行远程诊断，能为生产提供最优化方案，并能实时计算出所用切削刀具、主轴、轴承和导轨的剩余寿命。

智能机床一般具有如下特征：

（1）人机一体化特征　智能机床首先是人机一体化系统，它将人、计算机、机床有机地结合在一起。机器智能与人的智能将真正地集成在一起，互相融合，保证机床高效、优质和低耗运行。

（2）感知能力　智能机床与数控机床的主要区别在于智能机床具有各种感知能力，通过力、温度、振动、声、能量、液、工件尺寸、机床部件位移、身份识别等传感器采集信息，作为分析、决策及控制的依据。

（3）知识库和专家系统　为了智能决策和控制，除了有关数控编程的知识库、智能化数控加工系统及专家系统外，还要建立故障知识库和分析专家系统、误差智能补偿专家系统、3D 防碰撞控制算法、在线质量检测与控制算法、工艺参数决策知识、加工过程数控代码自动调整算法、振动检测与控制算法、刀具智能检测与使用算法以及加工过程能效监测与节能运行等。

（4）智能执行能力　在智能感知、知识库和专家系统支持下进行智能决策。决策指令通过控制模块确定合适的控制方法，产生控制信息，通过 NC 控制器作用于加工过程，以达到最优控制，实现规定的加工任务。

（5）具有接入 CPS 的能力　智能机床要具备接入工业互联网的能力，实现物物互联。在 CPS 环境下实现机床的远程监测、故障诊断、自修复、智能维修维护、机床运行状态的评估等。同时，具有和其他机床、物流系统组成柔性制造系统的能力。

3. 智能机器人

（1）智能机器人定义　智能机器人是智能产品的典型代表。智能机器人至少要具备以下 3 个要素：一是感觉要素，用来认识周围环境状态；二是运动要素，对外界做出反应性动作；三是思考要素，根据感觉要素所得到的信息，思考采用什么样的动作。

智能机器人与工业机器人的根本区别在于，智能机器人具有感知功能与识别、判断及规划功能。工业智能机器人最显著的智能特征是对内和对外的感知能力。外部环境智能感知系统由一系列外部传感器（包括视觉、听觉、触觉、接近觉、力觉和红外、超声及激光等）进行传感信息处理、实现控制与操作的能力。如碰撞传感器、远红外传感器、光敏传感器、麦克风、光电编码器、超声传感器、连线测距红外传感器、温度传感器等。而内部智能感知系统主要是用来检测机器人本身状态的传感器，包括实时监测机器人各运动部件的各个坐标位置、速度、加速度、压力和轨迹等，监测各个部件的受力、平衡、温度等。多种类型的传感器获取的传感信息必须进行综合、融合处理，即传感器融合。传感器的融合技术涉及神经网络、知识工程、模糊理论等信息检测、控制领域的新理论和新方法。

（2）专家系统与智能机器人　智能控制系统的任务是根据机器人的作业指令程序及从外部、内部传感器反馈的信号，经过知识库和专家系统去辨识，应用不同的算法，发出控制指令，支配机器人的执行机构去完成规定的运动和决策。

如何分析处理这些信息并做出正确的控制决策，需要专家系统的支持。专家系统解释从传感器采集的数据，推导出机器人状态描述，从给定的状态推导并预测可能出现的结果，通过运行状态的评价，诊断出系统可能出现的故障。按照系统设计的目标和约束条件，规划设计出一系列的行动，监视所得的结果与计划的差异，提出解决系统正确运行的方法。

（3）智能机器人的学习能力　智能制造系统对机器人要求较高，机器人要能在动态多变的复杂环境中，完成复杂的任务，其学习能力显得极为重要。通过学习不断地调节自身，在与环境交互过程中抽取有用的信息，使之逐渐认识和适应环境。通过学习可以不断提高机器人的智能水平，使其能够应对复杂多变的环境。因此，学习能力是机器人系统中应该具备的重要能力之一。

（4）接入工业互联网的能力　智能机器人在未来都要成为工业互联网的一个终端，因此智能机器人要具有接入工业互联网的能力。通过接入互联网，实现机器人之间，机器人与物流系统、其他应用系统之间的集成，实现物理世界与信息世界之间的集成。智能机器人处于智能制造系统架构生命周期的生产环节、系统层级的现场设备层级和制造执行层级，同时属于智能功能的资源要素中。

4. 常用的网络通信协议

在智能制造系统环境中，工业互联网不可缺少，智能功能的网络互联几乎应用于系统层级的各个层次中，它通过有线、无线等通信技术，实现设备之间、设备与控制系统之间、企业之间的互联互通。在网络层中，设备与设备的通信存在两类协议。第一类协议是接入协议（也称传输协议），负责子网内设备间的组网及通信，这类协议包括 ZigBee、WiFi、蓝牙。第二类协议是通信协议，负责通过传统互联网与服务器、APP 或设备进行交换数据，包括 HTTP、MQTT、WebSocket、XMPP、COAP。下面对几种协议进行介绍。

（1）ZigBee 协议　ZigBee 协议通常用于工控设备，广泛应用于车间、仓库、物流及智能家居环境中，例如网关与检测传感器通信使用的就是 ZigBee 协议。它具有如下的特点：

1）开发成本低、协议简单。

2）ZigBee 协议传输速率低，节点所需的发射功率小，且采用休眠与唤醒模式，功耗较低。

3）通过 ZigBee 协议自带的 mesh 功能，一个子网络内可以支持多达 65000 个节点连接，可以快速实现一个大规模的传感网络，具有强大的自组网能力。

4）ZigBee 协议使用 CRC 校验数据包的完整性，支持鉴权和认证，并且采用 AES 对 16 字节的传输数据进行加密，具有较好的安全性。

因此，ZigBee 适用于设备的管理监控，并实时获取传感器数据。

（2）蓝牙技术　蓝牙技术目前已经成为智能手机的标配通信组件，其迅速发展的原因是其具有低功耗特性。蓝牙 4.0 方案已经成为移动智能设备的标配，用户无须另行购买额外的接入模块即可实现移动智能设备与其他智能设备的互联。

（3）WiFi　WiFi 协议和蓝牙协议一样，发展同样迅速。WiFi 协议最大的优势是可以直接接入互联网。相对 ZigBee，采用 WiFi 协议的智能通信方案省去了额外的网关。相对蓝牙协议，则省去了对手机等移动终端的依赖。

对于物联网，最重要的是在互联网中设备与设备的通信。物联网在 Internet 通信中比较常见的通信协议包括 HTTP、WebSocket、XMPP、COAP 等，具体如下：

（1）HTTP 和 WebSocket 协议　在互联网时代，主要采用 TCP/IP 协议实现底层通信，而 HTTP 协议由于开发成本低，开放程度高，使用广泛，因此在建立物联网系统时可参照 HTTP 协议进行开发。

HTTP 协议是典型的浏览器/服务器（Browse/Server）通信模式，由客户端主动发起连接，向服务器请求 XML 或 JSON 格式的数据。该协议目前在计算机、手机、平板电脑等终端设备广泛应用，但并不适用于物联网场景。主要缺点是：

1）由于必须由设备主动向服务器发送数据，而服务器却难以主动向设备推送数据。这对于单一的数据采集等场景勉强适用，但是对于频繁的操控场景，只能通过设备定期主动拉取的方式进行数据推送，其实现成本高，且实时性难以保证。

2）由于 HTTP 是明文协议，难以适应高安全性的物联网场景要求。

3）不同于用户交互终端如计算机、手机等设备，物联网场景由于设备多样化，对于运算和存储资源都十分受限的设备，HTTP 协议实现资源解析、信息处理比较困难。因此，可以使用 WebSocket 协议来替代 HTTP 协议。WebSocket 是 HTML5 包含的基于 TCP 之上的可支持全双工通信的协议标准，在设计上基本遵循 HTTP 的思路，对于基于 HTTP 协议的物联网系统是一个很好补充。

（2）XMPP 协议　XMPP 是互联网中基于 XML 的常用的即时通信协议，由于其开放性和易用性，在互联网实时通信应用中运用较多。现已大量运用于物联网系统架构中，但是 HTTP 协议中的安全性以及计算资源消耗的硬伤并没有得到本质的解决。

（3）COAP 协议　COAP 协议的设计目标是在低功耗、低速率的设备上实现物联网通信。COAP 与 HTTP 协议一样，参考 HTTP 协议的格式，采用 URL 标识发送需要的数据，易于理解。它具有以下优点：

1）采用 UDP 而不是 TCP 协议，可节省 TCP 建立所需要的连接成本及开销。

2）将数据包头部进行二进制压缩，从而减小数据量以适应低速网络传输的场合。

3）发送和接收数据可以异步进行，提升了设备响应的速度。

由于 COAP 协议设计保留了 HTTP 协议的功能，使得学习成本低。但是考虑到物联网众多的智能设备分布在局域网内部，COAP 设备作为服务器无法被外部设备寻址，因此目前 COAP 只用于局域网内部通信。

（4）MQTT 协议　MQTT 协议能较好地解决 COAP 存在的问题。MQTT 协议是由 IBM 开发的即时通信协议，比较适合物联网场合。MQTT 协议采用发布/订阅模式，所有的物联网终端都可以通过 TCP 连接到云端，云端再通过主题订阅的方式管理各个设备关注的通信内容，负责将设备之间消息进行转发。

MQTT 在协议设计时就考虑到不同设备的计算性能的差异，所有的协议都是采用二进制格式编解码，并且编解码格式都易于开发和实现。最小的数据包只有 2 个字节，对于低功耗低速网络也有很好的适应性。MQTT 协议运行在 TCP 协议之上，同时支持 TLS 协议，具有较好的安全性。

（5）DDS 协议　DDS 是面向实时系统的数据分布服务（Data Distribution Service for Real-Time Systems，DDSRTS），其适用范围是分布式高可靠性、实时传输设备的数据通信。目前，DDS 已经广泛应用于国防、民航、工业控制等领域。DDS 在有线网络下能够很好地支持设备之间的数据分发和设备控制，设备和云端的数据传输，同时 DDS 的数据分发的实时效率很高，能做到秒级内同时分发百万条消息到众多设备；缺点是在无线网络，特别是资源受限的情况下，应用实例较少。

5. 数字化制造车间组网示例

数字化制造车间的生产控制系统主要由现场控制站、数据通信系统、人机接口单元、机柜及电源等组成，该控制系统具备开放的体系结构和多层开放数据接口，支持多种现场总线标准以适应未来的扩充需要。该系统的设计采用合适的冗余配置，具有自诊断功能和高度的可靠性。如果系统内任一网络设备发生故障，均不会影响整个系统的工作。数字化制造车间采用分散控制系统，通信网络承担各种制造过程的控制变量、报警、报告等信息的传递，它具有一个完善的通信系统、分布式数据库、控制单元。在控制系统中，系统网络由高速高效、冗余容错、高速实时环网组成。其中冗余控制单元 XCU 与人机界面的连接采用双层网络结构，该结构具有高速、高效、成熟、可靠的工业网络结构，便捷的在线调试及维护等优点，其网络拓扑结构如图 5-4 所示。

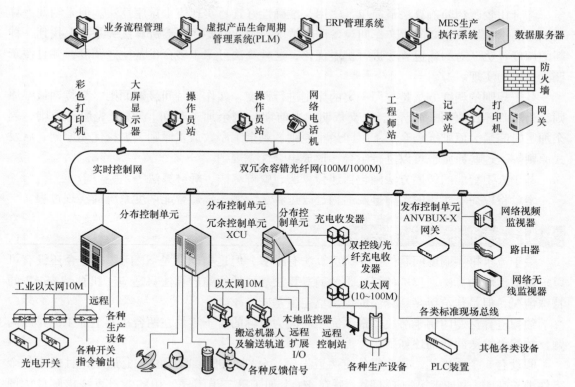

图 5-4 一个数字化制造车间生产控制系统的网络拓扑结构

5.3 智能制造系统调度控制

智能制造系统的调度控制是一个基于状态反馈的自动控制系统。智能制造系统涉及调度的场合一般都具备动态性、实时性、离散事件性、强烈的随机扰动性，因此调度控制问题一直没有得到较优的解决方案。

通过国内外学者的大量学术研究和生产实践过程中的总结，对于一般性的调度控制问题已找到许多求可行解的方法。如基于排序理论的调度方法、基于规则的调度方法、基于离散事件系统仿真的调度方法、基于人工智能的调度方法等。下面对几种流行的调度方法从简单性、智能性、实用性、准确性和可实现性等方面进行比较，见表 5-2。

表 5-2 几种调度算法综合比较

综　合	约翰逊算法	遗 传 算 法	模 拟 退 火	神经网络方法	禁 忌 搜 索
简单性	√				
智能性	√	√	√	√	√
实用性	√				
准确性	√	√	√		
可实现性	√	√		√	

综合比较，约翰逊算法最简单、实用、准确性好且易实现流水排序算法。但是约翰逊算法只适用于机器数为 2 的生产车间设备调度情况，因此需要在约翰逊算法的基础上找到一种新的调度算法，对约翰逊算法进行扩展优化，这种算法可用于多台设备生产调度，并且便于调度系统的实现。

基于规则的调度方法是按照一定的原则进行调度，如作业时间最短原则、交货期最早原则、最小临界比原则［临界比 = （交货期 − 当前期）/剩余加工时间］、先来先服务原则、剩余加工时间最大原则、剩余加工时间最小原则、剩余工序数最多原则、加权优先原则、启发式原则等，这些原则也可以进行组合，形成组合优先规则。

基于人工智能的调度方法则包括遗传算法、蚁群算法、蜂群算法等。

本章将以简单实用的约翰逊及约翰逊改进算法为例，叙述智能调度系统的实现过程。

5.3.1　流水排序调度算法

关于流水排序调度问题的排序调度算法有很多，但这类问题是 NP 问题，至今还没有可以求得最优解的算法，权威的算法是约翰逊算法。虽然约翰逊算法只适应于机器数 $m = 2$ 的特殊情况，但是却给很多新算法的提出奠定了基础。

约翰逊算法专门用于解决以最大完工时间为目标的若干零件在两台机器上加工的排序问题。约翰逊算法问题描述如下：

假设有 n 个零件 J_i，每个零件有两道工序，分别在机器 M_1 和 M_2 上加工，且规定每个零件都先在 M_1 上加工第一道工序，后在 M_2 上加工第二道工序。用约翰逊算法求解最优调度的步骤为

步骤 1：在零件的所有工序中找加工时间最小的零件。

步骤 2：若加工时间最小的工序为零件的第一道工序，则将该零件安排在最前面加工；若加工时间最小的零件工序为第二道工序，则将该零件安排在最后加工。若两个零件的某道工序加工时间相同，则安排在前面还是后面均可。

步骤 3：将剩下的零件按照步骤 1 和步骤 2 继续排序，直到所有零件排序完毕。

例 5-1　设有六个零件在两台机器上加工，M_1 为车床，M_2 为铣床，加工时间见表 5-3。

表 5-3　六个零件在两台机床上的加工时间

零　件	车床加工时间/min	铣床加工时间/min
J_1	10	4
J_2	5	7
J_3	11	9
J_4	3	8
J_5	7	10
J_6	9	15

解： 从表 5-3 中可以看出在铣床上加工的时间比车床加工时间长的零件有 $\{J_2, J_4,$ $J_5, J_6\}$，其余的零件有 $\{J_1, J_3\}$。将第一组零件按照在第一台机器上加工时间递增排列为 $\{J_4, J_2, J_5, J_6\}$，将第二组零件按照在第二台机器上加工时间递减排列为 $\{J_3, J_1\}$。最

后将两组零件连接起来，得 J_4、J_2、J_5、J_6、J_3、J_1。以该顺序分别进行两种机器上的加工，即为约翰逊算法排序结果，如图 5-5 所示。

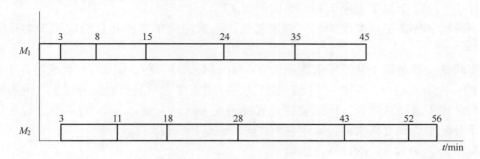

图 5-5　约翰逊算法排序结果

可以从图 5-5 中得知，6 个零件总的完工时间需要 56min。

使用约翰逊算法相对来说简单，但是也存在许多不足之处，具体表现在：

1）只适用于 $m = 2$ 时的特殊情况，在机器数 $m > 2$ 的情况下不适用。

2）零件加工工序必须是相同的。而现实生产中很多时候零件的加工工序是不相同的。

3）由于约翰逊算法的局限性，该算法只能给新算法的提出建立一个理论基础，不能直接应用于实际的生产环境中。

5.3.2　基于分配率的作业车间调度优化算法

基于分配率的作业车间调度问题描述为：有一个零件和一个机器的集合，每个零件有若干道工序，每道工序都要在事先安排好的机器上加工，且加工过程中不允许中断；每台机器每次只能加工一道工序，同一道工序只能在一台机器上加工。调度的目标就是把每道工序分配给机器上的某个时间段，找到最短完工时间的调度。

制造车间调度问题的约束条件如下：

1）每个零件的各道加工工序的顺序已知。

2）同一时刻，一个零件只能在一台机器上加工。

3）同一时刻，一个零件的一道工序只能在一台机器上加工。

4）一台机器只能加工一个零件的一道工序。

5）允许零件在工序间等待，允许机器在零件没有到达时闲置。

6）每一个零件的任何一道工序的加工必须在前一道工序加工完成之后才能进行，即 $ST_{ij} + 1 \geqslant ST_{ij} + T_{ij}$（$i = 1$，$2$，$\cdots$，$n$；$j = 1$，$2$，$\cdots$，$O_i$）。

7）如果两个零件同时在一台机器上进行加工，必须要等到一个零件的某道工序加工完成之后，才能进行另一个零件某一道工序的加工。即当 $P_{ab} = P_{ij}$ 时，$ST_{ij} \geqslant ST_{ab} + T_{ab}$ 或者 $ST_{ab} \geqslant ST_{ij} + T_{ij}$。

根据调度约束条件，进行数学描述：

零件集 $J = \{J_1，J_2，J_3，\cdots，J_n\}$。

设备集 $M = \{MC_1，MC_2，MC_3，\cdots，MC_m\}$。

零件 J_i 的加工工序个数为 O_i 个，加工工序表示为：J_{i1}，J_{i2}，J_{i3}，$\cdots$，J_{iO_i}。

零件 J_i 的第 j 个加工工序 J_{ij} 在机器 P_{ij}（$P_{ij} \in M$）上的加工时间为 T_{ij}。

零件 J_i 的第 j 个加工工序 J_{ij} 的开始时间为 ST_{ij}。

零件 J_i 的第 j 个加工工序 J_{ij} 的结束时间为 FT_{ij}。

以下介绍一种基于分配率的车间调度算法，此算法简单方便并且能应用于实际问题的解决。

此车间调度算法基于分配率函数 $a(i, j)$（$0 < a(i, j) < 1$），$a(i, j)$ 代表零件 J_i 第 j 道工序 J_{ij} 的分配率。$a(i, j)$ 越小，代表零件 J_i 第 j 道工序之后剩余的部分越多。因为要保证总体的剩余加工量得到降低，所以要优先安排满足 $\max\{1 - a(i, j)\}$ 的零件进行加工。所以，基于分配率的调度算法的目标函数为：$\min \max\{1 - a(i, j)\}$。

分配率函数 $a(i, j)$ 的计算方法如下：

设零件 J_i 的第 k 道工序的加工时间为 T_{ik}，则零件 J_i 的前 j 道工序总的加工时间为

$$sum_{ij} = \sum_{k=1}^{j} T_{ik} \quad (i = 1, 2, \cdots, n; j = 1, 2, \cdots, O_i) \tag{5-1}$$

零件 J_i 的总加工时间为

$$sum_i = \sum_{k=1}^{oi} T_{ik} \quad (i = 1, 2, \cdots, n) \tag{5-2}$$

则分配率函数 $a(i, j)$ 的公式为

$$a(i, j) = \frac{sum_{ij}}{sum_i} \quad (i = 1, 2, \cdots, n; j = 1, 2, \cdots, O_i) \tag{5-3}$$

基于分配率的排序优化算法步骤如下：

（1）初始化　根据上述作业车间调度问题的描述，可知有两个队列：

1）机器队列。把每台机器 MC_h（$h = 1, 2, \cdots, m$）上加工的零件按照实际加工顺序建立一个机器队列 $ChainMC_h$。在该机器队列中只有前一个零件加工完成之后，后一个零件才能开始加工。

2）零件队列。将各个零件 J_i 的加工工序按照已知的顺序建立每个零件的队列 $ChainJ_i$。在这个零件队列中，只有当前一道工序完成之后，后一道工序才能开始进行。即一台机器在某一时间段只能加工一道工序。

初始化步骤如下：

1）建立零件队列。根据已知的每个零件的加工工序，为每一个零件建立一个零件队列 $ChainJ_i$（$i = 1, 2, \cdots, n$）。

2）根据分配率函数计算 $a(i, j)$，满足 $\max\{1 - a(i, j)\}$ 的零件 J_i 要排列在队首。

3）每一个零件队列 $ChainJ_i$（$i = 1, 2, \cdots, n$）都要设置一个可移动的指针 $point(i)$（$i = 1, 2, \cdots, n$），初始状态下 $point(i)$ 指向零件队列的队首。排序开始之后，每排列完一道工序 J_{ij} 之后，$point(i)$ 后移指向下一道工序 J_{ij+1}。还没有排列的工序中，满足 $\max\{1 - a(i, j)\}$ 的工序一定是 $point(i)$ 所指向的工序。所以 $point(i)$ 一定指向零件 J_i 要进行排列的下一道工序。

4）建立机器队列。刚开始时在机器上还没有安排各个零件的加工顺序，因此初始时各机器队列 $ChainM_k$（$k = 1, 2, \cdots, m$）为空值。

（2）排序算法步骤描述如下

1）根据最小化 $\max\{1 - a(i, j)\}$ 的原则，在工序中选择满足 $\max\{1 - a(i, j)\}$ 的工序 J_{ij}，这些工序必须为 $point(i)$ 所指向的工序。若有两个或两个以上的工序满足 $\max\{1 -$

$a(i,j)\}$，则再在这些工序中选择满足 $\max\{sum_i\}$ 的工序 J_{ij}。选择完成之后 $point(i)$ 将会指向下一道工序。

2）如果 $P_{ij}=MC_h$，那么将工序 J_{ij} 插入机器队列 $ChainMC_h$ 的队尾。

3）确定零件 J_i 的第 j 道工序 J_{ij} 的开始时间和结束时间。

若工序 j 在某个机器上为第一个加工，则 $ST_{ij}=0$；若不是第一个加工，则比较工序所在零件的前一道工序的结束时间和当前工序所在机器最后分配零件的加工结束时间，最大的结束时间即为工序 j 的开始时间。

零件 J_i 第 j 道工序的结束时间 $FT_{ij}=ST_{ij}+T_{ij}$。

4）当所有指针 $point(i)$ 所指向的零件队尾为空值时，算法结束，否则再回到步骤1）。

根据上述算法实现的步骤，画出的算法流程图如图5-6所示。

例5-2　现有五个零件，分别为轴、套筒、压盖、齿轮和箱体。各零件各个工序的加工顺序和工时见表5-4。各个零件的加工工艺顺序为：

轴：下料→粗车→热处理→精车。

套筒：下料→粗车→热处理→精车。

压盖：下料→粗车→精车→钻孔。

齿轮：退火→粗车→热处理→精车→滚齿→钳工→拉键槽。

箱体：划线→粗铣→铣、镗、钻→精铣、精镗。

表5-4　各零件各个工序的加工顺序和工时　　　　　（单位：min）

零件	加工顺序						
	1	2	3	4	5	6	7
轴	MC_1 4	MC_2 7	MC_3 3	MC_4 3			
套筒	MC_1 4	MC_2 4	MC_6 2	MC_4 2			
压盖	MC_1 3	MC_2 3	MC_4 5	MC_5 4			
齿轮	MC_3 2	MC_2 5	MC_3 2	MC_2 6	MC_7 3	MC_8 2	MC_9 1
箱体	MC_{13} 2	MC_{10} 5	MC_{11} 6	MC_{12} 5			

表5-4中：MC_1 为锯床，MC_2 为卧式车床，MC_3 为箱式炉，MC_4 为数控车床，MC_5 为钻床，MC_6 为盐浴炉，MC_7 为滚齿机，MC_8 为钳工台，MC_9 为键槽拉床，MC_{10} 为立铣车床，MC_{11} 为立式加工中心，MC_{12} 为卧式加工中心，MC_{13} 为划线台。

解：利用分配率函数计算剩余函数值。

1）求出各道工序的累计加工时间和一个零件的总加工时间，见表5-5。

2）求出各道工序的剩余函数值，见表5-6。

剩余函数值计算方法：$l(i,j)=1-a(i,j)=1-\left(\dfrac{sum_{ij}}{sum_i}\right)$。

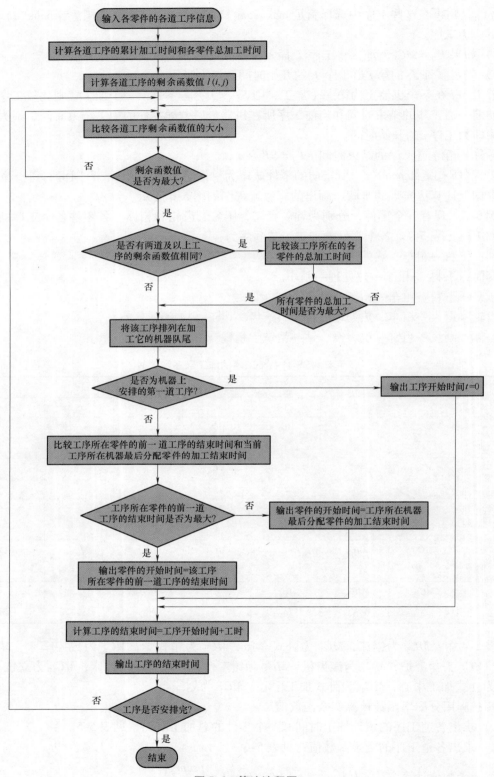

图 5-6　算法流程图

表 5-5　零件工序累计加工时间和零件总加工时间　　　　　（单位：min）

轴	加工时间	4	7	3	3			
	累计工时	4	11	14	17			
套筒	加工时间	4	4	2	2			
	累计工时	4	8	10	12			
压盖	加工时间	3	3	5	4			
	累计工时	3	6	11	15			
齿轮	加工时间	2	5	2	6	3	2	1
	累计工时	2	7	9	15	18	20	21
箱体	加工时间	2	5	6	5			
	累计工时	2	7	13	18			

表 5-6　各工序剩余函数值

	sum_i	sum_{i1}	sum_{i2}	sum_{i3}	sum_{i4}	sum_{i5}	sum_{i6}	sum_{i7}
轴	17min	4min	11min	14min	17min			
	$l(1, j)$	0.7647	0.3529	0.1765	0			
套筒	12min	4min	8min	10min	12min			
	$l(2, j)$	0.6667	0.3333	0.1667	0			
压盖	15min	3min	6min	11min	15min			
	$l(3, j)$	0.8000	0.6000	0.2667	0			
齿轮	21min	2min	7min	9min	15min	18min	20min	21min
	$l(4, j)$	0.9048	0.6667	0.5714	0.2857	0.1429	0.0476	0
箱体	18min	2min	7min	13min	18min			
	$l(5, j)$	0.8889	0.6111	0.2778	0			

注：sum_i 表示零件总的加工时间；sum_{ij} 表示零件 J_i 的前 j 道工序 J_{ij} 的累计加工时间；$l(i, j)$ 表示零件 J_i 的第 j 道工序 J_{ij} 的剩余函数值。

3）根据剩余函数值进行排序。排序原则：尽量降低零件总剩余的原则。所以，在安排各个机器上的零件加工顺序时，应该将在各个机器上生产某道工序的零件按照工序的剩余函数值从大到小的顺序进行排序，若存在零件剩余函数值相同的零件，则比较总的加工时间，将总的加工时间较大的零件放在前面加工。

所以，根据上面的排序原则和计算出来的剩余函数值可以做如下排序：

根据剩余函数值表，可以发现各个零件的第一道工序的剩余函数值是最大的，因此首先根据各个零件的第一道工序的剩余函数值对各个机器上零件的加工顺序进行排序。

例如，在机器 MC_1 上进行第一道工序加工的零件有轴、套筒和压盖，因此根据轴、套筒和压盖的第一道工序的剩余函数值：$l(1, 1) = 0.7647$，$l(2, 1) = 0.6667$，$l(3, 1) = 0.8$，比较可得压盖的剩余函数值最大，所以在 MC_1 上先加工压盖，再加工轴，最后加工套筒。其他机器上的各道工序也是按此方法进行排序，排序后的所得结果为：

MC_1：压盖、轴、小套筒。

MC_2：齿轮、压盖、轴、套筒、齿轮。

MC_3：齿轮、齿轮、轴。

MC_4：压盖、轴、套筒。

MC_5：压盖。MC_6：套筒。MC_7：齿轮。MC_8：齿轮。

MC_9：齿轮。MC_{10}：箱体。MC_{11}：箱体。MC_{12}：箱体。MC_{13}：箱体。

排序结果如图5-7所示。

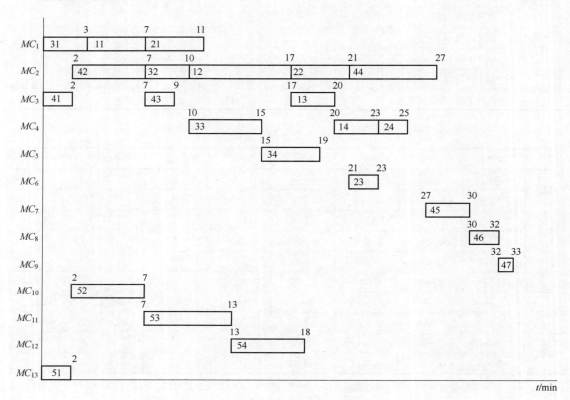

图5-7　排序结果

5.4　智能制造系统供应链管理

5.4.1　制造业供应链管理概念

1. 供应链的定义

　　制造业供应链是一种将供应商、制造商、分销商、零售商直至最终客户（消费者）连成一个整体的功能网链模式，在满足一定的客户服务水平的条件下，为使整个供应链系统成本达到最小，而将供应商、制造商、仓库、配送中心和渠道商有效地组织在一起，共同进行产品制造、转运、分销及销售的管理方法。通过分析供应链的定义，供应链主要包括以下三个方面的内容：

（1）供应链的参与者 主要包括供应商、制造商、分销商、零售商、最终客户（消费者）。

（2）供应链的活动 原材料采购、运输、加工在制品、装配成品、销售商品、进入客户市场。

（3）供应链的四种流 物料流、信息流、资金流及商品流。

供应链不仅是一条资金链、信息链、物料链，还是一条增值链。物料因在供应链上加工、运输等活动而增值，给供应链上的全体成员都带来了收益，制造业供应链原理描述如图 5-8 所示。

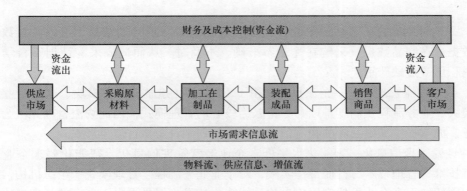

图 5-8 制造业供应链原理图

2. 制造业供应链的特征

供应链定义的结构决定了它具有以下主要特征：

1）动态性。因核心企业或成员企业的战略及快速适应市场需求变化的需要，供应链网链结构中的节点企业经常进行动态的调整（新加入、退出或调整层次），因而供应链具有明显的动态特性。

2）复杂性。供应链上的节点往往由多个不同类型、不同层次的企业构成，因而结构比较复杂。

3）面向用户性。供应链的形成、运作都是以用户为中心而发生的。用户的需求拉动是供应链中物流、资金流及信息流流动的动力源。

4）跨地域性。供应链网链结构中的节点成员超越了空间的限制，在业务上紧密合作，在信息流和物流的推动下，可进一步扩展为全球供应链体系。

5）结构交叉性。某一节点企业可能分属为多个不同供应链的成员，多个供应链形成交叉结构，这无疑增加了协调管理的复杂度。

6）借助于互联网、物联网、信息化等技术，供应链正向敏捷化、智能化方向快速发展。

3. 制造业供应链管理现状及存在的问题

随着新一轮科技革命和产业变革的到来，制造业供应链管理信息化远没有达到预期的目标，主要存在的问题如下：

（1）供应链管理水平低　通常情况下，采用供应链管理系统可以最大限度地帮助企业缩短生产和采购周期，降低库存和资金占用，快速响应客户需求，实现个性化定制。然而供应链上的节点企业普遍存在供应链管理粗放的问题，缺乏适合不同生产类型、不同计划模式和多种计划模式的混合解决方案。制订的供应链计划往往是一个静态的、分散的、不连续的、按台套的计划，不能进行合理的通用件合并，缺少科学合理的计划政策、批量政策、储备政策、提前期等生产计划参数，投资重金开发的 ERP 系统只停留在供销存和财务管理的层面，供应链计划却无法有效执行。多数企业在与供应商和客户进行的商务活动中仍处于传统的方式，市场响应速度慢。客户关系管理、供应商关系管理、电子商务的应用水平还很低。

（2）采购计划制订不科学　采购计划没有遵循物料需求计划结果，导致库存数据、消耗定额数据、在制品数据、采购在途量不准确、不及时。从而造成采购计划不科学、不严谨，物料积压或短缺严重。

（3）缺乏物流管理　很多企业只是使用了 ERP 中财务加供销存模块，这些企业所设计的管理模式、业务流程及制度是以财务记账为核心的管理模式，因此物流管理无法为生产计划、财务、成本提供准确及时的物流信息，导致计划制订及执行流于形式。

（4）经营管理信息化、智能化水平低　企业经营管理信息化、智能化要求企业应用新一代信息技术、管理技术、行业最佳实践，对企业业务流程、管理模式、组织机构、数据进行优化和创新。很多企业虽然应用信息化、智能化技术，但是受限于现有的管理模式和业务流程，"穿新鞋走老路"，管理变革不到位，实施的效果不佳。

（5）不重视基础数据的管理　物料代码、物料主数据、物料清单（Bill of Material，BOM）、工艺路线、加工中心数据和工时定额不准确，严重影响供应链计划、车间作业计划、成本核算的准确性。

（6）系统集成性差，开放利用不足　多数企业的单个信息系统应用非常普遍而且较好，如 CAD、设备管理系统、财务管理系统等，但系统之间的集成性较差，如产品设计系统与ERP、MES、CRM、SRM 之间的集成度；ERP 系统内部各个子系统之间、ERP 系统与 MES、CRM、SRM 之间的集成度等。系统出现许多断点，以及不必要的重复录入数据，导致系统运行效率差、出错率高。

5.4.2　智能供应链管理

针对制造业供应链的现状及问题，企业必须对自身的组织机构、业务流程、数据、信息系统进行优化设计，在互联网及物联网的技术支持基础上，建立供应链科学的管控体系及协同商务系统，并建立全价值链的集成平台。

智能供应链管理是一种以多种信息技术、人工智能为支撑和手段的先进的管理软件和技术，它将先进的电子商务、数据挖掘、协同技术等紧密集成在一起，为企业产品策略性设计、资源的策略性获取、合同的有效洽谈以及产品内容的统一管理等过程提供了一个优化的实现双赢的解决方案。智能供应链系统（包括 ERP、CRM、SCM、SRM、PM）与协同商务及全价值链集成平台组成智能经营系统的总体架构如图 5-9 所示。

在智能制造系统的环境下，智能供应链系统以客户为中心，将供应链上的客户、供应商、协作配套厂商、合作伙伴从战略高度进行策划和组织，使其共享利益，共担风险，共享信息。通过信息化手段，实现 SRM、ERP、CRM、PM 以及整个供应链管理的优化和信息化。这些模块包括供应链计划管理、协同商务管理、库存管理、采购管理、销售管理、生产管理、分销管理、财务成本管理、人力资源管理、设备管理、绩效管理及商业智能等。

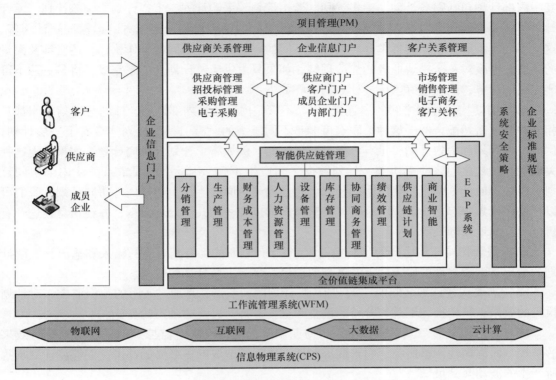

图 5-9 智能供应链与智能经营系统集成的总体架构

其中 SRM 围绕企业采购、外协业务相关的领域，目标是通过与供应商建立长期、紧密的业务关系，并通过对双方资源和竞争优势的整合来共同开拓市场，扩大市场需求和份额，降低产品前期的高额成本，实现双赢的企业管理模式，其具体的功能包括供应商管理（包括供应商准入的管理、供应商评价管理、供应商退出管理）、招投标管理（包括招标管理、投标管理、开标管理）、采购管理（包括采购组织管理、采购业务管理、采购业务分析）、工程管理（包括物料管理、BOM 管理、加工中心管理、工艺管理等）及电子商务采购（包括供应商业务管理、采购计划下达、采购订单确认、订单查询、订单变更、发货状态、网上支付、外协供应商管理等）等功能。

供应链管理系统中最重要、应用最困难、成功率最低的是供应链计划与控制及协同商务。

1. 供应链计划与控制

供应链的计划与控制是供应链管理系统的核心，也是智能制造系统中智能经营分支的核心。它由客户的需求计划、项目计划、供应链网络计划、MPS、MRP、JIT、运输计划等构成适应不同生产类型要求的计划控制体系。它的目的是在有限资源（库存、在途、在制、计划政策、储备政策、批量政策、提前期、加工能力等）条件下，根据客户的需求，对企业内外供应链上的成员（供应商、协作配套厂商、合作伙伴、企业内部上下工序车间之间）

需求做出合理的安排，最大限度地缩短采购和生产周期，降低库存和在制品资金的占用，提高生产率，降低生产成本，准时供货，快速响应客户需求。

通常情况下，将计划与控制模块分为内部（企业）和外部（合作伙伴）计划两个类型。其中内部计划包括财务计划、销售计划、营销计划、采购计划、生产计划、物流计划、库存计划等；外部计划则包括客户的采购计划、供应商的销售计划、第三方的运输配送计划等。这些不同类型的计划，其拆解和转换涉及不同的职能部门、不同的合作伙伴，还会涉及大量的计算，涉及对每个模块业务的充分理解，如果只由供应链计划部门来完成，将是一件不可能完成的任务，因此做好供应链计划的步骤如下：

（1）需要构建计划之间的"连接器" 不管是内部还是外部计划，计划与计划之间都是相互关联、密切配合的。这种关联有可能是不同层级的，有上一层计划才会有下一层计划，例如财务计划和销售计划；也有可能是同层级的，例如需求计划和供应计划。如果忽视这种关联性，计划之间将缺乏协调、计划数据之间产生矛盾。因此，需要重点关注内部协同计划、外部协同计划两个主要的协同计划，它是内外协同的主线。通过内外协同计划，我们可以把前述计划串起来，形成一个有机的整体，形成唯一的共识计划数据，并让信息在这个有机体里顺畅地流动。

（2）需要构建计划之间的"转换器" 每个计划职能都有其对应的输入和输出，上游计划的输出是下游计划的输入，下游计划的输出又是下下游计划的输入。

（3）需要构建计划之间的"调节器" 计划的调节器，是通过实时的数据监控，对计划执行的效果进行转换、汇总、分析、调整和重新分拆，以适应动态的变化。

优秀的"调节器"具备实时监控、周期调整的能力。实时监控确保了对计划执行效果的掌控，而周期性调整避免了频繁变动对计划体系所造成的不必要的冲击，能够将计划本身所产生的波动降到最低。

计划制订工作是供应链管理中最复杂、最细致也是最有技术含量的工作之一，需要确保数据的一致性、计划的准确性、供应链的协调性、计划变动的灵活性，只有通过构建合适的"连接器""转换器"和"调节器"，才能将供应链上复杂的计划模块连接起来，形成一个有机的整体，最终让所有人都能够以各自不同的视角面对统一的计划体系。

供应链计划随着生产类型的不同而不同。制造业的生产类型分为离散型制造和流程制造两类，其中前者又分为订单生产、多品种小批量生产、大批量生产、大规模定制及再制造生产五种方式。多品种小批量生产将是机械制造业的主要生产模式，适合使用 ERP 系统制订供应链计划，其他生产类型是在多品种小批量生产模式的基础之上制订供应链计划的。多品种小批量生产模式的供应链计划制订流程如图 5-10 所示。

2. 协同商务

产品协同商务是建立在网络化制造、基于互联网基础之上的系统平台。其组织视图是一个复杂的网状结构，在该网络中，每个节点实质是一个企业，各个企业必须在核心企业或盟主的统一领导下，彼此协同合作才能完成机遇产品的开发。

产品协同商务可以与 ERP 进行集成，在产品协同商务网络平台的统一调度下，各个合作企业的 ERP 系统的信息能够按照规定的要求提取至系统商务平台中的协同数据库中进行集成，从而实现协同企业高效交互，增强供应链的核心竞争力，其集成原理如图 5-11 所示。

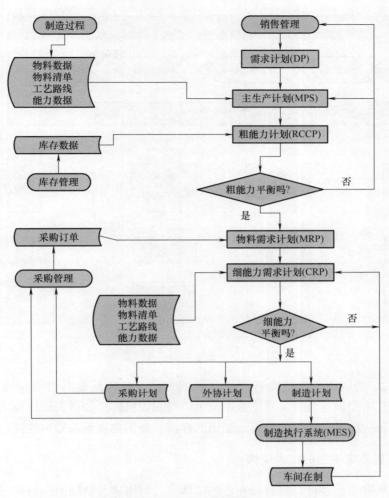

图 5-10　多品种小批量生产模式的供应链计划制订流程图

产品协同商务具有如下的特点：

1）动态性。参与协同的成员企业数量实时编号，考虑到合作企业的选择、确定协作关系，在产品的全生命周期会调用不同的协作实体。

2）组织结构优化。为实现资源的快速重组，要求合作体更具有灵活性、开放性和自主性的组织结构，不适合使用传统的树形金字塔结构，而采用扁平化的组织结构。

3）业务类型以市场订单或者市场机遇为驱动力，保证组建的协同网络中的合作体的资源满足市场机遇产品的生产要求。

4）分散性。参与合作体的实体群在地理位置上是分散的，需要互联网环境的支撑及数据交换标准的制订。

5）协同性。协同关系反映在企业内部的协同、企业之间的协同以及企业与其他组织的协同。

6）竞争性。合作体成员之间既合作又竞争，此外合作体与其他合作体之间也存在群体之间的竞争，合作体内部也存在类似资源的竞争。

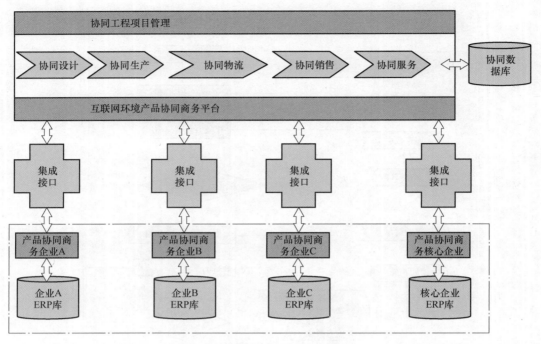

图 5-11 产品协同商务集成原理

7）知识性。协同商务链是协同商务发展的方向，其特征是具有知识流、物流、信息流、资金流，其中知识流是指协同商务企业可以与知识机构，如科研院所等进行协同。协同的内容包括知识的描述、知识的建模、知识的存储、知识的使用及知识的优化等。

3. 系统商务集成平台的技术架构

系统商务集成平台是将具有共同利益的实体通过网络进行协同的分布式服务平台。显然平台的构建需要分布式计算技术。目前适用于分布式计算的方式较多，如中间件（包括CORBA、EJB、DCOM 等）和 Web Service 等，可以根据实际需要选择合适的分布式计算技术或者进行组合。

5.4.3 多智能体在供应链中的应用

随着企业信息化和业务数字化应用的日益深入，特别是线上业务和网络经营范围的不断扩大，信息的处理规模、关系网络的复杂性以及供需的动态特征等因素已经成为供应链管理的难题。

多智能体（Multi Agent，MA）技术具有分布性、自治性、移动性、智能性和自主学习性等优点，比较适用于跨越企业边界的、处于复杂环境的供应链管理，进而满足企业间可整合、可扩展的需求，集成供应链上各个节点企业的核心能力和价值创造能力，强化供应链的整体管理水平和竞争力。因此，基于 MA 技术构建的供应链管理系统，能充分发挥其在链网式组织模式中的经营管理、辅助决策和协同优化功效，具有智能化效用。

1. Agent 结构类型

Agent 的结构由环境感知模块、执行模块、信息处理模块、决策与智能控制模块以及知识库和任务表组成。其中环境感知模块、执行模块和通信模块负责与系统环境和其他 Agent 进行交互,任务表为该 Agent 所要完成的功能和任务;信息处理模块负责对感知和接收的信息进行初步的加工、处理和存储;决策与智能控制模块是赋予 Agent 智能的关键部件。它运用知识库中的知识,对信息处理模块处理所得到的外部环境信息和其他 Agent 的通信信息进行进一步的分析、推理,为进一步的通信或从任务表中选择适当的任务供执行模块执行做出合理的决策。

2. 多智能体系统(Multi Agent System,MAS)及其特征

MAS 是由多个相互联系、相互作用的自治 Agent 组成的一个较为松散的多 Agent 联盟,多个 Agent 能够相互协同、相互服务、共同完成某一全局性目标,显然 MAS 是一种分布式自主系统。MAS 系统具有的特征如下:

1)每个 Agent 都拥有解决问题的不完全的信息或能力。

2)每个 Agent 之间相互通信、相互学习、协同工作,构成一个多层次、多群体的协作结构,使整个系统的能力大大超过单个 Agent。

3)MAS 中各 Agent 成员自身目标和行为不受其他 Agent 成员的限制。

4)MAS 中的计算是分布并行、异步处理的,因此性能较好。

5)MAS 把复杂系统划分成相对独立的 Agent 子系统,通过 Agent 之间的合作与协作来完成对复杂问题的求解,简化了系统的开发。

3. 多 Agent 供应链管理系统概述及构成

多 Agent 供应链管理系统是在传统的供应链管理系统里,嵌入多 Agent 技术、赋予供应链管理智能,使企业主体的业务建模、量化分析、知识管理和决策支持等任务由 Agent 承担,实现动态的合作体与信息共享。其核心策略是根据优势互补的原则建立多个企业的可重构、可重用的动态组织集成方式以支持供应链管理的智能化,并满足顾客需求的多样化与个性化。实现敏捷供应链管理智能集成体系。

供应链管理系统中的供应商、制造单位、客户、销售和产品管理等均具备独立的 Agent 的特征,因此制造企业的供应链网络中的人、组织、设备间的合作交互、共同完成任务的各种活动可以描述为 Agent 之间的自主作业活动。基于 MAS 的供应链管理系统的结构有两种 Agent 类型,一种是业务 Agent,另一种是中介 Agent,并且中介 Agent 作为系统的协调器,不仅可以将各个业务 Agent 相互联系起来,进行协同工作,还具有一定的学习能力,即它可以通过 Agent 的协同工作来获取经验和知识。

根据多 Agent 供应链各节点的功能,可将这些节点划分为供应商 Agent、采购 Agent、原材料库存 Agent、生产计划 Agent、制造 Agent、产品库存 Agent、订单处理 Agent、运输 Agent 及分销商 Agent 等。

4. 多 Agent 供应链管理系统架构

MAS 供应链管理系统架构的组成包括以客户为中心的 Agent、以产品为中心的 Agent、

以供应商为中心的 Agent、以物流为中心的 Agent 四个部分。其中以客户为中心的 Agent 主要负责处理客户信息管理；以产品为中心的 Agent 负责利用客户信息分析客户在什么时候需要何种产品；以供应商为中心的 Agent 负责为原材料和组件选择更好的供应商；以物流为中心的 Agent 负责为制造商调度材料和产品。每个 Agent 在整个供应链中都独立地承担一个或多个职能，同时每个 Agent 都要协调自己与其他 Agent 的活动。MAS 供应链管理系统的架构如图 5-12 所示。

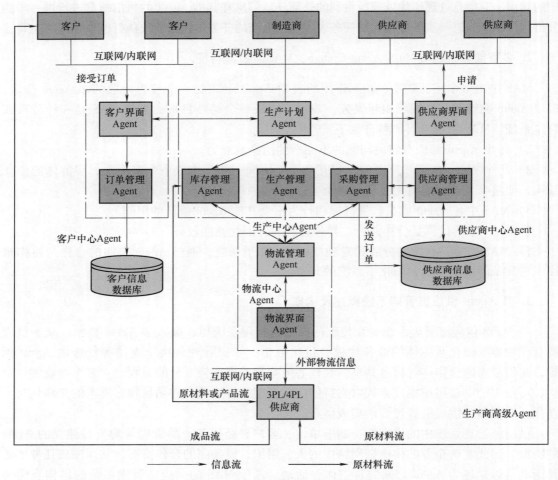

图 5-12　MAS 供应链管理系统的架构

5. 多 Agent 供应链管理系统的协同机制

在一个具有动态性、交互性和分布性的供应链中，各合作体之间的协同机制十分重要，一般采用合同网协议实现。基于合同网的协议是一种协同机制，供应链中各合作体使用它进行合作，完成任务的计划、谈判、生产、分配等。整个申请过程可以在互联网平台上完成。图 5-13 描述了多 Agent 供应链的协同申请机制。图中的数字 1～8 代表了供应链合作伙伴之间的通信顺序：

1）生产商通过供应商 Agent 向所有潜在供应商提供外部订单。

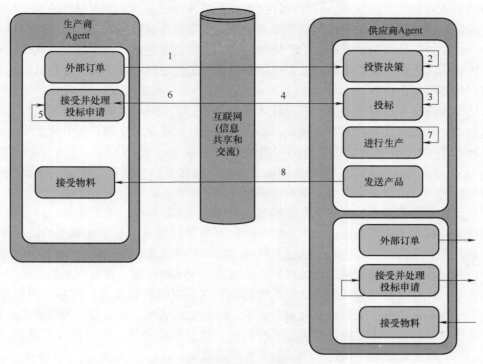

图 5-13　多 Agent 供应链的协同申请机制

2）接收外部订单后，潜在供应商做出投标决策。

3）如果供应商决定投标，实施投标申请。

4）供应商投标在供应商接口代理平台上进行。

5）接收投标申请之后，制造商将会通过供应商管理 Agent 对参与投标的供应商给出一个综合的评估。评估的指标包括产品质量、价格、交货期、服务水平等。根据评价结果选择较合适的供应商。

6）生产商通过供应商接口的 Agent 宣布中标者，同时回复所有未中标的供应商。

7）中标供应商对收到的订单实施生产。

8）供应商将其生产的最终原料发送给生产商。

因此，为了实施生产，供应商也会将它的外部物料订单告知给供应商的供应商，这个周期将会一直持续到供应链的最终端，最终完成整个流程。

此外，MAS 在供应链管理系统中还具有协调契约机制、协商机制、谈判机制、通信机制及多个 Agent 之间的信息交互机制等；还包括供应链的多 Agent 建模与仿真应用、计划调度与优化求解应用以及多 Agent 的运行和实施方面的应用。

5.5　智能管理与服务

在全球经济一体化的今天，国际产业转移和分工日益加剧，新一轮技术革命和产业革命正在兴起，客户对产品及服务的要求越来越高。中国已经是制造业大国，但仍不算是制造强国。因为制造业强国掌握着产品研发设计技术、工艺设计技术及核心零部件的制造技术并提供相应的服务，依靠强大的营销网络和服务体系，占领着价值链的高端，在这个全球化的价值链中，我国处于价值链的低端，位于价值链高端的制造业企业，其服务型收入已经远超产品的销售收入。因此，要想实现制造业强国梦，提升制造业核心竞争力，必须从传统的生产型制造向服务型制造转型。

显然要实现服务型制造，离不开互联网及物联网的支撑环境，离不开远程监控、及时服务、运行维护知识库及专家系统的建设，需要提升产品智能化水平和智能管理水平。制造业服务化转型的形式多样，按照工信部《发展服务型制造专项行动指南》（工信部联产业〔2016〕231 号）文件的精神，体现在产品设计的增值服务、提高产品效能的增值服务、产品交易便捷化的增值服务及产品集成的增值服务四种形式。

产品设计的增值服务是提高从附件价值，提高产品品牌价值的重要手段，内容包括产品功能设计、外观设计、以消费者为中心的个性化定制设计服务、基于互联网的协同设计等。提高产品效能的增值服务描述的是通过互联网、物联网的连接，实现远程诊断服务、远程在线服务，通过维修知识库实现预防性维护，从而提升产品的效能、延长产品的服务周期，降低维修成本。产品交易便捷化的增值服务则包括智能供应链管理服务、产品协同商务服务、便捷的电子商务服务等，从而提高交易的效率，降低交易成本。产品集成的增值服务描述了从提供单机的服务向系统集成、交钥匙工程转型，按照用户要求，提供设计、规划、制造、施工、培训、维护、运营一体化的集成服务和解决方案。

5.5.1　智能服务系统

本节以提高产品效能的增值服务为例，提出在线智能服务系统的建设思路。在线智能服务系统的设计目标是在互联网及物联网的支撑下，将远程终端设备通过感知设备进行物物互联，并通过互联网将客户、服务提供商及供应商集成在一起，使用维修服务知识库、数据库和专家系统，构建在线服务体系，提供远程监测、诊断、在线、及时、周到的高质量服务。基于云计算平台的在线智能服务系统的总体架构如图 5-14 所示。

在线智能服务系统的总体架构从下往上分为设备层、网络层、企业信息系统层、云服务平台层及应用层五个部分，其中设备层、网络层及企业信息系统层三层属于制造商内部的物联网平台，制造商内部的各种设备首先经传感器、RFID 及嵌入式系统等感知设备获取设备运行的数据，再通过内部的网络层传输至企业内部的管理信息系统中，并经过云平台筛选、提炼出有用的数据存储到数据库中。

在线云服务平台由数据基础设施（IssA）、云计算平台（PaaS）和云计算应用系统层（SaaS）组成，云平台具有快速开发应用、计算资源共享、管理方便、降低初始投资、满足不同的业务需求、降低风险等优势。应用系统层的功能则包括设备及性能管理、诊断模型及数据分析、数据清洗、抽取、存储及计算处理、数据及系统安全以及决策输出等。其中设备及性能管理是在线服务平台的核心，功能包括设备（产品）技术档案的创建、存储、管理资产的属性。如基于产品出厂编号的产品物料清单、质量追溯记录（零部件供应商及质量记录）；产品全生命周期的维修记录；维修知识库等。对各类设备进行在线远程监控、诊断、在线维护。实现预防性维修、预见性维修、环境健康和安全管理、设备运行绩效的管理等；诊断模型及数据分析功能描述的是在线云服务系统通过物联网与设备连接，获取设备大

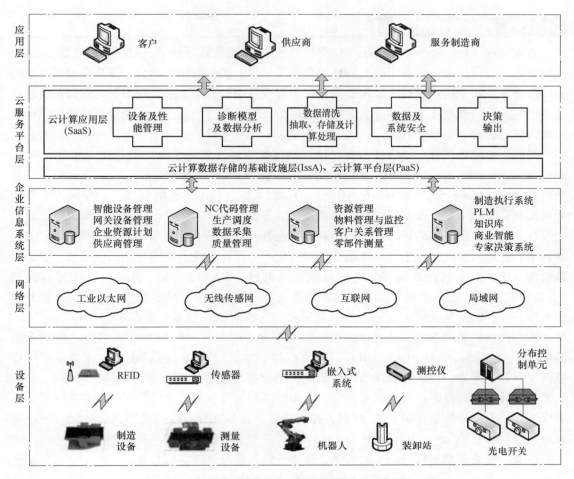

图 5-14　基于云计算平台的在线智能服务系统的总体架构

量的实时运行数据，检测设备运行状态，进行故障诊断，对设备的运行状态进行预测，在维修知识库和专家系统的支持下做出维修决策；数据处理功能描述为通过传感器、嵌入式系统，获取设备运行数据、状态监测数据，从企业的研发设计系统和企业经营管理系统获取产品设计数据、生产数据、质量跟踪数据、历史数据、供应商数据。这些数据有的是结构化的，有的是非结构化或半结构化的，要经过特殊工具的处理使其变成可识别、易管理的数据，按照数据获取的策略，去除冗余的数据，经过数据清洗，放置在云数据库中供分析利用。

在线服务平台的使用对象是客户、供应商和设备制造商。客户使用范围是除企业数据外，授权使用全部在线服务平台的功能，在线监测设备运行状态、故障检测、预测性维修、维修记录。向设备制造商、供应商提出服务请求等。

设备制造商：使用在线服务平台全部功能。

供应商：向供应商提供所供应的零部件、系统使用状况、故障、质量信息，备品备件库存。向供应商发出维修请求、备件供应、质量问题索赔等。

智能管理（Intelligent Management，IM）是人工智能与管理科学、知识工程与系统工程、计算技术与通信技术、软件工程与信息工程等多学科、多技术相互结合、相互渗透而产生的一门新技术、新学科。它研究如何提高计算机管理系统的智能水平及应用智能管理系统的设计理论、方法与实现技术。该定义是从管理科学与工程角度出发，以智能管理系统的设计与实现为核心内容。

智能管理是现代管理科学技术发展的新动向。智能管理系统是在管理信息系统（Management Information System，MIS）、办公自动化系统（Office Automation System，OAS）、决策支持系统（Decision Support System，DSS）的功能集成、技术集成的基础上，应用人工智能专家系统、知识工程、模式识别、人工神经网络等方法和技术，进行智能化、集成化、协调化设计和实现的新一代的计算机管理系统，智能管理正逐步在企业管理中发挥应有的作用，如制造企业车间级的制造生产管理系统、智能化产品设计系统、车间智能调度系统、智能物流管理系统、商务智能系统等，显然智能管理的核心是智能决策。此外，智能管理强调"人的因素"和"机的因素"的高效整合和实现"人机协调"。很多企业信息管理、商务智能失败的核心问题是未能实现"人的因素"和"人机协调"的整合和实现。

智能化物料管理系统，是通过在生产现场布置专用设备，如 LED 生产看板、条码采集器、PLC、传感器、I/O、DCS、RFID、计算机等，对从原材料上线到成品入库的生产过程进行实时数据采集、控制和跟踪的信息系统。通过控制包括物料、仓库设备、人员、品质、工艺、流程指令和设备在内的所有工厂资源来提高制造竞争力，它提供了一种在统一平台上集成工艺派工单、质量控制、NC 代码、智能调度、设备管理等功能的模式，从而实现企业实时化的信息系统。

本节以智能仓储物料管理系统为例，描述智能管理系统的实现过程。

1. 物料管理系统的功能描述

智能仓储物料管理主要表现在物料采购入库、库存管理、领料出库等过程，传统的出入库管理由手工登记物料的出入库信息，易出错且效率低。将 RFID 技术应用于物料管理能做到物料信息采集的及时性、准确性和可追溯性，根据物料管理的特点，可选用无源、中高频、具有读写功能的 RFID 射频卡。物料管理的功能描述如下：

（1）物料初始化　供应商或车间来料后，仓库管理员根据物料检验结果使用发卡器对等待入库的物料进行初始化，将卡编号与物料号对应信息记录至物料表中，并将射频卡附着在物料上。

（2）入库处理　物料入库时，安装在入口处的阅读器读取射频卡中的物料号，并将入库单号与卡进行绑定，将物料号、货位号、数量等信息记录至入库明细表及库存表中，物料状态设为"入库"，完成入库过程。

（3）出库处理　物料出库时，安装在出口处的阅读器读取射频卡中的物料号，并将出库单号与卡进行绑定，将物料号、数量等信息记录至出库明细表，更新库存表，物料状态设为"出库"，完成出库过程。

（4）库存盘点　每隔一定时间，员工就会启动安装在仓库各个货架上的 RFID 设备，对每个货位实际物料进行清点，可通过电子标签拣货系统完成，统计各物料实际数量，与库中的库存量进行比对，产生物料盘点表，为补货及缺货登记服务。

（5）查询与统计　按照查询统计条件对入库、出库、库存、盘点等信息进行查询与统计，为制订需求计划服务。物料管理的功能结构如图 5-15 所示。

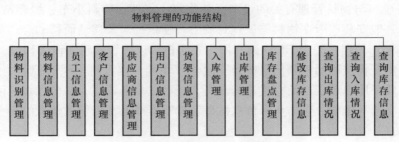

图 5-15　物料管理的功能结构图

根据上述的功能结构图及规范化理论，去掉不合理的函数依赖，满足 3NF 的关系模式（主码用下划线，外码用波浪线表示）如下：

员工（<u>工号</u>，姓名，部门等）、物料（<u>物料号</u>、名称、价格、供应商、状态等）、入库单（<u>单号</u>、经手人、入库时间等）、入库单明细（<u>入库单号</u>、<u>物料号</u>、数量等）、供应商（<u>编号</u>、名称、地址、信誉等）、出库单（<u>单号</u>、客户号、出库时间等）、出库单明细（<u>出库单号</u>、<u>物料号</u>、数量等）、库存（<u>货位号</u>、物料号、数量等）、货架信息（<u>货位号</u>、容量等）。

2. 物料管理系统的数据库分析与设计

根据物料管理系统功能，确定员工、入库单、入库单明细、出库单、出库单明细、供应商、物料、库存及货架 9 个实体，其中员工与入库单、员工与出库单、入库单与入库单明细、出库单与出库单明细、供应商与物料、货架与库存都是一对多的关系；而物料与库存是一对一的关系，其对应 E-R 图如图 5-16 所示，限于篇幅，只给出主要属性。

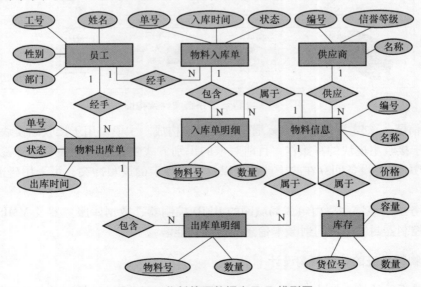

图 5-16　物料管理数据库 E-R 模型图

3. 智能物料的硬件架构设计

根据 RFID 的工作原理及物料系统功能需求，设计一个典型的硬件组成架构，如图 5-17 所示。该系统自下向上分为设备层、感知层、通信层及服务层，各层的作用描述如下：

（1）设备层　与物料管理有关的设备，如物料、货架、物料小车、缓存站及堆垛机等，射频卡或标签一般安装或附在物料等识别对象上，随识别对象移动而移动。

（2）感知层　该层主要由 RFID 读写器、条码扫描仪等智能感知设备构成，用来识别设备层的物料对象，将获取的射频信息传送至通信模块端，也可将上层的控制信息写入卡中。阅读器与卡一般采用半双工通信方式进行读写，既可以单卡读写，又可以多卡读写；还可以实现对卡的加密读写操作，以防止卡信息被兼容读写器获取，以保证信息的安全性，从而提升 MMIS 系统的安全性。

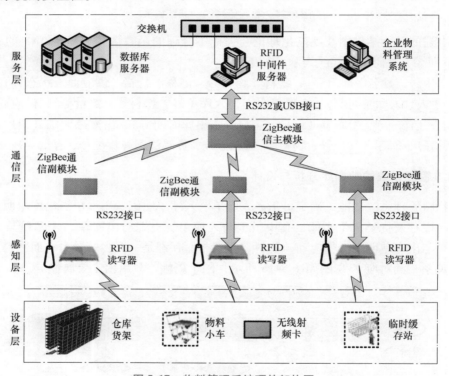

图 5-17　物料管理系统硬件架构图

（3）通信层　该层主要由 ZigBee 通信主副模块构成。主模块用于接收副模块的读结果，而副模块用于接收主模块的写操作，目前对卡的识别方式主要有防碰撞、单标签、单步等。由于若干 RFID 读写设备间存在的干涉冲突以及对射频卡的读写冲突，可采用碰撞算法解决此类问题。

（4）服务层　该层主要由组成局域网的 RFID 控制器、数据库服务器及 MMIS 若干终端构成，其中控制器封装了读写射频卡信息的详细功能。

4. 智能物料系统的软件架构设计

智能物料系统的软件架构自下向上分为数据库层、数据访问层及用户表示层三层，其中数据访问层是系统的核心，采用 ADO（ActiveX Data Object）组件技术访问数据库操作，用户表示层是用户与系统交互的人机界面。系统有 14 个模块，其中物料识别模块运行在 RFID 控制器上，其他模块主要完成对相应数据表的增加、删除、更改与查询统计功能，运行在管理终端上。

5. 相关关键技术描述

物料系统涉及射频卡数据格式及读写方式等关键技术。射频卡采用 ISO18000-6C 标准 RFID 认证协议，具有伪随机数产生器和 CRC 校验功能，卡的安全性较好。根据协议规定将射频卡存储空间分为保留内存区、EPC 存储区、TID 存储区和用户存储区四种，其中 TID 区存储卡的 ID，是唯一不可更改的，用户区存储量较大（96 位），用来存储物料的相关数据，保留内存区存储杀死口令和访问口令；EPC 区用来存储自定义可改变的卡号，该卡号与用户区存储的信息对应。例如，入库单号为 90002105、物料号为 74001203、出入库日期为 2014-04-12、时间为 15: 20: 23、进库标记为 01、货位号为 700190、数量为 30、对应卡号为 6933298331218 的存储格式，如图 5-18 所示。若该物料出库，则在 40 位后继续写入出库日期、时间、标记及数量，这样卡中就记录了物料的整个业务过程状态，便于跟踪管理。

ISO18000-6C射频卡	存储示例															
保留内存区	存储杀死口令和访问口令等信息															
EPC存储区 自定义卡号	1	2	3	4	5	6	7	8	9	10	11	12	13	…		
	6	9	3	3	2	9	8	3	3	1	2	1	8	未使用		
用户存储区（96位）	1	2	3	4	5	6	7	8	9	10	11	12	13	14	15	16
	9	0	0	0	2	1	0	5	7	4	0	0	1	2	0	3
	入库单号								物料号							
	17	18	19	20	21	22	23	24	25	26	27	28	29	30	31	32
	2	0	1	4	0	4	1	2	1	5	2	0	2	3	0	1
	入库日期								入库时间						标记位	
	33	34	35	36	37	38	39	40	41	42	43	44	45	46	47	48
	1	0	5	0	1	3	0	未使用存储区								
	货位号					数量										
TID存储区	存储全球唯一的卡ID，不可更改															

图 5-18　RFID 射频卡存储区信息

对卡的读写方式是在 RFID 设备驱动器的动态链接库上经过二次开发完成的。

6. 库存盘点功能模块的实现

以库存盘点模块为例，描述盘点实现的过程，物料在库存中按照物料 ABC 分类，存储在不同的区间。盘点时采用手持或固定的 RFID 阅读器读取货架上每个物料的库存中的数量与实际盘点数量进行对比，消除差值，确保库存的准确可靠。库存盘点流程如图 5-19 所示。MMIS 全部模块采用 C#与 Oracle 数据库实现，由于篇幅所限，其他功能实现在此不再赘述。

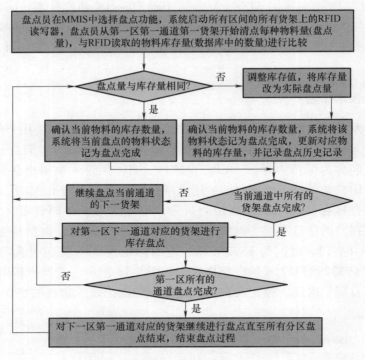

图 5-19 库存盘点流程

7. 智能管理系统的应用总结

随着 RFID 技术在生产制造领域的广泛深入应用，产生了许多新的应用平台，如智慧车间、智慧仓库等。将 RFID 技术应用于物料仓储管理系统，实现物料的实时识别与信息采集、物料入库、出库及库存盘点等功能。应用 RFID 技术可以显著提高物料的识别准确率、减少人为误差，简化用户的管理过程，极大提高管理人员的工作效率。进一步研究的内容包括读写射频卡信息的安全性、无线通信网络的安全性、RFID 系统与云计算、移动互联网之间的集成以及制造企业与上游供应商及下游的销售商之间的射频信息的兼容性等关键技术。

第 6 章

智能制造装备

6.1 概　　述

　　智能制造是人工智能技术与制造技术的结合，是面向产品全生命周期，以新一代信息技术为基础，以制造系统为载体，在其关键环节或过程，具有一定自主性的感知、学习、分析、预测、决策、通信与协调控制能力，能动态地适应制造环境的变化，从而实现质量、成本及交货期等目标优化。制造系统从微观到宏观有不同的层次，如制造装备、制造单元、生产线、制造车间、制造工厂和制造生态系统等。其构成包括产品、制造资源、各种过程活动以及运行与管理模式。智能工厂是实现智能制造的载体。在智能工厂中通过生产管理系统、计算机辅助工具和智能装备的集成与互操作来实现智能化、网络化分布式管理，进而实现企业业务流程、工艺流程及资金流程的协同，以及生产资源（材料、能源等）在企业内部及企业之间的动态配置。在智能工厂中，借助于各种生产管理工具、软件、系统和智能设备，打通企业从设计、生产到销售、维护的各个环节，实现产品仿真设计、生产自动排程、信息上传下达、生产过程监控、质量在线监测、物料自动配送等智能化生产。

　　实现智能制造的利器就是数字化、网络化的工具软件和制造装备，包括以下类型：

　　1）计算机辅助工具，如 CAD（计算机辅助设计）、CAE（计算机辅助工程）、CAPP（计算机辅助工艺设计）、CAM（计算机辅助制造）、CAT（计算机辅助测试，如 ICT 信息测试、FCT 功能测试）等。

　　2）计算机仿真工具，如物流仿真、工程物理仿真（包括结构分析、声学分析、流体分析、热力学分析、运动分析、复合材料分析等多物理场仿真）、工艺仿真等。

　　3）工厂/车间业务与生产管理系统，如 ERP（企业资源计划）、MES（制造执行系统）、PLM（产品全生命周期管理）、PDM（产品数据管理）等。

　　4）智能装备，如高档数控机床与机器人、增材制造装备（3D 打印机）、智能传感与控制装备、智能检测与装配装备、智能物流与仓储装备等。

　　5）新一代信息技术，如物联网、云计算、大数据等。

　　本章主要介绍智能数控机床、工业机器人、3D 打印装备、智能生产线及工厂。

6.2 智能数控机床

6.2.1 智能数控机床概念

　　数控机床是制造业的"工作母机"，是衡量一个国家制造业水平高低的战略物资。在我国加快转变经济发展方式，机床市场需求发生重大变化的新常态下，我国机床行业面临巨大的转型升级压力。数控机床已从数字化机床向智能化机床方向发展。但智能化机床尚处于起步阶段，还未取得实质性的研究进展和显著的应用成效。究其原因，主要是智能机床在自感知和自学习技术方面，未取得革命性的突破，最终导致机床智能化功能的适用性和有效性不够。近年来，大数据、云计算和新一代人工智能技术取得了群体性、革命性的突破。新一代人工智能技术与先进制造技术深度融合所形成的新一代智能制造技术，成为了新一轮工业革命的核心驱动力。新一代人工智能技术与数控机床的融合，形成了新一代智能机床，将为数控机床产业带来新的变革。

传统的数控机床是按照 G 指令和 M 指令驱动机床部件，实现刀具与工件的相对运动，对机床的实际工作状态并无感知和反馈。机床工作时在切削力、惯性力、摩擦力以及内部和环境热载荷的作用下，产生变形和振动，导致刀具的实际路径偏离理论路径，降低加工精度、表面质量和生产率。

智能机床指的是以人为核心，充分发挥相关机器的辅助作用，在一定程度上科学合理地应用智能决策、智能执行以及自动感知等方式。将各项智能功能加以组合，最终确保相应的制造系统更加具有高效性，满足低碳以及优质等目标的同时，为加工机械的优化运行提供可靠性保障。从狭义的角度上来讲，相关机械在整个加工的过程中，智能机床能对其自身的职能监测、调节、自动感知及最终决策加以科学合理的辅助，确保整个加工制造过程趋向于高效运行，最终实现低耗及优质等目标。智能机床借助温度、加速度和位移等传感器监测机床工作状态和环境的变化，实时进行调节和控制，优化切削用量，抑制或消除振动，补偿热变形，能充分发挥机床的潜力，是基于模型的闭环加工系统（图 6-1）。

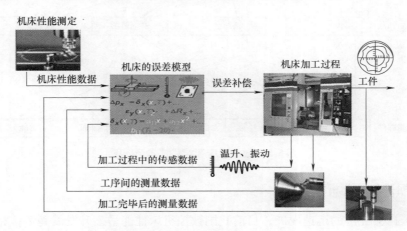

图 6-1　智能机床闭环加工系统

智能机床的另一特征是网络通信，它是工厂网络的一个节点，可实现机床之间和车间管理系统的相互通信，提高生产系统效率和效益。它是从加工设备进化到工厂网络的终端，生产数据能够自动采集，实现机床与机床、机床与各级管理系统的实时通信，使生产透明化，机床融入企业的组织和管理。机床智能化和网络化为制造资源社会共享、构建异地的、虚拟的云工厂创造了条件，从而迈向共享经济新时代，创造更多的价值。将来，数字孪生将成为高端机床的不可分割的组成部分，虚实形影不离。利用传感器对机床的运行状态实时监控，再通过仿真及智能算法进行加工过程优化，尽可能预测性能变化，实现按需维修。

6.2.2　智能机床关键技术

1. 智能数控技术

机床最关键的部分就是智能数控技术，其是以传统数控技术为关键点，在一定程度上对机床智能化水平造成直接影响，主要包含数据采集以及开放式数控系统架构等技术。较为常见的开放式数控系统架构往往是遵循开放性原则，科学合理地对相关数控系统加以开发，在机床中将其合理应用，其自身具有扩展性、互换性及操作性等显著优势。目前该架构主要包含两部分：系统平台及应用软件。其在一定程度上往往应用相关硬件及软件平台，确保相关部分实现系统化功能，如较为常见的电源系统或者微处理器系统。配合相应的操作系统，充分发挥系统性能至关重要的作用，科学合理地控制系统硬件资源，从而让相应的应用软件研制效率得以提高。目前在开发相关应用软件的过程中，其主要是以模型为主，让各系统能科学合理地联系在一起，从而根据编制差异，将其合理应用在各项系统。目前，较为常见的数控机床智能化技术系统图如图 6-2 所示。

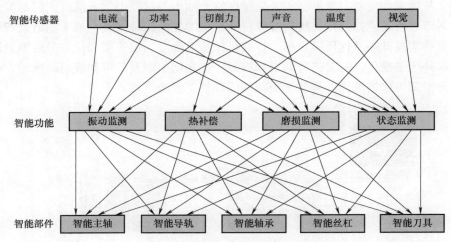

图 6-2　数控机床智能化技术系统图

2. 大数据采集及分析技术

随着我国社会经济的迅速发展，目前我国数控机床性能呈上升发展趋势，相应的机床往往呈现出各式各样的种类。为满足不同数据间的采集需求，目前在数控机床中被广泛应用的是传感器，其能适用于各式各样的机床数据采集类型，通常有力矩、电流、温度、振动等。通过数据采集不仅能确保整个制造过程得以有效管理，还能不断优化整个制造过程。从目前智能数控机床技术的实际发展情况来看，要想不断优化大数据分析过程，首先要确保相关数据实现可视化，在一定程度上确保数据分析能够实现科学合理，最终为相应的决策提供可靠性依据，目前很多数控系统往往是将数据采集接口装置加以合理应用，为相关数据信息的真实性及有效性提供可靠保障。另外，科学合理地使用大数据采集及分析技术能确保相关数据实现智能化管理，在获取相应的制造数据后，让整个加工过程及相关数据形成科学合理的联系，最大化减少人为因素的影响。

6.2.3　智能机床介绍

1. i5 智能机床

沈阳机床从 2007 年开始沿着确定的发展路线，经 7 年的艰苦研发，于 2014 年成功推出了具备 Industry（工业化）、Information（信息化）、Internet（网络化）、Intelligence（智能化）、Integration（集成化）的 i5 智能控制系统。在此基础上，成功开发出了七个系列的 i5 智能机床产品，同时开发出 Wis 车间信息管理系统、虚拟现实机床、iFactory 智能工厂、iSESOL 工业云、i5OS 工业操作系统等多个系列软件平台，不仅实现了核心技术完全自主，还打破了他国的长期垄断，通过智能机床的广泛应用，将改变未来制造业的工业模式，引领世界智能制造的发展潮流。i5 智能机床作为基于互联网的智能终端实现了操作、编程、维护和管理的智能化，是基于信息驱动技术，以互联网为载体，以为客户提供"轻松制造"为核心，将人、物有效互联的新一代智能装备。

i5 智能数控系统不仅是机床运动控制器，还是工厂网络的智能终端。i5 智能数控系统不仅包含工艺支持、特征编程、图形诊断、在线加工过程仿真等智能化功能，还实现了操作智能化、编程智能化、维护智能化和管理智能化，如图 6-3 所示。

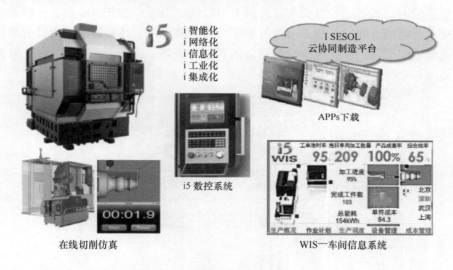

图 6-3　i5 智能数控系统

i5 数控系统的智能化表现有以下几方面：

（1）操作智能化　可通过触摸屏来操作整个系统，机床加工状态的数据，能实时同步到手机或平板电脑，实现了用户"指尖上的工厂"。不论用户在哪里，一机在手即可对设备进行操作、管理、监控，实时传递和交换机床的加工信息。

（2）在线加工仿真　在线工艺仿真系统能够实时模拟机床的加工状态，实现工艺经验的数据积累，进一步可以快速响应用户的工艺支持请求，获得来自互联网上的"工艺大师"的经验支持。

（3）智能补偿　集成有基于数学模型的螺距误差补技术，能使 i5 智能机床达到定位精度 $5\mu m$，重复定位精度 $3\mu m$。

（4）智能诊断　传统数控系统在诊断上反馈的是代码，而 i5 数控系统反馈的是事件。它能够替代人去查找代码，帮助操作者判断问题所在，可对电动机电流进行监控，给维护人员提供数据进行故障分析。

（5）智能车间管理　i5 数控系统与车间管理系统（WIS）高度集成，记录机床运行的信息，包括使用时间、加工进度、能源消耗等，给车间管理人员提供订单和计划完成情况的分析，还可以把机床的物料消耗、人力成本通过财务体系融合进来，及时归集整个车间的运营成本。

在互联网条件下，i5 数控系统不仅能够实现机床与机床的互联，还是一个能够生成车间管理数据、并与有关部门进行数据交换的网络终端，通过制造过程的数据透明，实现制造过程和生产管理的无缝连接，这不仅为了方便加工零件，同时产生服务于管理、财务、生产、销售的实时数据，实现了设备、生产计划、设计、制造、供应链、人力、财务、销售、库存等一系列生产和管理环节的资源整合与信息互联，减少浪费，提高效率。在数控系统提供透明数据的情况下，需要与商业模式相配合的云端平台和云端应用，沈阳机床集团旗下智能云科公司研发的云制造 iSESOL 平台，通过 i5 智能机床的在线信息，打造了一套云端产能分享平台。用户可以将闲置产能公示于 iSESOL 平台，有产能需求的用户无须购买设备即可快速获得制造能力。通过这种方式产能提供方可以利用闲置产能获得收益，产能需求方可以以较低的成本获得制造能力，双方通过分享获得利益最大化。这种制造能力的分享模式将会改变制造业的组织形式，并且充分挖掘社会闲置制造资源。基于 iSESOL 平台的智能机床互联网应用如图 6-4 所示。

图 6-4　基于 iSESOL 平台的智能机床互联网应用

从图 6-4 中可见，分布在全国各地的各种型号的 i5 智能机床都可通过 iport 协议接入 iSESOL 网络。加入云平台的设备总数为 2477 台、累计服务机时 175746h，订单交易数为 1226。单击地图上的蓝点即可显示在该地区的 i5 智能机床数量，每台机床加工零件所产生的数据都可为相关生产人员、管理人员和操作人员共享。不难看出，未来数控系统的趋势将会是云与端相互结合的新架构，并且需要通过对行业应用的深入分析和了解，设计符合未来发展趋势的互联网应用及商业模式，通过智能终端将人与人、人与设备、人与知识相互连接，使得人才（知识）资源、制造资源、金融资源等获得分享和价值最大化，而数控系统需要承担起人与制造资源连接桥梁的重要角色。

2. INC 智能机床

华中数控、宝鸡机床、华中科技大学提出了新一代智能机床的新理念，开展了智能数控系统（Intelligent NC，INC）和智能机床（Intelligent NC Machine Tools，INC-MT）的探索。

（1）自主感知　通过独创的"指令域"大数据汇聚方法，按毫秒级采样周期汇集数控系统内部电控数据、插补数据，以及温度、振动、视觉等外部传感器数据，形成数控加工指令域"心电图"和"色谱图"。伺服驱动系统既是"执行器"又是"感知器"。实现了数控加工过程的状态信息和工况信息的自主感知，建立了数控机床的全生命周期"数字孪生"（Digital Twins，DT）和"人-信息-物理系统"（Human Cyber Physical Systems，HCPS）。

（2）自主学习　在大数据、云计算和新一代人工智能技术的基础上，建立了大数据智能（可视化、大数据分析和深度学习）的开放式技术平台，形成智能机床共创、共享、共用的研发模式和商业模式的生态圈。从大数据中隐含的"关联关系"中，应用大数据智能技术，进行自主学习，获得数控加工智能化控制知识，通过开放的技术平台，实现智能控制策略、知识的积累和共享。

（3）自主决策　根据数控加工的实时工况和状态信息，利用自主学习所获得的智能控制策略和知识，形成多目标优化加工的智能控制"i-代码"。

（4）自主执行　通过独创的"双码联控"控制技术，实现了传统数控加工的"G-代码"（第一代码）和多目标优化加工的智能控制"i-代码"（第二代码）的同步运行，达到数控加工的优质、高效、可靠、安全和低耗的目的。

在以上技术基础上，华中数控与宝鸡机床率先研制了基于新一代人工智能技术的智能数控系统（INC）和智能机床（INC-MT）概念机，开发了一批质量提升、工艺优化、健康保障和生产运行的智能化功能模块。在华中8型数控系统的基础上，智能数控系统（INC）提供了机床指令域大数据汇聚访问接口、机床全生命周期"数字孪生"的数据管理接口和大数据智能（可视化、大数据分析和深度学习）的算法库，为打造智能机床共创、共享、共用的研发模式和商业模式的生态圈提供开放式的技术平台，为机床厂家、行业用户及科研机构创新研制智能机床产品和开展智能化技术研究提供技术支撑。

智能数控系统（INC）已初步实现了质量提升、工艺优化、健康保障和生产运行等智能化功能，使得数控加工"更精、更快、更智能"。

此外，智能数控系统（INC）采用了多点触控虚拟键盘，替代了传统的数控机床键盘；采用机器视觉人脸识别，对操作者进行身份认证。

以汇集数控系统内部指令域电控实时数据为大数据的主要来源，并适度增加温度、振动、视觉等传感器监测机床工作状态和环境的变化，建立数控机床的"数字孪生"；通过大数据的可视化、大数据分析、大数据深度学习和理论建模仿真，形成智能控制的策略、知识，并能积累和共享；通过"双码联控"技术，实现质量提升、工艺优化、健康保障、生产管理的智能化，达到提高数控机床优质、高效、可靠、安全和低耗的目的。机床主要特色：

（1）高精　采用全闭环高精度光栅尺反馈。根据实际需要，在机床的主轴、各进给轴上新增温度传感器若干个、振动传感器若干个，如图6-5所示。具有智能热误差补偿、空间误差补偿、主轴自动避振等智能化功能。

（2）高效　高速钻攻中心的主轴转速24000r/min，快移速度60m/min，加速度$1g$，具有加工工艺参数评估、三维曲面双码联控高速加工等智能化功能。

（3）自动化　HNC-848D的多通道功能，实现对数控机床和华数机器人的"一脑双控"，大幅降低数控机床实现自动上下料控制的硬件成本。

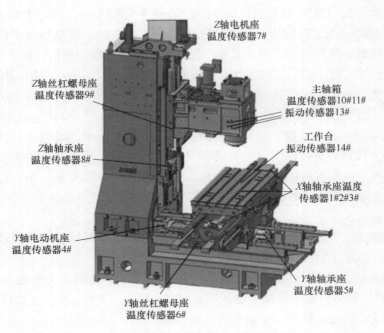

图 6-5　传感器布局

（4）智能化　具有加工工艺参数优化、智能断刀检测、智能刀具寿命管理、加工工程视觉智能监控、自生长自学习加工工艺数据库、机床健康状态预测性维护、主轴动平衡分析和智能健康管理、进给轴全生命周期负荷图、基于二维码的维修案例管理与搜索、INC-Cloud 智能云管家移动端 APP、远程监控、生产率统计分析等全面智能化功能。

6.3　工业机器人

工业机器人作为机电一体化的自动化装备不仅解放了人工劳动力，提高了工作效率，还能更加准确地完成规定工作，使得其在工业领域被广泛应用。随着工业机器人智能化逐渐提高，在各行业领域的应用也越来越普遍，不论是传统的行业还是新兴的领域都能看到工业机器人的使用。其中我国汽车及电子行业应用工业机器人数量最多。此外，经济发展使得居民生活质量得到了提高，对于生活的要求也在不断提高，未来工业机器人更与居民生活相关联，在食品生产、医疗服务等领域会应用更加普遍，工业机器人不仅保证了生产的质量和工作的效率，还很大程度上降低了劳动工作者的工作量，既省去了企业劳动资金的投入，又解放了劳动工作者的工作压力，为企业市场增加了份额并大幅度改善了居民的生活水平。

工业机器人既是智能制造的关键支撑装备，又是改善人类生活方式的重要切入点，其研发和产业化应用是衡量一个国家科技创新、高端制造发展水平的重要标志。大力发展工业机器人产业，对于打造我国制造新优势，推动工业转型升级，加快制造强国建设，改善人们生活水平具有重要意义。近年来，随着国家对工业机器人的扶持力度不断加大，本土企业不断推动技术创新，特别是伴随关键性零部件方面的技术积累，国内机器人企业正积极抢占市场。

我国工业机器人市场发展较快，约占全球市场份额的 1/3，是全球第一大工业机器人应用市场。2017 年，我国工业机器人保持高速增长，工业机器人市场规模约为 42.2 亿美元，同比增长 24%。2018 年上半年，我国工业机器人市场规模达到 52.2 亿美元。当前，我国生产制造智能化改造升级的需求日益凸显，工业机器人的市场需求依然旺盛。

6.3.1　工业机器人的概念

工业机器人在世界各国的定义不完全相同，但是其含义基本一致。ISO 对工业机器人定义为：工业机器人是一种具有自动控制的操作和移动功能，能够完成各种作业的可编程操作机。ISO 8373 有更具体的解释：工业机器人有自动控制与再编程、多用途功能，机器人操作机有三个或三个以上的可编程轴，在工业机器人自动化应用中，机器人的底座可固定也可移动。美国机器人工艺协会对工业机器人的定义为：工业机器人是用来进行搬运材料、零件、工具等可再编程的多功能机械手，或通过不同程度的调用来完成各种工作任务的特种装置。日本工业标准、德国标准及英国机器人协会也有类似的定义。总的来说工业机器人是集机械、电子、控制、计算机、传感器、人工智能等多学科的先进技术于一体的现代制造业自动化重要装备。一般来说，工业机器人的显著特点有以下四个方面：

（1）仿人功能　工业机器人通过各种传感器感知工作环境，达到自适应能力。在功能上模仿人的腰、臂、手腕等部位达到工业自动化的目的。

（2）可编程　工业机器人作为柔性制造系统的重要组成部分，可编程能力是其对适应工作环境改变能力的一种体现。

（3）通用性　工业机器人一般分为通用与专用两类。通用工业机器人只要更换不同的末端执行器就能完成不同的工业生产任务。

（4）良好的环境交互性　工业机器人在无人为干预的条件下，对工作环境有自适应控制能力和自我规划能力。

随着机器人技术的不断发展，工业机器人的应用范围也越来越广。当前，工业机器人的应用领域主要有弧焊、点焊、装配、搬运、涂装、检测、码垛、研磨抛光、激光加工等。

6.3.2　工业机器人结构及分类

工业机器人是面向工业领域的多关节机械手或多自由度的机器装置，它能自动执行工作，是靠自身动力和控制能力来实现各种功能的一种机器。它可以接受人类指挥，也可以按照预先编排的程序运行，工业机器人一般由主体、驱动系统、控制系统、感知系统、末端执行器五部分组成。

1. 主体

主体即机座和执行机构，包括臂部、腕部和手部，有的机器人还有行走机构。大多数工业机器人有 3～6 个运动自由度，其中腕部通常有 1～3 个运动自由度，如图 6-6 所示。

2. 驱动系统

工业机器人的驱动系统，电动伺服驱动系统是工业机器人必不可少的关键零部件。其利用各种电动机产生的力矩和力，直接或间接地驱动机器人本体，以获得机器人的各种运动，

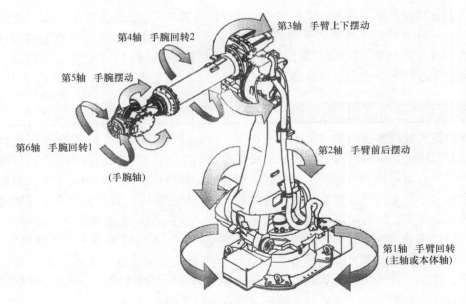

第4轴 手腕回转2

第3轴 手臂上下摆动

第5轴 手腕摆动

第6轴 手腕回转1

（手腕轴）

第2轴 手臂前后摆动

第1轴 手臂回转
（主轴或本体轴）

图6-6 工业机器人自由度

通常由伺服电动机以及伺服驱动器组成。按动力源分为液压、气动和电动三大类。

依据需求也可由这三种范例组合为复合式的驱动系统。或者通过同步带、轮系、齿轮等机械传动机构来间接驱动。驱动系统有动力装置和传动机构，使机构发生相应的动作。这三类驱动系统各有特点，现在主流的是电动驱动系统。采用低惯量，大转矩交、直流伺服电动机及其配套的伺服驱动器（图6-7），运用方便，控制灵敏。除了可以进行速度与转矩控制外，伺服系统还可以进行精确、快速、稳定的位置控制。

（1）工业机器人对伺服电动机的要求

1）快速响应性。电伺服系统的灵敏性越高，快速响应性能越好。

2）起动转矩惯量比大。在驱动负载的情况下，要求机器人的伺服电动机的起动转矩大，转动惯量小。

图6-7 伺服电动机及伺服驱动器

3）控制特性的连续性和直线性。随着控制信号的变化，电动机的转速能连续变化，有时还需转速与控制信号成正比或近似成正比，调速范围宽，能用于1∶10000～1∶1000的调速范围。

4）体积小、质量小、轴向尺寸短，以配合工业机器人的体形。

5）能经受苛刻的运行条件，可进行十分频繁的正反向和加减速运行，并能在短时间内承受数倍过载。交流伺服驱动器因其具有转矩转动惯量比高、无电刷及换向火花等优点，在工业机器人中得到广泛应用。

（2）伺服电动机的核心技术

1）信号接插件的可靠性。国产伺服电动机需要继续改进，而且接插件的小型化、高密度化也是趋势，与伺服电动机本体的集成设计是个很好的做法，目前日系的伺服电动机很多就是这样设计的，方便安装、调试、更换。

2）编码器的高精度。工业机器人上用的多圈绝对值编码器，目前严重依赖进口，是制约我国高档伺服系统发展的重要瓶颈之一。编码器的小型化也是伺服电动机小型化绕不过去的核心技术。纵观日系伺服电动机产品的更迭，都是伴随着电动机磁路和编码器的协同发展升级。

另外，国内的伺服系统的基础性研究缺失，包括绝对值编码器技术、高端电动机的产业化制造技术、生产工艺的突破、性能指标的实用性验证和考核标准的制定等。这些都需要国内机器人行业的核心零部件企业去完善。

大多数电动机需安装减速器，精密减速器是工业机器人最重要的零部件。工业机器人运动的核心部件"关节"就是由它构成的，每个关节都要用到不同的减速器。精密减速器是一种精密的动力传动机构，它是利用齿轮的速度转换器，可将电动机的转速降到所要的转速，并得到较大转矩的装置，从而降低转速，增加转矩。根据原理不同，精密减速器可分为齿轮减速器、RV 减速器和行星减速器。工业机器人一般使用 RV 减速器和谐波齿轮减速器，其中谐波齿轮减速器属于齿轮减速器的一种。

1）谐波齿轮减速器。谐波齿轮减速器是利用行星齿轮传动原理发展起来的一种新型减速器，由波发生器、柔轮和刚轮组成（图 6-8），依靠波发生器使柔轮产生可控弹性变形，并靠柔轮与刚轮啮合来传递运动和动力。谐波传动具有运动精度高、传动比大、质量小、体积小、转动惯量小等优点。最重要的是能在密闭空间传递运动，这一点是其他任何机械传动无法实现的。其缺点为在谐波齿轮传动中柔轮每转发生两次椭圆变形，极易引起材料的疲劳损坏，损耗功率大。同时，其引起的扭转变形角达到 20′～30′甚至更大。受轴承间隙等影响可能引起 3′～6′的回程误差，不具有自锁功能。

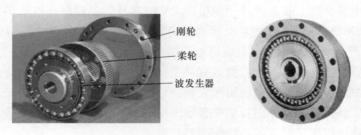

刚轮
柔轮
波发生器

图 6-8 谐波齿轮减速器

2）RV 减速器。RV 减速器（图 6-9）由一个行星齿轮减速器的前级和一个摆线针轮减速器的后级组成。RV 传动是新兴的一种传动，它是在传统针摆行星传动的基础上发展出来的，不但克服了一般针摆传动的缺点，而且具有体积小、质量小、传动比范围大、寿命长、精度保持稳定、效率高、传动平稳等一系列优点。

RV 减速器有较优越的性能：①摆线针轮行星减速装置中的传动零件刚度高、接触应力小，零件加工和安装精度易于实现高精度，这就使得摆线针轮传动的效率很高；②行星传动结构与紧凑的 W 输出机构组合，使整个摆线针轮减速装置结构十分紧凑，因此其结构体积小、质量小；③采用一齿差或少齿差传动，摆线针轮传动的传动比大小取决于摆线针轮的齿数，齿数越多，传动比越大；④摆线针轮传动同时啮合的齿数要比渐开线外齿传动同时啮合的齿数多，因此承载能力较大；⑤摆线轮和针轮的轮齿均淬硬、精磨，比渐开线少齿差传动中内齿轮的加工性能更好、齿面硬度更高、使用寿命更长。

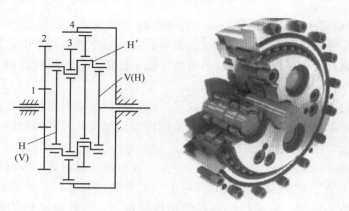

图 6-9　RV 减速器

　　RV 减速器是工业机器人的核心部件，具有高精度、高刚性、体积小、速比大、承载能力大、耐冲击、转动惯量小、传动效率高、回差小等优点；广泛应用于工业机器人、伺服控制、精密雷达驱动、数控机床等高性能精密传动的场合，也适用于要求体积小、质量小的工程机械、移动车辆等装备的普通动力传动中。

　　工业机器人核心零部件主要是伺服驱动系统、控制器、减速器。三大核心零部件占机器人成本的比例超过 70%，其中减速器成本占比为三大核心零部件最高者，约为 36%。全球减速器市场由日本企业纳博特斯克和哈默纳科形成垄断局面。2015 年全球精密减速器市场大部分份额被日本的三家企业所占有，其中纳博特斯克生产的减速器，约占 60% 的份额，哈默纳科生产的减速器，约占 15% 的份额，住友生产的减速器，约占 10% 的份额。

　　从具体的减速器分类上看，国外厂商生产 RV 减速器的主要是日本的纳博特斯克、住友和斯洛伐克的 SPINEA 三家公司；生产谐波减速器的主要是日本的哈默纳科和新宝两家公司。2017 年，国产减速器在出货量上取得了新的突破。

　　根据高工产研机器人研究所披露的数据显示，在 RV 减速器方面，出货量排名前十的企业中，共有 5 家中资企业，其中南通镇康表现最好，位列第三，排在日本企业纳博特斯克和住友之后。在谐波减速器方面，出货量排名前十的企业中，共有 8 家中资企业，其中苏州绿的表现最好，出货量仅次于日本巨头哈默纳科。

3. 控制系统

　　机器人控制系统是机器人的大脑，是决定机器人功用和功能的主要因素。控制系统的任务是根据机器人的作业指令从传感器获取反馈信号，控制机器人的执行机构，使其完成规定的运动和功能，如控制工业机器人在工作空间中的活动范围、姿势和轨迹、动作的时间等。若机器人不具备信息反馈特征，则该控制系统称为开环控制系统；若机器人具备信息反馈特征，则该控制系统称为闭环控制系统。该部分主要由计算机硬件和软件组成。软件主要由人机交互系统和控制算法等组成。工业机器人控制器是机器人控制系统的核心大脑。控制器的主要任务是对机器人的正向运动学、逆向运动学进行求解，以实现机器人的操作空间坐标和关节空间坐标的相互转换，完成机器人的轨迹规划任务，实现高速伺服插补运算、伺服运动控制。机器人轴数越多，对控制器性能要求也越高。机器人自由度的高低取决于其可移动的关节数目，关节数越多，自由度越高，位移精准度也越高，其所使用的伺服电动机数量就相对较多，即越精密的工业机器人所用的伺服电动机数量越多。一般每台多轴机器人由一套控制系统控制，也意味着控制器性能要求越高。

控制系统的开发涉及较多的核心技术，包括硬件设计，底层软件技术，上层功能应用软件等。随着技术和应用经验的积累，国内企业机器人控制器产品已经较为成熟，是机器人产品中与国外产品差距最小的关键零部件，国内机器人控制器所采用的硬件平台和国外产品相比并没有太大差距，差距主要在控制算法和二次开发平台的易用性方面。

4. 感知系统

机器人传感器信息融合如图 6-10 所示，它是由内部传感器模块和外部传感器模块构成的，可获取内部和外部的环境状态中有意义的信息。内部传感器是用来检测机器人本身状态（如手臂间的角度）的传感器，多为检测位置和角度的传感器。具体有：位移传感器、位移传感器、角度传感器等。外部传感器是用来检测机器人所处环境（如检测物体的距离）及状况（如检测抓取的物体是否滑落）的传感器。具体有距离传感器、视觉传感器、力觉传感器等。智能传感系统的使用提高了机器人的机动性、实用性和智能化的标准，人类的感知系统对外部世界信息的感知是极其灵巧的，然而对于一些特定的信息，传感器比人的感知系统更加有效。

5. 末端执行器

末端执行器是连接在机械手最后一个关节上的部件，它一般用来抓取物体，与其他机构连接并执行需要的任务。机器人制造上一般不设计或出售末端执行器，多数情况下，只提供一个简单的抓持器。通常末端执行器安装在机器人 6 轴的法兰盘上以完成给定环境中的任务，如焊接、涂装、涂胶及零件装卸等就是需要机器人来完成的任务。

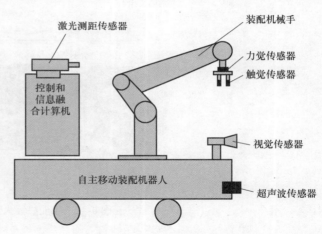

图 6-10　机器人传感器信息融合

工业机器人按照机械本体部分进行分类，从基本结构来看主要有直角坐标式机器人、圆柱坐标式机器人、球坐标式机器人、关节坐标式机器人、平面关节式机器人、柔软臂式机器人、冗余自由度机器人、模块式机器人等；从动力源来看分为气动、液压、电动三种；根据感知部分进行分类，如视觉传感器、听觉传感器、触觉传感器、接近传感器等类型；根据控制部分进行分类，如人工操纵机器人、固定程序机器人、可变程序机器人、重演式示教机器人、CNC 机器人、智能机器人。

6.3.3　工业机器人选用

1. 应用场合

根据应用场合以及制造流程来选择合适的机器人。若应用过程需要机器人在人工旁边协同完成，如人机混合的半自动线，特别是需要经常变换工位或移位移线的情况，以及配合新型力矩感应器的场合，协作机器人应该是一个很好的选择（图 6-11a）。如果是寻找一个紧凑型的取放料机器人，可选择水平多关节机器人（图 6-11b）。如果是寻找针对小型物件，快速取放的场合，并联机器人（图 6-11c）最适合这样的需求。垂直多关节机器人（图 6-11d）可以适应一个非常大范围的应用，从上下料到码垛，以及涂装，去毛刺，焊接等。桁架机器人（图 6-11e）在机床上下料中空间利用合理、成本低、速度快、精度高、负载大、冲击小、运行平稳。

工业机器人制造商和系统集成商针对每一种应用场合都有相应的机器人方案，客户只需要明确机器人的工作，再从不同的种类当中，选择最适合的型号。

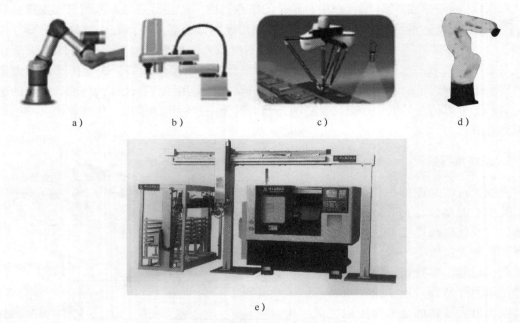

a)   b)   c)   d)

e)

图 6-11 工业机器人选用

a) 协作机器人   b) 水平多关节机器人   c) 并联机器人   d) 垂直多关节机器人   e) 桁架机器人

2. 有效负载

有效负载是机器人在其工作空间可以携带的最大负荷，从 3~1300kg 不等。如果希望机器人完成将目标工件从一个工位搬运到另一个工位，需要注意将工件的重量以及机器人手爪的重量加总到其工作负荷。另外，特别需要注意的是机器人的负载曲线，在空间范围的不同距离位置，实际负载能力会有差异。

3. 轴数（自由度）

机器人配置的轴数直接关联其自由度。如果针对一个简单的直来直去的场合，如从一条输送带取放到另一条，简单的 4 轴机器人就足以应对。但是，如果应用场景在一个狭小的工作空间，且机器人手臂需要很多的扭曲和转动，6 轴或 7 轴机器人将是最好的选择。

轴数一般取决于该应用场合。应当注意，在成本允许的前提下，选型多一点的轴数在灵活性方面不是问题。这样方便后续重复利用改造机器人到另一个应用制程，能适应更多的工作任务，而不是发现轴数不够。机器人制造商倾向于使用各自略有不同的轴或关节命名。基本上，第一关节（J_1）是最接近机器人底座的那个，接下来的关节称为 J_2，J_3，J_4，……依此类推，直到到达手腕末端。而有的公司则使用字母命名机器人的轴。

4. 最大作动范围

当评估目标应用场合的时候，应该了解机器人需要到达的最大距离。选择一个机器人不仅凭它的有效载荷，还需要综合考量它能到达的确切距离。每个公司都会给出相应机器人的运动范围图，由此可以判断，该机器人是否适合于特定的应用。如图 6-12 所示机器人的水平运动范围，注意机器人在近身及后方的一片非工作区域。

机器人的最大垂直高度的测量是从机器人能到达的最低点（常在机器人底座以下）到手腕可以达到的最大高度的距离 Y。最大水平作动距离是从机器人底座中心到手腕可以水平达到的最远点的距离 X。

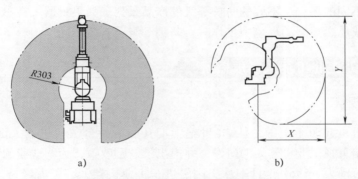

a)　　　　　　　　　　　　b)

图 6-12　机器人的水平运动范围

5. 重复精度

重复精度可以被描述为机器人重复完成例行的工作任务每一次到达同一位置的能力。一般在（0.02～0.05）mm 之间，甚至更精密。例如，如果需要机器人组装一个电路板，可能需要一个重复精度很高的机器人。如果应用工序比较粗糙（如打包、码垛等），工业机器人也就不需要那么高的重复精度了。

另一方面，组装工程的机器人精度的选型要求，也关联组装工程各环节尺寸和公差的传递和计算。例如：来料的定位精度，工件本身在生产设备中的重复定位精度等。事实上，由于机器人的运动重复点不是线性的而是在空间运动，该参数的实际情况可以是在公差半径内的球形空间任何位置。机器视觉技术的运动补偿可降低机器人对来料精度的要求和依赖，提升整体的组装精度。

6. 速度

速度取决于该作业需要完成的循环时间。通常机器人规格表列明了该型号机器人最大速度，但考量从一个点到另一个点的加减速，实际运行的速度将在 0 和最大速度之间。有的机器人制造商也会标注机器人的最大加速度。

7. 本体重量

本体重量是设计机器人单元时的一个重要因素。如果工业机器人必须安装在一个定制的机台，甚至在导轨上，那么需要知道它的重量来设计相应的支撑。

8. 制动和转动惯量

基本上每个机器人制造商都会提供机器人制动系统的信息。有些机器人对所有的轴配备制动，有些机器人型号则不是所有的轴都配置制动。要在工作区中确保精确和可重复的位置，需要有足够数量的制动。另外一种特别情况，意外断电发生的时候，不带制动的负重机器人轴不会锁死，有造成意外的风险。同时，某些机器人制造商也提供机器人的转动惯量。

9. 防护等级

根据机器人的使用环境，选择达到一定的防护等级（IP）的标准。一些制造商提供相同的机械手针对不同的场合、不同的防护等级的产品系列。如果机器人在参与生产食品，医药、医疗器具，或易燃易爆的环境中工作时，防护等级会有所不同。

6.3.4 国内外工业机器人发展概况

1. 国外发展现状

工业机器人最早起源于美国，从 20 世纪中期开始第一台工业机器人诞生，80 年代末期，美国政府开始重视工业机器人的研发，并提出了鼓励政策，为制造业的发展带来了先进的科技与足够的劳动力。1967 年日本从美国引进了工业机器人，随着经济发展带动了工业机器人需求量的增多，使工业机器人应用领域不断扩大。目前日本已成为了世界上拥有最先进机器人技术的国家之一。在机器人的生产方面，日本在全球有着"出货大国"的称号，目前出货数量基本与北美地区持平。

谈及世界工业机器人，就绕不开以 FANUC（发那科）、库卡、ABB、安川电机为代表的四大家族。在亚洲市场，它们同样举足轻重，更占据有中国机器人产业 70% 以上的市场份额。四大家族在各个技术领域内各有所长，ABB 的核心领域是控制系统，KUKA 是系统集成应用与本体制造，发那科是数控系统，安川电机是伺服电动机与运动控制器领域。

ABB 强调机器人本身的整体性，以其六轴机器人来说，单轴速度并不是最快的，但六轴一起联合运作以后的精准度是很高的。ABB 的核心技术是运动控制系统，这也是对于机器人自身来说最大的难点。掌握了运动控制技术的 ABB 可以不断实现循径精度、运动速度、周期时间、可程序设计等机器人性能的提高，大幅度提高生产的质量、效率及可靠性。ABB 在国内注重与中国大客户的合作，对 3C 行业重视程度很高。其未来的产品将更多融合智能化、互联化、大数据等先进技术。库卡（KUKA）机器人（已被美的收购）可用于物料搬运、加工、点焊和弧焊，涉及自动化、金属加工、食品和塑料等产业。库卡在重负载机器人领域做得比较好，在 120kg 以上的机器人中，库卡和 ABB 的市场占有量居多，而在重载的 400kg 和 600kg 的机器人中，库卡的销量是最多的。库卡在国内销售的优势在于二次开发做得好，就算是完全没有技术基础的人一天之内就可以上手操作；在人机界面上，为了迎合中国人的习惯，库卡做得很简单，相比之下，日系品牌的机器人的控制系统按键很多，操作略显复杂。

FANUC 是全球专业的数控系统生产厂，工业机器人与其他企业相比独特之处在于：工艺控制更加便捷、同类型机器人底座尺寸更小、更拥有独有的手臂设计。FANUC 的优势在于轻负载、高精度的应用场合，这也是 FANUC 的小型化机器人（24kg 以下）畅销的原因。

安川电机（YASKAWA）主要生产的伺服和运动控制器都是制造机器人的关键零件，其相继开发了焊接、装配、涂装、搬运等各种各样的自动化作业机器人，其核心的工业机器人产品包括：点焊和弧焊机器人、涂装和处理机器人、LCD 玻璃板传输机器人和半导体芯片传输机器人等，是将工业机器人应用到半导体生产领域最早的厂商之一。其机器人稳定性好，但精度略差。

工业机器人四大家族最初都是从事机器人产业链相关的业务，如 ABB 和安川电机从事电力设备电机业务，FANUC 研究数控系统，库卡最初从事焊接设备。最终他们能成为全球领先的综合型工业自动化企业，都是因为掌握了机器人本体及其核心零件的技术，并致力投入研究而最终实现了一体化发展。国外其他世界知名的工业机器人企业还有川崎重工业公司（Kawasaki）、爱普生机器人公司（Epson）、史陶比尔机器人公司（Staubli）、那智机器人公司（NachiFujikoshi）、柯马机器人公司（Comau）、爱德普机器人公司（Adept）。

2. 我国发展现状

20 世纪 70 年代世界机器人发展慢慢成熟，我国在此背景影响下开始研发工业机器人，刚开始经济水平较低且科技水平不足，导致前十年进展十分缓慢。20 世纪 80 年代以后，我国通过各个领域的应用实践，技术不断趋于成熟，逐渐形成产业化生产基地，并且有大量的研究院及高等院校参与研发制造。随着经济发展，工业机器人的市场需求也在不断上升，目前在世界机器人领域中占据着优势地位，同时也是全球工业机器人最大进口国家。在技术方面，我国制造的工业机器人成本较高，使得相比造价较低的进口工业机器人市场较小，部分关键零部件只能使用配套进口零部件进行制造。

2011 年，工信部正式发布智能制造装备产业规划。2012 年，国家发布机器人科技发展"十二五"专项规划。2013 年，国家印发"关于组织实施 2013 年智能制造装备发展专项的通知"。2016 年，由工信部、国家发改委、财政部联合印发的《机器人产业发展规划 2016—2020 年》，明确提出至 2020 年，国内工业机器人产量将要达到 10 万台以上，其中六轴以上工业机器人产量将达 5 万台以上，中国的工业机器人密度将达 150 台/万名人类员工。2017 年，中国工业机器人 13.8 万台的销量中，外资品牌占据了绝大部分的市场份额，国内自主品牌机器人在销量上有所增加，但所占份额仍然较少。2017 年，我国主要的工业机器人生产厂商为新松、埃斯顿、埃夫特、新时达、拓斯达、广州数控等企业；其中新松、埃斯顿、拓斯达工业机器人年产量均超过 9000 台，新时达有一个年产能为 10000 台的新工厂在建。其中汇川技术、埃斯顿等优质企业在伺服技术方面走在行业前列，慈星股份、新时达等在工业机器人控制器方面较早布局，中大力德、双环传动等具有代表性的公司涉足减速器；机器人、黄河旋风、拓斯达、埃斯顿、博实股份、天奇股份等一批公司逐渐成为工业机器人集成应用领域的佼佼者。尽管前路艰难，但大国崛起之路上，工业机器人的进口替代已是大势所趋。随着技术突破的推进，国内逐渐涌现出一批快速成长的制造企业，中国工业机器人产业正向中高端发起冲锋。

6.4　3D 打印装备

1986 年，美国人查尔斯·赫尔根据紫外线灯照射液态的树脂膜会产生固化的原理，经过一年的研发并注册专利，成立了世界上第一家生产 3D 打印设备的公司 3D Systems。两年后，推出了世界上第一台基于立体光刻（SL）技术的 3D 工业级打印机 SLA-250。1988 年，美国人斯科特·克朗普发明了另一种更廉价的 3D 打印技术-熔融沉积成型（FDM）技术，并于 1989 年成立了 Stratasys 公司。1989 年，美国人德卡德发明了选择性激光烧结（SLS）技术，这种技术的特点是选材范围广泛，理论上几乎所有的粉末材料都可以打印，如尼龙、腊、ABS、金属和陶瓷粉末等都可以作为原材料。

1995 年，美国麻省理工学院的几名学生借用喷墨打印机的原理，把打印机墨盒里面的墨水替换成胶水，来黏接粉末床上的粉末，打印出了一些立体的物品。他们将这种打印方法称作 3D 打印（3D Printing）。在此之前，这种技术一直被称为快速原型、增材制造。由于 3D 打印一词的通俗易懂，于是慢慢普及开来。

2008 年，英国人 Adrian Bowyer 发布了第一款开源的桌面级 3D 打印机 RepRap，桌面级的开源 3D 打印机为轰轰烈烈的 3D 打印普及化浪潮揭开了序幕。

6.4.1　基本概念

3D 打印也称增材制造技术或激光快速原型（LRP），其基本原理都是叠层制造。基于这种技术的 3D 打印机在内部装有液体或粉末等"打印材料"，通过计算机控制把"打印材料"一层层叠加起来，最终把计算机上的三维蓝图变成实物。市场现有 3D 打印技术分类见表 6-1。

与传统制造业的去除材料加工技术不同，3D 打印遵从的是加法原则，可以直接将计算机中的设计转化为模型，甚至直接制造零件或模具，不再需要传统的刀具、夹具和机床。由于该技术将多维制造变为简单的由下至上的二维叠加，大大降低了设计与制造的复杂度，甚至可以制造传统方式无法加工的奇异结构，如封闭内部空腔、多层嵌套等。其优势是缩短产品开发周期、简化开发流程、降低研发成本、个性化产品定制、小批量生产。目前快速原型零件的精度及表面质量大多不能满足工程直接使用，不能作为功能性部件，只能做原型使用。由于采用层层叠加的增材制造工艺，层和层之间的黏结再紧密，也无法和传统模具整体浇注而成的零件相媲美，这意味着在一定外力条件下，"打印"的部件很可能会散架。如需批量生产的产品，对比传统的减材制造，3D 打印速度与成本显然无法与之相比，从而难以应用。

3D 打印是一种以数字模型为基础，运用塑料或粉末状金属等可黏合材料，通过逐层打印的方式来构造物体的技术，目前该领域广泛应用于模具制造、工业设计、鞋类、珠宝设计、工艺品设计、建筑、工程施工、汽车、航空航天、医疗、教育、地理信息系统、土木工程等领域。其打印的材料分为工程塑料和金属两大类：工程塑料有树脂类、尼龙类、ABS、PLA 等；金属有不锈钢、模具钢、铜、铝、钛、镍等合金。3D 打印的成型工艺有 FDM、SLA、SLS、SLM 等，其中粉末类材料一般采用激光烧结，价格比较贵。SLA 不太环保、相对来说 FDM 比较便宜，材料 PLA 比较环保。

表 6-1　3D 打印技术分类

名　　称	市场技术名称	过程描述	优　　势	典型材料
光固化技术	SLA 光固化快速成型设备、DLP 数字光处理、CLIP 连续液界面生产	液态光敏树脂通过（激光头或者投影，以及化学方式）发生固化反应，凝固成产品的形状	高精度和高复杂性，光滑的产品表面	光敏树脂
粉末床熔融（PBF）	SLS 选择性激光烧结、DMLS、SLM 选择性激光融化、EBM 电子束激光融化	通过选择性地融化金属粉末床每一层的金属粉末来制造零件	高复杂性	塑料、金属粉末、陶瓷粉末、砂子
黏结剂喷射	3DP	黏结剂喷射 3D 打印技术是把约束溶剂挤压到粉末床，3D 打印的名称也由此诞生	全彩打印，高通量，材料广泛	塑料粉末、金属粉末、陶瓷粉末、玻璃、砂子
材料喷射		将材料以微滴的形式选择性喷射沉积	高精度，全彩，允许一个产品中含多种材料	光敏树脂、树脂、蜡
层压	LOM 层压技术，SDL 选择性沉积层压，UAM 超声增材制造	片状材料借助黏胶、超声焊接，钎焊被压合在一起，多余部分被层层切除	高通量，相对成本低（非金属类），可以在打印过程中植入组件	纸张、塑料、金属箔
材料挤出	FFF 电熔制丝，FDM 熔融挤出	丝状的材料通过加热的挤出头以液态的形状被挤出	价格便宜，多色，可用于办公环境，打印出来的零件结构性能高	塑料长丝、液体塑料、泥浆（用于建筑类）
定向能量沉积	LMD 激光金属沉积，LENS 激光净型制造，DMD 直接金属沉积	金属粉末或者金属丝在产品的表面上熔融固化，能量源可以是激光或者是电子束	适合修复零件，可以在同一个零件上使用多种材料，高通量	金属丝、金属粉、陶瓷
混合增材制造	AMBIT（该名称由 Hybrid Mfg Tech 公司提出）	与当前的 CNC 数控机床配套的增材制造包	高通量，自由造型，可在自动化的过程中将制成材料去除，可精加工和方便检测	金属粉、金属丝、陶瓷

6.4.2　常用 3D 打印的原理

1. 激光固化（SLA）

　　激光固化成型原理如图 6-13 所示，以光敏树脂为加工材料，从最底部开始，紫外激光根据模型分层的截面数据在计算机的控制下对光敏树脂表面进行扫描，每次产生零件的一层。在扫描的过程中只有激光的曝光量超过树脂固化所需的阈值能量的地方液态树脂才会发生聚合反应形成固态，因此在扫描过程中，对于不同量的固化深度，要自动调整扫描速度，以使产生的曝光量和固化某一深度所需的曝光量相适应。扫描固化成的第一层黏附在工作平台上，此时工作平台的位置比树脂表面稍微低一点，每一层固化完毕之

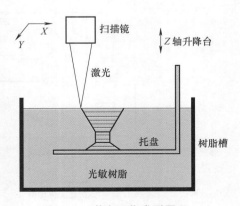

图 6-13　激光固化成型原理

后，工作平台向下移动一个层厚的高度，然后将树脂涂在前一层上，如此反复，每形成新的一层均黏附到前一层上，直到制作完零件的最后一层（零件的最顶层），完成整个制作过程。

与其他 3D 打印工艺相比，激光固化成型的特点是精度高、表面质量好，是目前公认的成型精度最高的工艺方法，原材料的利用率近 100%，无任何毒副作用，能成型薄壁（如汽车覆盖件、装饰件、空心零件等）、形状特别复杂（如发动机进排气管、电视机外壳等）、特别精细（如汽车缸体装配件、家电产品、工艺品等）的零件，特别适用于汽车、家电行业的新产品开发，尤其是样件制作、设计验证、装配检验及功能测试；成型效率高，可达 60 ~ 150g/h，其他工艺方法无法达到。激光固化成型是目前众多的基于材料累加法 3D 打印中在工业领域最为广泛使用的一种方法。迄今为止，据不完全统计，全世界共安装各类工业级 3D 打印机中超过 50% 为激光固化成型 3D 打印机。在我国，使用与安装的工业级 3D 打印机中 60% 为激光固化成型 3D 打印机。

2. 激光烧结 SLS（粉末材料如塑料、金属粉、蜡粉等）

如图 6-14 所示，激光束开始扫描前，水平铺粉刮刀先把金属粉末平铺到成型缸的基板上，然后激光束将按当前层的轮廓信息选择性地熔化基板上的粉末，加工出当前层的轮廓，

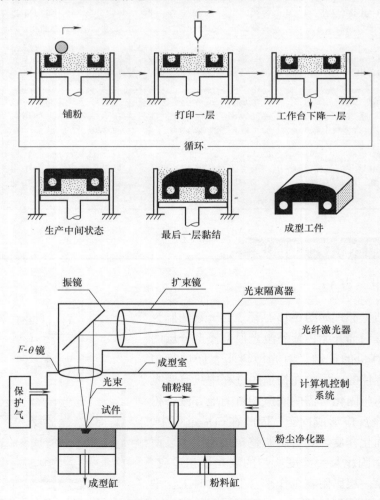

图 6-14　激光烧结成型原理

然后可使升降系统下降一个图层厚度的距离，铺粉刮刀再在已加工好的当前层上铺金属粉末，设备调入下一图层进行加工，如此层层加工，直到整个零件加工完毕。整个加工过程在抽真空或通有气体保护的加工室中进行，以避免金属在高温下与其他气体发生反应。激光烧结 SLS 适用于不锈钢、模具钢、铝合金、镍合金及钛合金等多种金属。

3. 熔融沉积快速成型（FDM）

熔融沉积又称熔丝沉积，它是将丝状热熔性材料加热融化，通过带有一个微细喷嘴的喷头挤喷出来。熔融沉积快速成型原理如图 6-15 所示。热熔材料融化后从喷嘴喷出，沉积在制作面板或者前一层已固化的材料上，温度低于固化温度后开始固化，通过材料的层层堆积形成最终成品。

在 3D 打印技术中，FDM 的机械结构最简单，设计也最容易，制造成本、维护成本和材料成本也最低，因此也是在家用的桌面级 3D 打印机中使用得最多的技术，而工业级 FDM 机器，主要以 Stratasys 公司产品为代表。FDM 技术的桌面级 3D 打印机主要以 ABS 和 PLA 为材料，ABS 强度较高，但是有毒性，制作时臭味严重，必须拥有良好通风环境，此外热收缩性较大，影响成品精度；PLA 是一种生物可分解塑料，无毒性，环保，制作时几乎无味，成品形变也较小，所以国外主流桌面级 3D 打印机均以转为使用 PLA 作为材料。FDM 技术的优势在于制造简单，成本低廉，但是桌面级的 FDM 打印机，由于出料结构简单，难以精确控制出料形态与成型效果，同时温度对于 FDM 成型效果影响非常大，而桌面级 FDM3D 打印机通常都缺乏恒温设备，因此基于 FDM 的桌面级 3D 打印机的成品精度通常为 0.2~0.3mm，少数高端机型能够支持 0.1mm 层厚，但是受温度影响非常大，成品效果依然不够稳定。此外，大部分 FDM 机型制作的产品边缘都有分层沉积产生的"台阶效应"，较难达到所见即所得的 3D 打印效果，所以在对精度要求较高的快速原型领域较少采用 FDM。

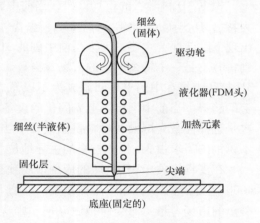

图 6-15　熔融沉积快速成型原理

4. 迭层法（LOM）

如图 6-16 所示，在基板上铺一层箔材（如箔纸），计算机控制 CO_2 激光器按分层信息切出轮廓，并将多余部分切成碎片去除，然后再铺一层箔材，用热辊辗压，黏结在前一层上，再用激光器切割该层形状。如此反复，直至加工完毕。

几种典型快速成型工艺的比较见表 6-2。

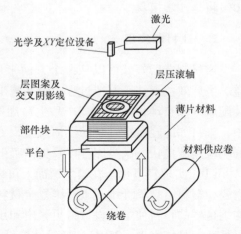

图 6-16　迭层法成型原理

表6-2　几种典型快速成型工艺的比较

成型工艺	成型精度	表面质量	复杂程度	零件大小	材料价格	材料利用率	常用材料	制造成本	生产率	设备费用
SLA	较高	优	中等	中小件	较贵	>99%	光敏树脂	较高	高	较贵
LOM	较高	较差	简单或中等	中小件	便宜	较差	低、金属箔、塑料	低	高	便宜
SLS	较低	中等	复杂	中小件	较贵	>99%	石蜡、塑料、金属	较低	中等	较贵
FDM	较低	较差	中等	中小件	较贵	>99%	石蜡、塑料	较低	较低	便宜

6.4.3　3D打印的市场及应用

1. 市场情况

根据3D科学谷的市场调研，当前中国市场的主流设备品牌包括联泰、EOS、华曙、铂力特、3D Systems、GE、Stratasys、惠普等。2017年3D打印市场共计约82亿人民币，同比出现下跌状况，主要是因为当前中国的3D打印市场的销售情况过于依赖设备销售，设备的销售并不是一个持续增量的市场，当科研目的的设备采购达到一定的阶段性饱和度的时候，3D打印市场在中国出现回调成为不以意志为转移的必然，但这并不会影响3D打印长期向上的趋势。当前中国市场上光固化的设备占主流，39.8%的被调查企业拥有光固化设备，其次是选择性激光熔融及材料挤出设备。当前中国市场对于光敏树脂、尼龙、PLA、钛合金、不锈钢的需求占3D打印材料的主导地位。国内主要厂家及产品技术见表6-3。

在麦肯锡关于3D打印的应用市场预测中，到2025年，3D打印在消费端的市场将达到4000亿美金。3D打印应用在复杂、小批量的产品（包括植入物、模具等）将达到3000亿美金的市场容量，而交通领域（航空航天、汽车、摩托车、自行车等）的市场潜力将达到4700亿美金。3D打印应用在模具制造领域具有达到3600亿的全球市场潜力，其中30%～50%将是注塑模具。

2. 3D打印应用

增材制造的好处可以从两个方面来理解，一个是生产效益，另一个是产品生命周期效益。生产效益专注于制造过程，包括减少材料消耗，缩短交货时间，最小的模具成本，降低装配成本和自动化的影响。产品生命周期效益是指在使用通过增材制造出来的产品的过程中，来自如减轻重量带来的燃油效益，更高的性能和可靠性，更长的寿命，新产品推出和市场响应速度更快，减少库存以及更具吸引力的产品附加值等。

（1）实现轻量化　在宏观层面上可以通过采用轻质材料，如钛合金、铝合金、镁合金、陶瓷、塑料、玻璃纤维或碳纤维复合材料等来达到目的。微观层面上可以通过采用高强度结构钢这样的材料使零件设计得更紧凑和小型化。3D打印带来了通过结构设计达到轻量化的可行性。具体来说，3D打印通过结构设计层面实现轻量化的主要途径有四种：中空夹层/薄壁加筋结构、镂空点阵结构、一体化结构实现、异形拓扑优化结构，如图6-17所示。

表 6-3　国内主要厂家及产品技术

铂力特	粉末床熔化 PBF，直接能量沉积 DED
永年激光	粉末床熔化 PBF，直接能量沉积 DED
易加三维	光固化工艺，粉末床熔化 PBF
华曙高科	粉末床熔化 PBF，选择性激光烧结 SLS
恒通	光固化工艺，粉末床熔化 PBF
联泰科技	光固化工艺
太尔时代	材料挤出工艺
盈普光电	选择性激光烧结 SLS
武汉滨湖	光固化工艺，粉末床熔化 PBF，选择性激光烧结 SLS，LOM 层压技术
中瑞科技	光固化工艺，粉末床熔化 PBF、选择性激光烧结 SLS
先临三维	材料挤出工艺，生物打印
闪铸科技	材料挤出工艺
武汉天昱	直接能量沉积 DED
恒利	黏结剂喷射，粉末床熔化 PBF，选择性激光烧结 SLS
珠海西通	光固化工艺，粉末床熔化 PBF
智熔系统	粉末床熔化 PBF，直接能量沉积 DED
中科煜宸	粉末床熔化 PBF，直接能量沉积 DED
中国鑫精合	粉末床熔化 PBF，直接能量沉积 DED
中国汉邦科技	粉末床熔化 PBF
广东信达雅	粉末床熔化 PBF
中国大族激光	光固化工艺，粉末床熔化 PBF，黏结剂喷射

（2）重新定义产品　图 6-18 所示的零件是采用粉末床金属熔融 3D 打印技术制作的热交换器组件，具有液体热逆流交换的两个独立通道，整个组件可以放在不同的环境中，既可以用来吸收又可以用来提供热量。

图 6-19 所示的某航空零件是通过增材制造的方式生产的，其结构为仿生力学结构，该结构可以完全满足减材制造生产出来的零部件的性能要求，然而其重量仅仅相当于减材制造零部件重量的四分之一。

中空夹层
薄壁加筋结构

镂空点阵结构

一体化结构实现

异形拓扑优化结构

图 6-17　轻量化的途径

图 6-18　热交换器组件　　　　　　　　　　图 6-19　某航空零件

（3）3D 打印在工业领域的产业化案例

1）航空工业。2011 年，通用电气公司（GE）在其纽约的全球研发总部开始了一项新的研究。致力于将增材制造变成可满足商业需要的功能性零件的制造手段。事实证明，增材制造系统能够制造复杂形状的物体，其使用的材料包括钛、铝等金属。三年后，通用电气航空公司宣布，将花费一亿美元在美国印第安纳州建立一个装配工厂，用来装配第一架使用3D 打印燃料喷嘴的飞机。欧洲航空防务公司（EADS）使用 DMLS 技术打印发动机铰链，该零件具有复杂的外形，同时在保持原有强度不变的情况下，重量减轻了 1/2。这些 3D 打印制备的铰链通过相应的测试，性能完全符合要求。与传统加工技术相比，增材制造能够减少75% 的材料损耗。根据 EADS 的数据，一架飞机质量每减轻 1kg，每年可以节省燃料费用3000 美元。

世界最大的通用航空仪表制造商是 Kelly 制造公司（KMC），它拥有目前使用较多的RC. Allen 飞行器仪表加工线。使用 FDM 方法，一个通宵就能生产出 500 个螺旋形管，而传统的聚氨酯型方法则需要 4 周的时间，节省了时间和成本。

Aurora Flight Science 公司是先进无人操作系统和航空飞行器制造商。该公司使用增材制造技术成功制造并试飞了翼展 62 英寸的航空器。增材制造技术解决了传统制造方法难以解决的设计困难。

3D 打印技术的另一个应用是"智能零件"制造，智能零件是指将 3D 打印结构和电子器件相结合的零部件。Stratasys 公司和 Optomec 公司帮助 Aurora 公司将 FDM 和气溶胶喷射电子结合起来，"打印"出包含电子元器件的机翼。总的来说，该项技术是设计和制造业的新变革，能够使用最少的材料和加工工序制造出产品并尽快投入市场。

作为世界最大的制造团体，通用电气公司在增材制造上投入了大量的研究，为其 Leap喷气发动机制造了超过 85000 个燃料喷嘴。而在此之前，生产这样 1 个喷嘴需要 20 个不同的零件进行组装，这是个传统的劳动密集型加工过程，且浪费大量的材料。若使用增材制造，则可以避免材料的浪费。增材制造技术制造燃料喷嘴除了降低成本和节省时间，与传统加工技术相比，每个喷嘴的重量可降低 25%。

虽然增材制造技术完全取代传统制造方法还有很长的路要走，但是其潜力依然是巨大的。增材制造目前主要应用于设计、测试、工具及航空工业的产品，但是这项技术的功能性将会在航天工业之外获得更多的应用。增材制造技术作为技术上的一次变革，将有可能为制造业指明一个全新的方向，甚至产生一种新的企业和商业模式。

2）汽车制造业。在汽车工业里，增材制造技术已经变成生产发展的重要部分，德国的汽车制造商 BMW 已经把 FDM 应用扩展到其他领域里，包括直接数字化制造。Stratasys 公司的生产线已经生产了符合工效学设计的手持工具,该手持工具比传统的工具性能更好。这些工具在重复性流程里用起来更加方便,提高了产品的产量。例如一个手提式设备用 3D 打印技术制作,质量减少了 72%,减轻了 1.3kg。虽然质量减少的不是很显著,但是对于一个工人来说,一天需要使用这样的工具上百次。由数据显示,FDM 工艺相对传统工艺成本大大降低。成本降低主要体现在工程文件、仓库储备、生产制造上。BMW 使用增材制造技术已经节省了 58% 的花费,节约了 92% 的时间。设计师可以利用增材制造的优势设计零件,这既帮助了公司发展生产,又提供了制造小批量零部件替代的方法。

福特公司是最早使用增材制造技术的公司之一。早在 1980 年就涉及 3D 打印的发明,如 SLS、FDM、SLA。福特公司应用增材制造技术加速了原型零件的生产。在汽车个别零件的生产上,节省了几个月的时间,如气缸盖、进气管和通气孔。用传统的制造方法加工进气管,首先要建立一个进气管的计算机模型。进气管是发动机中最复杂的一部分,加工进气管大约需要 4 个月的时间,花费 500000 美元。应用增材制造技术制造只需要 4 天的时间,花费为 3000 美元。对于福特公司和顾客来说都大大减低了花费。AM 技术的应用,使得产品的重量得到了优化,提高了燃料的利用率。

没有特定的工具或专用的模具,3D 打印已经帮助福特公司节省了上百万美元。有了该技术,设计师们可以更加灵活地设计。

3)医疗行业。3D 打印技术可以用来设计制造假体与种植体。假体或种植体的制造数据来自影像系统,例如激光扫描和 CT。假若制造耳朵假体,通常会用一个好的耳朵进行三维扫描,在计算机上创建三维模型,通过数据传输用增材制造技术制作人工耳朵。将三维模型进一步处理,然后制造出实体的假肢或种植体,该假肢或种植体可以直接应用在患者身上。符合患者的假肢或种植体的制作是非常重要的,标准大小的假肢或种植体通常不符合患者需求。因此,假体或种植体需要私人订制,尤其是人工关节和承受重量的假肢,相差一点都可能导致一些问题并且破坏周围的组织结构。

传统的牙齿矫正主要应用的是托槽和钢丝,但形势正在发生改变。目前国内牙齿隐形矫正器开始采用光固化 3D 打印技术,这个市场已经出现了时代天使、正雅齿科等公司。3D 打印技术出现后,对隐形矫正的广泛应用起到了很大的推动作用。

4)制造和模具领域中的应用。快速模具制造的核心是使用功能性材料在较短的时间内生产多个模具。材料的功能性除了力学性质,还包括材料的颜色、透明性、弹性等类似的性质。还有模具校对和工艺设计两个要处理的问题。模具校对是确保当加工过程出现问题时,模具不需要改变。工艺设计是不用考虑加工阴模的工艺顺序只需要对原型件进行后处理。

快速模具分为软质模具和硬质模具,直接制造模具和间接制造模具。软质模具是以硅橡胶、环氧树脂、低熔点合金和模具砂为原料,通常只生产单个的模具或者小批量生产。硬质模具是由工具钢制成的,适用于大批量生产。

直接制造模具是指模具直接由增材制造获得。以喷射铸模法为例,型腔和型芯、动轮、闸和喷射系统都可以由增材制造直接加工。在间接工具法中,只有阴模由增材制造加工获得。由硅橡胶、环氧树脂、低熔点金属或陶瓷构成的模具,通过阴模浇注而成。

塑料件制造工艺过程如图 6-20 所示。

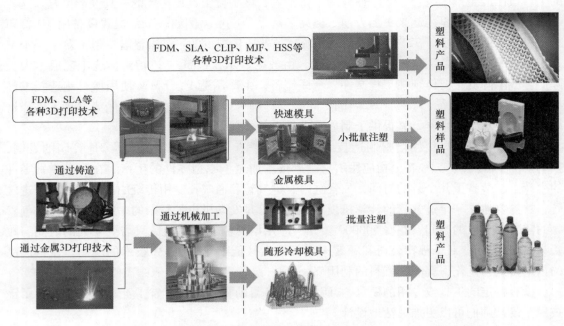

图 6-20 塑料件制造工艺过程

6.5 智能生产线与智能工厂

智能工厂的基本特征是将柔性自动化技术、物联网技术、人工智能和大数据技术等全面应用于产品设计、工艺设计、生产制造、工厂运营等各个阶段。发展智能工厂有助于满足客户的个性化需求、优化生产过程、提升制造智能、促进工厂管理模式的改变。智能工厂根据行业的不同可分为离散型智能工厂和流程型智能工厂，追求的目标都是生产过程的优化，大幅度提升生产系统的性能、功能、质量和效益。智能工厂是面向工厂层级的智能制造系统。通过物联网对工厂内部参与产品制造的设备、材料、环境等全要素的有机互联与泛在感知，结合大数据、云计算、虚拟制造等数字化和智能化技术，实现对生产过程的深度感知、智慧决策、精准控制等功能，达到对制造过程的高效、高质量管控一体化运营的目的。智能工厂是信息物理深度融合的生产系统，通过信息与物理一体化的设计与实现，制造系统构成可定义、可组合，制造流程可配置、可验证，在个性化生产任务和场景驱动下，自主重构生产过程，大幅降低生产系统的组织难度，提高制造效率及产品质量。智能工厂作为实现柔性化、自主化、个性化定制生产任务的核心技术，将显著提升企业制造水平和竞争力。

在中国制造 2025 及工业 4.0 信息物理系统 CPS 的支持下，离散制造业需要实现生产设备网络化、生产数据可视化、生产文档无纸化、生产过程透明化、生产现场无人化等先进技术应用，做到纵向、横向和端到端的集成，以实现优质、高效、低耗、清洁、灵活的生产，从而建立基于工业大数据和"互联网"的智能工厂。

6.5.1 智能工厂的基本架构

智能工厂的基本架构可通过图 6-21 所示三个维度进行描述。

1. 功能维：产品从虚拟设计到物理实现

（1）智能设计 通过大数据智能分析手段精确获取产品需求与设计定位，通过智能创成方法进行产品概念设计，通过智能仿真和优化策略实现产品高性能设计，并通过并行协同策略实现设计制造信息的有效反馈。智能设计保证了设计出精良的产品，快速完成产品的开发上市。

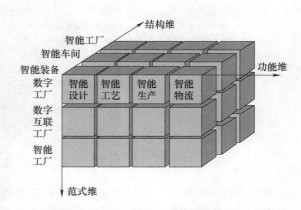

图 6-21 智能工厂的基本架构

（2）智能工艺 包括工厂虚拟仿真与优化、基于规则的工艺创成、工艺仿真分析与优化、基于信息物理系统的工艺感知、预测与控制等。智能工艺保证了产品质量的一致性，降低了制造成本。

（3）智能生产 针对生产过程，通过智能技术手段，实现生产资源最优化配置、生产任务和物流实时优化调度、生产过程精细化管理和智慧科学管理决策。智能制造保证了设备的优化利用，从而提升了对市场的响应能力，摊薄了在每件产品上的设备折旧。智能生产保证了敏捷生产，做到"just in case"，保证了生产线的充分柔性，使企业能快速响应市场的变化，以在竞争中取胜。

（4）智能物流 通过物联网技术，实现物料的主动识别和物流全程可视化跟踪；通过智能仓储物流设施，实现物料自动配送与配套防错；通过智能协同优化技术，实现生产物流与计划的精准同步。另外，工具流等其他辅助流有时比物料流更为复杂，如金属加工工厂中，一个物料就可能需要上百种刀具。智能物流保证生产制造的"just in time"，从而降低在制品的资金消耗。

2. 范式维

数字化、网络化、智能化技术是实现制造业创新发展、转型升级的三项关键技术。对应到制造工厂层面，体现为从数字工厂、数字互联工厂到智能工厂的演变。数字化是实现自动化制造和互联，实现智能制造的基础。网络化是使原来的数字化孤岛连为一体，并提供制造系统在工厂范围内，乃至全社会范围内实施智能化和全局优化的支撑环境。智能化则充分利用这一环境，用人工智能取代了人对生产制造的干预，加快了响应速度，提高了准确性和科学性，使制造系统高效、稳定、安全地运行。

（1）数字工厂 数字工厂是工业化与信息化融合的应用体现。它借助于信息化和数字化技术，通过集成、仿真、分析、控制等手段，为制造工厂的生产全过程提供全面管控的整体解决方案。它不限于虚拟工厂，更重要的是实际工厂的集成，如图 6-22 所示。其内涵包括产品工程、工厂设计与优化、车间装备建设及生产运作控制等。

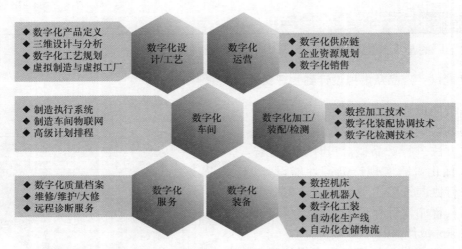

图 6-22　数字工厂

（2）数字互联工厂　数字互联工厂是指将物联网技术全面应用于工厂运作的各个环节，实现工厂内部人、机、料、法、环、测的泛在感知和万物互联，互联的范围甚至可以延伸到供应链和客户环节。通过工厂互联化，一方面可以缩短时空距离，为制造过程中"人—人""人—机""机—机"之间的信息共享和协同工作奠定基础，另一方面还可以获得制造过程更为全面的状态数据，使得数据驱动的决策支持与优化成为可能。

工业物联网是通过各种信息传感设备，实时采集任何需要监控、连接、互动的物体或过程等各种信息，其目的是实现物与物、物与人、所有的物品与网络的连接，方便识别、管理和控制。传统的工业生产采用 M2M（Machine to Machine）的通信模式，实现了设备与设备间的通信，而物联网通过 Things to Things 的通信方式实现人、设备和系统三者之间的智能化、交互式无缝连接。

在离散制造企业车间，将所有的设备及工位统一联网管理，使设备与设备之间、设备与计算机之间能够联网通信，设备与工位人员紧密关联。例如：数控编程人员可以在自己的计算机上进行编程，将加工程序上传至 DNC 服务器，设备操作人员可以在生产现场通过设备控制器下载所需要的程序，待加工任务完成后，再通过 DNC 网络将数控程序回传至服务器中，由程序管理员或工艺人员进行比较或归档，整个生产过程实现网络化、追溯化管理。

在离散制造企业车间，每隔几秒就收集一次数据，利用这些数据可以实现很多形式的分析，包括设备开机率、主轴运转率、主轴负载率、运行率、故障率、生产率、设备综合利用率（OEE）、零部件合格率、质量百分比等。在生产工艺改进方面，在生产过程中使用这些大数据，就能分析整个生产流程，了解每个环节是如何执行的。一旦有某个流程偏离了标准工艺，就会产生一个报警信号，能更快速地发现错误或者瓶颈所在，也就能更容易解决问题。

（3）智能工厂　制造工厂层面的两化深度融合，是数字工厂、互联工厂和自动化工厂的延伸和发展，通过将人工智能技术应用于产品设计、工艺、生产等过程，使得制造工厂在其关键环节或过程中能够体现出一定的智能化特征，即自主性的感知、学习、分析、预测、决策、通信与协调控制能力，能动态地适应制造环境的变化，从而实现提质增效、节能降本的目标。

通过建设智能工厂，促进制造工艺的仿真优化、数字化控制、状态信息实时监测和自适应控制，进而实现整个过程的智能管控。在机械、汽车、电子信息等离散制造行业，企业发展智能制造的核心目的是拓展产品价值空间，侧重从单台设备自动化和产品智能化入手，基于生产效率和产品效能的提升实现价值增长。因此，其智能工厂建设模式为推进生产设备（生产线）智能化，通过引进各类符合生产所需的智能装备，建立基于制造执行系统 MES 的车间级智能生产单元，提高精准制造、敏捷制造、透明制造的能力。

MES 在实现生产过程的自动化、智能化、数字化等方面发挥着巨大作用。首先，MES 借助信息传递对从订单下达到产品完成的整个生产过程进行优化管理，减少企业内部无附加值活动，有效地指导工厂生产运作过程，提高企业及时交货能力。其次，MES 在企业和供应链间以双向交互的形式提供生产活动的基础信息，使计划、生产、资源三者密切配合，从而确保决策者和各级管理者可以在最短的时间内掌握生产现场的变化，做出准确的判断并制定快速的应对措施，保证生产计划得到合理而快速的修正、生产流程畅通、资源充分有效地得到利用，进而最大限度地发挥生产效率。

利用大数据技术，还可以对产品的生产过程建立虚拟模型，仿真并优化生产流程，当所有流程和绩效数据都能在系统中重建时，这种透明度将有助于制造企业改进其生产流程。再如，在能耗分析方面，在设备生产过程中利用传感器集中监控所有的生产流程，能够发现能耗的异常或峰值情形，由此便可在生产过程中优化能源的消耗，对所有流程进行分析将会大大降低能耗。

3. 结构维

从智能制造装备、智能车间到智能工厂的进阶智能可在不同层次上得以体现，可以是单个制造设备层面的智能，生产线的智能，单元等车间层面的智能，也可以是工厂层面的智能。

（1）智能制造装备　制造装备作为最小的制造单元，能对自身和制造过程进行自感知，对与装备、加工状态、工件材料和环境有关的信息进行自分析，根据产品的设计要求与实时动态信息进行自决策，依据决策指令进行自执行，通过"感知—分析—决策—执行与反馈"大闭环过程，不断提升性能及其适应能力，实现高效、高品质及安全可靠的加工。

（2）智能车间（生产线）　如图 6-23 所示，智能车间（生产线）由多台（条）智能装备（产线）构成，除了基本的加工/装配活动外，还涉及计划调度、物流配送、质量控制、生产跟踪、设备维护等业务活动。智能生产管控能力体现为通过"优化计划—智能感知—动态调度—协调控制"闭环流程来提升生产运作适应性，以及对异常变化的快速响应能力。

（3）智能工厂　智能工厂除了生产活动外，还包括产品设计与工艺、工厂运营等业务活动，如图 6-24 所示。智能工厂是以打通企业生产经营全部流程为着眼点，实现从产品设计到销售，从设备控制到企业资源管理所有环节的信息快速交换、传递、存储、处理和无缝智能化集成。

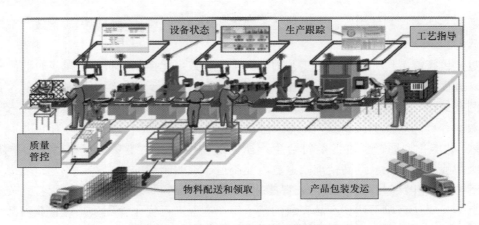

图 6-23　智能车间（生产线）的主要活动

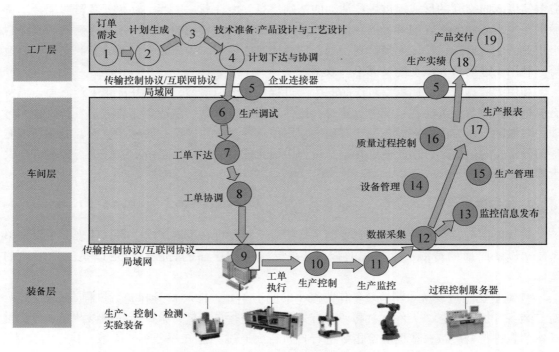

图 6-24　智能工厂的一般性业务流程

6.5.2　智能工厂的信息系统架构

参照 IEC/ISO 62264 国际标准，智能工厂的信息系统架构如图 6-25 所示，从下到上依次为制造设施层、信息采集与控制层、制造运营层、工厂运营层、决策分析层。决策分析层依靠互联网及工业互联网决策生产模式、制造任务的厂内外分配，制造设施层和信息采集与控制层之间通过工业网络总线建立连接，其余各层之间则通过局域网连接。按照所执行功能不同，企业综合网络划分为不同的层次，自下而上包括现场层、控制层、执行层和计划层。图 6-26 给出了符合该层次模型的一个智能工厂/数字化车间互联网络的典型结构。计划层：实现面向企业的经营管理，如接收订单，建立基本生产计划（如原料使用、交货、运输），确定库存等级，保证原料及时到达正确的生产地点，以及远程运维管理等。企业资源规划（ERP）、客户关系管理（CRM）、供应链关系管理（SCM）等管理软件都在该层运行。执行层：实现面向工厂/车间的生产管理，如维护记录、详细排产、可靠性保障等。制造执行系统（MES）在该层运行。监视控制层：实现面向生产制造过程的监视和控制，包括组态/工程、HMI、SCADA 等。基本控制层：包括 PLC、DCS、IPC、其他专用控制器等。现场层：实现面向生产制造过程的传感和执行，包括各种传感器、智能变送器、执行器、RTU（远程终端设备）、条码、射频识别，以及数控机床、工业机器人、工艺装备、AGV（自动引导车）、智能仓储等制造装备，这些设备统称为现场设备。

图 6-25　智能工厂的信息系统架构

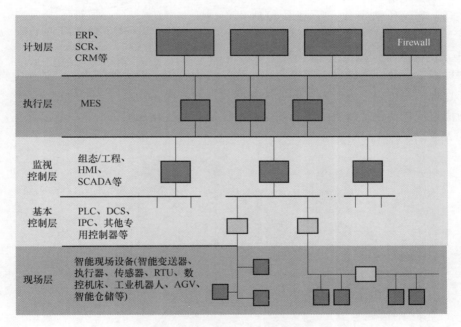

图 6-26　智能工厂/数字化车间典型网络结构

6.5.3　智能工厂的基本特征

智能工厂的特征如图 6-27 所示，可以从三个角度来描述。从建设目标和愿景角度来看，智能工厂具备五大特征：敏捷、高生产率、高质量产出、可持续、舒适人性化。从技术角度来看，智能工厂具备五大特征：全面数字化、制造柔性化、工厂互联化、高度人机协同和过程智能化（实现智能管控）。从集成角度来看，智能工厂具备三大特征：产品生命周期端到端集成、工厂结构纵向集成和供应链横向集成，这与"工业 4.0"的三大集成理念是一致的。

6.5.4 数字化工厂案例

西门子工业自动化产品（成都）有限公司（SEWC）目前更加接近工业4.0称谓。2011年，西门子启动建设工业自动化产品成都生产及研发基地，2013年2月一期工程完成，经调试、试运行一段时间后投产，现在第二期工程已完成，正在调试，第三期已开始筹建。SEWC注册时间为2016年，注册资本3.3亿，是西门子工业自动化产品成都研发生产基地的运行主体，主导产品：可编程逻辑控制器（PLC）、工控机（IPC）、人机交互界面（HMI）等，也可以为客户定制此类产品，同时开展为客户推进信息化架构设计，并成套供应软硬件装备。SEWC数字化工厂产品包括800余种，每天生产超过3万4千片产品，供应链涉及5600种原材料，每天要用1000万个元器

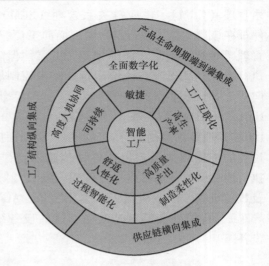

图 6-27　智能工厂的特征

件，与安贝格工厂共同为全球西门子客户供货，成为西门子两大物流中心。这样复杂的供应链及生产过程，很难采用人工调度的办法来实现，而需要采用西门子的生产自动化、物料流自动化与信息流自动化结合，经过长期探索，反复实践优化而成。SEWC数字化工厂技术架构如图6-28所示。

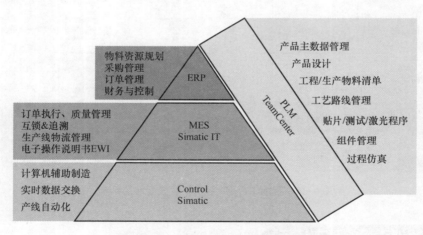

图 6-28　SEWC 数字化工厂技术架构

　　SEWC数字化工厂采用了SAP公司的ERP系统及西门子自身发展的Simatic IT MES系统、Control Simatic系统及Team Center PLM系统，这些大系统内还有很多小系统。除SAP的ERP外，其他部分都由西门子自己开发供应。

　　西门子本身就是"两化融合"典范，该厂是全数字化工厂。最先进的数字孪生技术贯穿整个工厂的各个领域及生产过程，包括设计数字孪生、工艺设计过程的数字孪生、生产过

程的数字孪生，也即虚拟实体系统或称为仿真系统。虚拟设计制造过程也是仿真过程，实质上是一次优化产品设计、生产过程，可用不同边界的约束条件得出最佳的设计及工艺和生产过程方案，然后用数字化、网络化技术转化为实体的研发、生产，可取得最大的技术经济效果。产品设计、工艺设计、生产过程的优化全部采用三维模型仿真，优化进程非常直观。例如工艺过程仿真设计，包括生产车间布局、工位建模仿真、工艺验证仿真等。生产过程的仿真，包括仿真工人的工作时间和节拍、甚至到必要的动作。又如仿真托盘运输中的托盘数量与生产数量的关系，验证不同订单组合的配置等。这些仿真数据来源于实际，经过长期的积累和筛选。据称用三维仿真软件的理论值与实际值的误差一般在 20% 以内，经过 PDCA 多次循环，可以缩小误差值。车间内到处都有显示屏，随时可以观看生产过程的质量、进度、能耗、在制品、库存等全生产要素实时数据。在车间每个操作工人面前都有人机界面显示屏，实时读取操作卡上技术指导文件、现在进行工序的要求。操作工人完成本工序后，按一下按钮，托盘就带着工件流转到下一工序，同时信息上转至 MES 系统，证明本工序已完成了。这种海量数据在 SEWC 本地多达数百个 TB 服务器容量，很多通用数据还在德国本部，西门子发展了一个 Mind Sphere 数字化管理云平台进行大数据管理。SEWC 的数字化工厂建设基本要求主要包括四项：

（1）速度　每年发布 50 种新产品，2.5s 生产一台产品，1 周达到 99.5% 交货率。

（2）柔性　每天完成 160 次转换应对 800 种不同产品。

（3）质量　每件产品质量情况完全透明化、可视化，质量达到 6dpm-A，即不合格测量点控制在百万分之六监测点范围内，即过程质量 99.9994%。

（4）效益　产量规模提升 4 倍下，管理人员零增长，工人效率增加 20%。

这就是 SEWC 的数字化、网络化或简称全数字化工厂的实际。很明确，"数字化"是手段，提高产品质量、交货期才是目的。

6.5.5　智能制造业现状和应对策略

我国制造业现状是"2.0 补课，3.0 普及，4.0 示范"，其中工业 2.0、工业 3.0、工业 4.0 对应的含义如下。工业 2.0 实现"电气化、半自动化"：使用电气化和机械化制造装备，但各生产环节和制造装备都是"信息孤岛"，生产管理系统与自动化系统信息不贯通，甚至企业尚未使用 ERP 或 MES 系统进行生产信息化管理。我国有许多中小企业都处于此阶段。工业 3.0 实现"高度自动化、数字化、网络化"：使用网络化的生产制造装备，制造装备具有一定智能功能（如标识与维护、诊断与报警等），采用 ERP 和 MES 系统进行生产信息化管理，初步实现了企业内部的横向集成与纵向集成。工业 4.0 实现"数字化、网络化、智能化"：适应多品种、小批量生产需求，实现个性化定制和柔性化生产，使用高档数控机床、工业机器人、智能测控装置、3D 打印机、智能仓库和智能物流等智能装备，借助各种计算机辅助工具实现虚拟生产，利用互联网、云计算、大数据实现价值链企业协同生产、产品远程维护智能服务等。我国实现智能制造必须工业 2.0、工业 3.0、工业 4.0 并行发展，既要在改造传统制造方面"补课"，又要在绿色制造、智能升级方面"加课"。对于制造企业而言，应着手于完成传统生产装备网络化和智能化的升级改造，以及生产制造工艺数字化和生产过程信息化的升级改造。对于装备供应商和系统集成商，应加快实现安全可控的智能装备与工业软件的开发和应用，以及提供智能制造顶层设计与全系统集成服务。

第7章

人工智能

7.1　概　　述

人工智能，英文名为 Artificial Intelligence，简称 AI，是计算机科学与自动化科学中一门新兴学科。人工智能一词首次出现于 1956 年，由美国多位数学家、心理学家及计算机科学家联合倡导在美国著名的常春藤盟校之一达特茅斯学院举行了一次学术研讨会，标志着人工智能的诞生。可以说，达特茅斯会议汇聚了多位未来在计算机科学领域，尤其是在人工智能领域做出了卓越贡献的科学家，包括约翰·麦卡锡、马尔文·明斯基、西蒙、纽厄尔及克劳德·香侬等，其中前四位均在日后以人工智能方面的非凡成就获得了计算机研究领域的最高荣誉图灵奖，西蒙在此基础上还获得了诺贝尔经济学奖，他也是迄今为止唯一一位既获得过图灵奖，又同时获得过诺贝尔奖的科学家，至于香侬，他则以信息论创始人的身份而广为人知。

7.1.1　人工智能的定义

要理解人工智能，首先要弄清楚何为智能。通常认为：智能是人类有别于其他动物的独有属性，智能是感觉、记忆、思维、语言与理解的综合能力。通过观察智能的外在表现形式，发现智能通常由以下能力组成：感知能力、记忆能力、行为能力与学习能力。但当深究人类智能的本质时，才发现对此知之甚少。事实上，为了搞清人类智能的本质，可能还需要神经生理学与认知心理学等学科科学家多年的努力与探究。

数十年来，很多人工智能研究者均按照自己的理解为"人工智能"给出过相应的定义，有的通俗易懂，有的则较为严谨。

一般认为：人工智能是研究理解和模拟人类智能及其规律的一门学科，其主要任务是建立智能信息处理理论，进而设计可以展现某些理性智能行为的计算系统。

7.1.2　人工智能的发展简史

回顾人工智能的发展历程，可大致将其分为如下五个阶段：

（1）孕育期（1956 年以前）　在这一时期，尚未出现计算机，当然也没有所谓人工智能的概念，但一些数学和逻辑学的理论后来成了人工智能学科的基石，推动了这一领域的快速发展。这其中包括：亚里士多德所提出的形式逻辑与演绎推理理论，以及莱布尼茨所提出的万能符号和推理计算理论。这一时期的代表性事件是计算机之父图灵于 1950 年所提出的"图灵测试"猜想，这一猜想也直接催生了六年后人工智能学科的诞生。

（2）繁荣期（1956—1968 年）　在人工智能学科诞生的第一个十年，人工智能理论得到了极大地发展，呈现一片欣欣向荣的景象，具体成就包括：1957 年，Rosenblatt 研制成功了第一代神经网络系统——感知机；1958 年，美籍华裔数学家王浩在 IBM-704 机器上用不到 5min 就证明了《数学原理》中有关命题演算的全部 220 条定理，并且还证明了谓词演算中 150 条定理的 85%；1959 年，Selfridge 推出了第一个模式识别程序；1965 年，Roberts 编制出了可分辨积木构造的程序；1968 年，Feigenbaum 研制成功第一代专家系统 DENDRAL，并投入使用。

（3）低谷期（1968—1986 年）　人工智能第一个十年的红利很快被挥霍一空，随着诸多问题的出现，同时受限于当时硬件的发展条件，这一学科从此停滞不前，进入了寒冬期。这一时期的标志性问题是：当时的技术无法解决自然语言理解中的二次翻译问题；当时的硬件条件无法解决复杂应用中的组合爆炸问题；感知机不能用于解决非线性分类问题这一缺点被无限放大。

（4）平稳发展期（1986—2005 年）　经过二十年的阵痛，在诸多计算机科学家坚持不懈的努力下，人工智能重新迎来了曙光，包括 Hopfield 神经网络、多层感知器、进化计算理论、模糊推理、支持向量机等新技术不断涌现，进而呈现出百花齐放、百家争鸣之势。可以说，在这一历史时期，人工智能正式成为了计算机科学与自动化科学的主流分支领域。这一时期的标志性事件为：1997 年，IBM 的智能机深蓝战胜了国际象棋世界冠军卡斯帕罗夫。

（5）爆发期（2006 年至今）　随着 2006 年第一个深度学习模型-深度信念网络被提出，深度学习开始走上历史舞台，并迅速发展成了人工智能的标志性技术。近几年来，结合了大规模计算设备的深度学习技术已经在图像识别、视频分析、语音识别及自然语言理解等领域大放异彩，成了工业界的新宠、投资界的指向标。人工智能也随之水涨船高，呈现出了爆发性的发展势头，并被誉为第三次工业革命的基石。这一时期的标志性技术为：2011 年，IBM 的智能机器沃森参加美国最著名的知识问答节目"危险边缘"，并击败了多名人类顶尖选手；2016 年，谷歌公司的 AlphaGO 击败围棋世界冠军李世石，其进化版本 AlphaGO Zero 更是于次年以 4：0 的比分横扫围棋世界排名第一的中国棋手柯洁；卡内基梅隆大学所开发的"冷扑大师"程序于 2017 年在多项德州扑克大赛中横扫人类顶尖德扑选手。

7.1.3　人工智能的研究及应用领域

在人工智能技术短暂而又曲折的发展史中，出现了众多的研究领域，主要包括：

（1）问题求解　问题求解是人工智能研究中最为亮眼的一个领域，主要涉及问题表示空间的研究、搜索策略的研究和规约策略的研究。目前，最有代表性的问题求解程序就是下棋程序，现有的人工智能技术在这一方面已经取得了较为辉煌的成就。事实上，下棋程序是建立在完全信息上的动态博弈，相比于建立在半完全信息及不完全信息（如即时战略游戏）上的智能决策系统，这一程序要较为容易实现。因此，如何将人工智能技术向半完全信息及不完全信息问题求解领域推广，将是下一步重点攻关的问题。

（2）机器学习　具有学习能力是人类智能的主要标志之一，学习也是人类获取知识的基本手段。因此，要使机器能像人一样拥有知识，具有智能，就必须使机器具有获得知识的能力。机器学习便是实现上述目标的主要技术。它是研究如何用计算机来模拟人类学习活动的研究领域。更严格地说，就是研究计算机获取新知识和新技能、识别现有知识、不断改善性能、实现自我完善的方法。

（3）专家系统　专家系统是一种基于知识的计算机知识系统，它从人类领域专家那里获得知识，并且用来解决只有领域专家才能解决的困难问题。因此，可以这样来定义专家系统：专家系统是一种具有特定领域内大量知识与经验的程序系统，它应用人工智能技术，根据某个领域一个或多个人类专家提供的知识和经验进行推理和判断，模拟人类专家求解问题的思维过程，以解决该领域内的各种问题。

（4）模式识别　机器感知是人工智能的一个重要方面，是机器获取外部信息的基本途径。模式识别就是研究如何使机器具有感知能力，其中主要研究对视觉模式及听觉模式的识别。"模式"一词的本意是指一些供模仿的标准式样或标本。所以，模式识别就是指识别出给定的物体所模仿的标本。人脸识别、语音识别、文本识别、指纹识别等都是典型的模式识别应用。

（5）自动定理证明 自动定理的研究在人工智能方法的发展中曾经产生过重要的影响和推动作用，是人工智能中最先进行研究并取得成功应用的一个研究领域。所谓定理证明，其实质就是对前提 P 和结论 Q，证明 P→Q 的永真性。但是，要证明 P→Q 的永真性一般来说是很困难的，通常采用的方法是反证法。归结原理的出现使定理证明得以在计算机上实现。对于很多非数学领域的任务，如医疗诊断、信息检索、机器人规划和难题求解等，都可以将其转化为定理证明问题，故该领域的研究具有一定的普遍意义。

（6）自然语言理解 如果能让计算机"看懂""听懂"人类自身的语言（如英语、汉语、日语等），那么将使更多的人可以使用计算机，大大提高计算机的利用率。自然语言理解就是研究如何让计算机理解人类自然语言的一个研究领域。从宏观上看，自然语言理解是指机器能够执行人类所期望的某些语言功能，这些功能包括：回答有关提问（如智能问答系统）、摘要生成和文本释义（如自动新闻稿生成）、自然语言翻译等。

（7）机器人学 机器人学是人工智能研究中最为受重视的领域之一。通过为机器人配置视觉、听觉、嗅觉及触觉传感器，使之具有环境感知能力；配以履带、轮子及机械手等执行器件，使之具有行为能力；配以大规模存储设备，使之具有记忆能力；配以通信模块，使之具有交流沟通能力；配以智能决策算法，使之具有思维及解决问题的能力。因此，机器人学是人工智能研究的一个综合试验场。餐厅的服务机器人、医院的导诊机器人、无人化工厂的搬运机器人，乃至行驶在路上的无人驾驶汽车都是人工智能在机器人领域的具体应用成果。

（8）智能检索 对于信息化社会而言，"知识爆炸"已经逐渐成为了主旋律。因此，如何在浩如烟海的国内外文献资料库以及庞大的互联网上迅速检索到所需要的资源，便成了亟待解决的问题。传统的检索系统都是针对"词"的精准匹配，其坏处在于不能充分发挥"同义词"与"近义词"的作用（如"电脑"与"计算机"，"枯萎"和"干枯"等），从而偏离人类的模糊语言体系，进而造成检索结果缺乏准确性。智能检索主要结合语义网与本体论等知识体系，着重研究了上述问题的解决方案。

人工智能技术正处于发展的爆发期，因此除了上述传统的研究领域外，仍在不断催生出新的研究领域，并且在快速地渗透入越来越多的行业，如金融业、电信业、工业制造业、医药产业、交通业、教育业及物流业等。这种与多行业的紧密融合趋势，必将进一步反过来促进人工智能学科的发展与技术的繁荣。

7.2 知识表示方法

众所周知，知识是人类智能的基础。人类在从事生产生活和科学实验等社会活动中，积累了大量的知识，并摸索出了对这些知识加以运用的规律。人工智能是一门研究用计算机来模仿和执行人脑的某些智力功能的交叉学科，所以人工智能问题的求解也必然是以知识为基础的。如何从现实世界中获取知识、如何将已获得的知识以计算机内部代码的形式加以合理表示以便于存储，以及运用这些知识进行推理以解决实际问题，即知识的获取、知识的表示和运用知识进行推理是人工智能学科三个主要的研究问题。本节将重点介绍知识的表示方法。

7.2.1 知识的特性

知识来自于人们对客观世界的认识，所以知识具有如下一些特性：

（1）相对正确性　任何知识都是在一定环境和条件下产生的，所以知识的正确性也是在一定的前提下才能成立的。也就是说：世界上没有永远正确的知识，而是相对正确的。例如 $1+1=2$ 是一条妇孺皆知的正确知识，但它只有在十进制运算的前提下才是完全正确的，而在二进制计算框架中，$1+1=10$。又如经典的牛顿力学定理只有在地球上才是正确的理论，而放之于宇宙中的微观世界，则是错误的。

（2）不确定性　知识是有关信息关联在一起形成的信息结构，"信息"与"关联"是构成知识的两大要素。由于现实世界的复杂性，信息可能是准确的，也可能是不准确的，或者可以说是模糊的；关联可以是确定的，也可能是不确定的。这就使知识不总是有真和假两种状态，而是可能在真假间存在无穷多的状态。知识的这一特性称为其具有不确定性。当医生在给病人诊断时，根据其体检结果，只能大概率判断出其患有某种疾病，而很难给出非常确定性的诊断结果。这是因为根据医生以往的诊断经验来看，对应症状与该疾病的关联度更大，但与其他疾病可能也存在一定的关联。

（3）可表示性　知识是必须能用形式化的东西表示的，如语言文字、图形、公式等来表示。正是由于知识的这一特性，才能使知识数据化，才能用计算机来存储知识、传播知识和利用知识。

（4）可利用性　我们无时无刻不在利用知识来解决现实世界中的各种问题，如果知识不具有可利用性，就不能不断积累知识，世界就不会发展和改变。

7.2.2 知识的分类

对知识从不同的角度进行划分，有多种不同的分类方法。

（1）按照知识的作用范围分类　按照知识的作用范围来划分，知识可分为常识性知识与领域性知识。

常识性知识也称通识性知识，是人们普遍知道的知识，可用于所有领域。举例来讲，"太阳每天从东边升起""冬天冷夏天热"就属于此类知识。

领域性知识是面向某个具体领域的知识，是专业性的知识，只有相应专业领域的人员才能掌握并用来求解领域内的有关问题。此类知识往往需要系统地从课堂以及长久地从工程实践中获取，如计算机专业的理论知识便属于此类。

（2）按知识的确定性分类　按知识的确定性来划分，可分为确定性知识与不确定知识。

确定性知识是指那些其逻辑值为"真"或"假"的知识。它是精确性的知识。举个例子：在同一平面内，两条互不相交的直线互为平行线，就属于确定性知识。

不确定知识是指那些逻辑的真假值不能完全确定的知识，其逻辑值的真假完全由概率确定，如"流鼻涕的人极有可能患有鼻炎"就属于此类知识。

（3）按人类的思维及认识方法分类　按人类的思维及认识方法来分，可分为逻辑性知识与形象性知识。

逻辑性知识是反映人类逻辑思维过程的知识，这类知识一般都具有因果关系及难以精确描述的特点。典型的逻辑知识包括一些数学、物理等自然科学门类中的公理与定理。

形象性知识来源于人类的另一种思维方式，即形象思维。例如，关于大象模样的知识就属于此类，此类知识难以用语言文字来描述，但如果给你看一张大象的照片，或者牵来一头真的大象，你可能立刻会获得相应知识。

7.2.3　知识的表示

人工智能的研究目的是要在计算机上建立一个模拟人类智能行为的系统，为达到这一目的，必须要研究人类的智能行为在计算机上的表现形式，只有这样才能把知识存储于计算机中，并用于后续求解现实世界中的问题。

知识表示是研究如何将人类的各种类型知识表示为计算机能读懂的形式，它是数据结构与控制结构的统一体，要同时考虑到知识的存储与知识的使用。简而言之，知识表示就是把人类知识表示成计算机能够处理的数据结构的过程。

按照人们从不同角度进行探索以及对问题的不同理解，知识表示方法大体可分为陈述性知识与过程性知识两大类。陈述性知识是对一个事实的陈述，它又可以细分为事实性知识以及结构性知识。而过程性知识则主要用来描述规则性知识和控制结构知识。

在上述两类知识表示方法中，包含了多种具体的方法，较为成熟与常用的方法包括：谓词逻辑表示法、产生式表示法、语义网络表示法、脚本表示法以及状态空间表示法等。在下一小节中，将对上述几类方法做详细介绍。

7.2.4　知识的表示方法

下面，将分别介绍几种常用的知识表示方法。

（1）谓词逻辑表示法　谓词逻辑表示法是一种重要的知识表示方法，它以数理逻辑为基础，是目前能够表达人类思维活动规律的一种最为精确的形式语言。它与人类的自然语言比较接近，又可以方便地存储到计算机中，并被计算机进行精确处理。因此，它是发展较为成熟且应用较为广泛的一种人工智能知识表示方法。

在谓词逻辑表示法中，人类的一条陈述性知识通常以一个谓词公式的形式给出。谓词公式是由谓词名、变量、常量以及连接符所组成的公式，可以用它来表示事务的状态、属性和概念等事实性知识，也可以通过插入"→"连接符，令它表示规则性知识。

一个典型的谓词公式如

$$\text{PROFESSOR}(\text{Alex}) \wedge \text{PROFESSOR}(\text{Eric})$$

其表示 Alex 与 Eric 两个人都是教授这一事实性知识。其中：PROFESSOR 为谓词名，通常由用户来定义，用来指代后面的变量或常量具有某一方面的属性或状态；Alex 与 Eric 是两个常量，用来指代两个具体的事物。当然，在具体事物未知的情况下也可以用变量 x，y，z 来取代它们；而"∧"表示连接符，用以表达"与"的含义，即表示前后两者同时为真。除了"∧"以外，还有"∨""～""→"等连接符，分别用来表示"或""非"及"蕴含"的概念。比如

$$\text{PROFESSOR}(\text{Alex}) \lor \text{PROFESSOR}(\text{Eric})$$

表示 Alex 与 Eric 两个人中至少有一人为教授这一事实，而

$$\sim \text{PROFESSOR}(\text{Alex}) \land \text{PROFESSOR}(\text{Eric})$$

则表示 Alex 不是教授，Eric 是教授这一事实，此外

$$\text{PROFESSOR}(\text{Alex}) \rightarrow \text{PROFESSOR}(\text{Eric})$$

表示如果 Alex 是教授，那么 Eric 也是教授这一规则性知识。

当具体常量未知时，也可采用变量配合量词的形式来表示谓词公式，如

$$(\forall x)\text{PROFESSOR}(x)$$

表示对于值域，即考查群体中的任意一个个体，其均具有教授的属性，而

$$(\exists x)\text{PROFESSOR}(x)$$

则表示值域中至少存在一个个体满足具有教授属性的条件。

采用谓词逻辑来表示知识，应遵循以下几个步骤：

1）定义谓词及个体，确定每个谓词及个体的确切含义。

2）根据所要表达的事物及概念，为每个谓词中的变量辅以特定的值。

3）根据所要表达的知识的语义，用适当的连接符将各个谓词连接起来，形成谓词公式。

（2）产生式表示法　产生式表示法又称为产生式规则表示法，其基本概念主要来源于心理学领域对人类认知模型的研究，它已经作为一种基本的知识表示方法被广泛采用于各类专家系统。

与谓词逻辑表示法相同之处在于：产生式表示法也可以用来表示两种类型的人类知识，即事实性知识与规则性知识。与之不同之处在于：产生式表示法既可以用来表示确定性的知识，又可以用来表示不确定的知识，而谓词逻辑表示法只能用来表示确定性的知识。

产生式通常用于表示具有因果关系的知识，其基本形式为

$$P \rightarrow Q$$

或者

$$\text{IF} \quad P \quad \text{THEN} \quad Q$$

其中，P 是产生式的前提，用于指出该产生式是否可用的条件，而 Q 则是一组结论或者操作，用于指出当前提 P 所指示的条件被满足时，应该得出的结论或应该执行的操作。

举两个简单的例子

$$(流鼻涕 \land 发高烧) \rightarrow 流行性感冒$$

及

$$前方感知到路障 \rightarrow 左转 90° 直行$$

其中，前一个例子的后件 Q 即表示为一个结论，而后一个例子的后件则表现为一个操作。

前面提到，产生式表示法不但可以用于描述确定性的知识，而且可以用来描述不确定的知识。当所描述的知识具有不确定性时，需要添加一个置信度的概念，其基本形式变化如下

$$P \rightarrow Q(置信度)$$

或者

$$\text{IF} \quad P \quad \text{THEN} \quad Q(置信度)$$

其中，置信度取值范围通常为 $[0, 1]$，当取值为 0 时，代表完全为假，而当取 1 时，则代表完全为真，取值在 0 与 1 之间时，表示对这条知识的确信程度，值越大，确定性也越大。

除了规则性知识，产生式表示法也可用来描述事实性知识。此时，通常将其表示为如下两个三元组之一的形式

（对象，属性，值）

及　　　　　　　　　　　　（关系，对象 1，对象 2）

其中，前者用来表示某一具体事物的某一方面属性的取值，如（Apple，Color，Red）表示苹果的颜色为红色，而后者则用来表示两个具体事物之间的关系，如（Friend，Alex，Eric）表示 Alex 与 Eric 是朋友关系。当然，当用来表示不确定的事实性知识时，也可以将上述三元组扩充为四元组，其中第四个元素用来表示该条知识的置信度。

然而，如何利用产生式表示法所表示的具体知识来求解实际问题呢？此时，需要一个完整的产生式系统，其基本组成结构如图 7-1 所示。

从图 7-1 可以看出，一个产生式系统通常由四个基本部分组成：规则库、推理机、综合数据库及控制模块。其中，规则库用来存放大量 $P{\rightarrow}Q$ 这样的产生式规则，这些规则通常是由领域专家根据经验给出的；综合数据库也成为事实库，用于存放用户在外部界面所输入的事实性知识，以及在推理过程

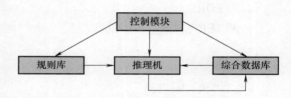

图 7-1　产生式系统的基本组成结构

中所产生的中间结果，同时包括最终的结论；推理机是产生式系统的核心，它通常由一组程序组成，用于匹配综合数据库中的事实性知识与规则库中规则的前件，并激活规则，提取后件作为新的事实性知识添加于综合数据库中；控制模块主要用于解决规则匹配过程中所产生的冲突，使推理机可以激活合适的规则。举个简单的例子，如果希望用产生式组建一个几何题目自动证明系统，那么规则库需对应大量的几何定理及公理，综合数据库保存题目的前提条件及证明过程中的中间结果，推理机需控制证明的过程，控制模块则在多条定理被激活时，帮助系统选择最合适的定理进行下一步的证明。

（3）语义网络表示法　与产生式一样，语义网络的概念也来源于心理学研究领域。但与产生式不同的是，语义网络主要被用来表示结构性知识，即事物与事物，事物与属性等之间的语义联系。

在语义网络表示法中，一个基本的语义关系可以表示为以下的网元形式

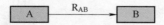

其中，A 和 B 分别代表两个事物，而 R_{AB} 则代表两者之间的某种语义联系，如

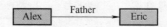

即代表 Alex 与 Eric 两人间具有父子关系这一语义联系。另一点需要注意的是：语义网络中的连线都是有项的，其中线段的尾端表示语义关系的主体，而指向的一方则为语义关系

的受体。

对于语义关系 R_{AB}，它可能是多种多样的，下面列举一些常用的语义关系：

1）从属关系。

* AKO（A-Kind-Of）

* AMO（A-Member-Of）

* ISA（Is-A）

2）包含关系。

* APO（A-Part-Of）

* CO（Composed-Of）

3）属性关系。

* HAVE

* CAN

4）时空复合关系。

* BEFORE

* AFTER

* AT

* ON

* ST（Similar-To）

* NT（Near-To）

5）复合推论关系。

* BO（Because-Of）

* FOR

* THEN

* GET

6）复合逻辑关系。

* AND

* OR

* NOT

那么，如何利用上述多种多样的语义关系来构建一个完整的语义网络呢？下面将通过一个简单的例子来加以说明。假定已知如下一些事实：①猪和羊都是动物；②猪和羊都是偶蹄动物和哺乳动物；③野猪是猪，但生长在森林中；④山羊是羊，且头上长着角；⑤绵羊是一种羊，它能生产羊毛。现在希望通过建立一个语义网络来完整地表述上述全部事实，则其表示如图 7-2 所示。

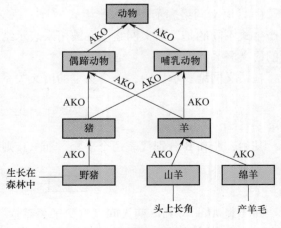

图 7-2　一个语义网络实例

在利用语义网络进行问题求解时，可以采用两种方式，一种为匹配推理，另一种则为继承推理，其中：前者直接找到问题所涉及的网络节点，并通过观察节点的属性来直接进行求解，而后者则需要根据问题节点的从属语义关系，追溯部分网络节点来进行间接的求解。以图7-2所示的语义网络为例，若问题为：山羊头上是否长角？可以通过观察山羊节点对应的头上长角的属性直接对该问题做出肯定性的作答，此为匹配推理，而若问题转变为：山羊是否为偶蹄动物，则需通过山羊与羊，以及羊与偶蹄动物之间的从属关系，以特殊继承一般的原则，给出相应的作答，此时采用的即为继承推理。语义网络通常被用于构建那些语义结构较为严谨的领域知识问答系统。

（4）脚本表示法 脚本表示法来源于概念从属理论，通常用于描述那些基于时间发生的过程性知识。它有些类似于人类拍摄电影所用的剧本。在采用脚本表示法时，首先需要将知识中的各种故事情节的基本概念抽取出来，构成一个原语集，确定原语集中各原语间的相互依赖关系，然后将所有的故事情节都以原语集中的概念及它们之间的从属关系表示出来。

最早期的脚本表示系统中定义了如下11种原语：

INGEST：表示把某物放入体内，如吃饭、喝水。

PROPEL：表示对某一对象施加外力，如推、压、拉等。

GRASP：表示主体控制某一对象，如抓、扔某件东西等。

EXPEL：表示把某物排出体外，如呕吐、排泄等。

PTRANS：表示某物物理位置的变化，如走到某地。

MOVE：表示主体移动自己身体的一部分，如抬手等。

ATRANS：表示抽象关系的转移，如把某物交给另一人时，该物所有关系均发生转移。

MTRANS：表示信息的转移，如看电视、交谈等。

MBUILD：表示已有信息形成新信息，如图、文、声等形成的多媒体信息。

SPEAK：表示发出声音，如唱歌、说话等。

ATTEND：表示用某感觉器官获取信息，如听、看等。

上述所给出的原语只是脚本的基本组成部件，而若希望利用脚本来表示具体的知识，则需要考虑以下几个重要因素：

1）进入条件。给出在脚本中所描述时间的前提条件。

2）角色。用来表示在脚本所描述事件中可能出现的有关人物。

3）道具。用来表示在脚本所描述事件中可能出现的有关物体。

4）场景。用来描述事件的发生顺序，一个事件可以由多个场景组成，而每个场景也可以是其他的脚本。

5）结果。给出在脚本描述事件发生以后所产生的结果。

以餐厅就餐这一简单事件为例，其脚本的大体框架大致可以描述如下：

脚本名：餐厅就餐

开场条件：顾客饿了，需要进餐；顾客有钱。

角色：顾客、服务员、厨师、老板。

道具：食品、桌子、菜单、钱。

场景：

① 第一场：进入餐厅

② 第二场：点菜

③ 第三场：上菜进餐

④ 第四场：顾客离开

结局：顾客吃了饭；顾客花了钱；老板赚了钱；餐厅的食品减少了。

其中，每一个分场景均可由一个原语序列来进行填充。至于如何利用脚本表示法所表示的知识来进行问题求解，则是显而易见的。可以将大量预先建立的脚本存储于知识库中，若问题的条件与某个脚本的前提条件相吻合，则激活该脚本，通过一系列场景，最终输出该脚本的结局，并将其作为最终的答案。

（5）状态空间表示法　现实世界中的问题求解过程实际上可以看作是一个搜索或者推理的过程，事实上推理过程也是一个搜索的过程。为了进行有效的搜索，对所求解的问题要以适当的形式表示出来，其表示的方法直接影响到搜索的最终效率。状态空间表示法就是用来表示问题及其搜索过程的一种方法。

那么，究竟何为"状态空间"呢？首先，来看下面的几个定义。

1）状态。状态是描述问题求解过程中不同时刻状况的数据结构，通常以一组变量的有序集合来表示

$$P = (P_1, P_2, \cdots, P_n)$$

其中，集合中的每个元素被称为一个状态变量，用以指代问题的某个属性或某个方面。但为每个状态变量都赋予一个确定的值时，就会得到一个具体的状态。当然，根据实际问题的不同，也可以采用其他数据结构来表示状态，如字符串、向量、多维数组、树或图等。

2）算符。引起状态中某些分量发生变化，从而使问题由一个状态转变为另一个状态的操作称为算符。可以说，算符是一个可以引起状态变化的动作。在下棋程序中，算符代表一个棋步，而在数学求证问题中，算符则对应于一个定理。

3）状态空间。由表示一个问题的全部状态及一切可用算符构成的集合称为该问题的状态空间。它一般由三部分所构成：问题的所有可能初始状态构成的集合 S；算符集合 F；目标状态集合 G。状态空间的图示形式称为状态空间图。其中，在图中的每一个节点表示一个状态，状态间的有向连接弧则表示算符。

4）问题的解。前文提到，任何知识表示方法都不仅是为了存储知识，其终极目的是方便地利用这些知识，对实际问题进行求解。那么，如何利用状态空间所表示的知识求解实际问题呢？其过程在于从状态空间图中搜索一条从初始状态到目标状态的连通路径，在这一路径上所用算符的序列就构成了问题的一个解。当然，状态空间图中很多路径可能都可以连通这两个状态。此时，我们希望找到最短的那一条，其对应的便是问题的最优解。

用状态空间表示法表示问题时的步骤如下：

1）分析问题，采用最匹配的一种数据结构来描述和表示问题的状态。

2）用所定义的状态描述形式把问题的所有可能状态都表示出来，并确定出问题的初始状态和目标状态。

3）定义一组算符，使得利用这组算符可以把一种状态转变为另一种状态。

下面，以一个简单的实例来理解上述的步骤：九宫格是一个经典的游戏，在一个 3×3 的网格中，放置从 1 到 8 的 8 个数字，另外一格为空格，空格可以和其上下左右的数字进行位置互换。我们希望在给定某种混乱排序的状态下，通过最少的移动次数，使其达到预设的

目标状态（数字 1 在左上角小格，1~8 数字按照顺时针排序，空格出现在正中位置）。

考虑状态空间表示法的步骤，首先要理解该问题，并为其分配一种合理的数据结构表示形式。显然，二维数组更加适合描述该问题。在确定了状态的描述形式以后，需要根据问题的给定条件，将初始状态与目标状态表示出来，图 7-3 直观地给出了一个九宫格问题的初始与目标状态。

接下来，设计出能够引起状态变化的算符集合。显然，对于上述这个简单的问题，其算符，即动作只包括四种：上移、下移、左移和右移。我们可以将算符集形式化地描述为：$F = \{\uparrow,$ $\leftarrow, \downarrow, \rightarrow\}$，其中，箭头表示空格的移动方向。

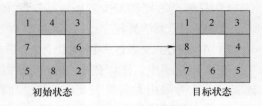

图 7-3　一个九宫格的初始状态与目标状态

若要求解上述问题，则需要从初始状态出发，利用算符使其不断转变为其他状态，直到目标状态为止。那也就意味着，问题的解需要在状态空间图中进行搜索，其部分状态空间图如图 7-4 所示。

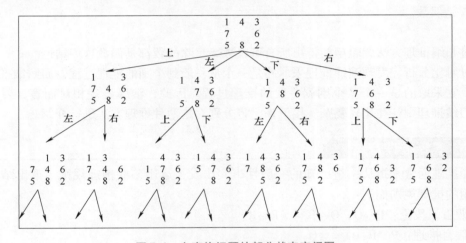

图 7-4　九宫格问题的部分状态空间图

至于如何高效地在状态空间图中找到问题的最优解，则需要用到状态空间搜索技术。

7.3　确定性推理

所谓推理，是指从已知事实出发，运用已掌握的知识，推导出其中蕴含的事实性结论或归结出某些新的结论的过程。可以说，推理是人类在日常的学习与生产生活中无时无刻不在用到的一种智能手段。这一手段也已经被移植到了计算机上，作为一项重要的人工智能技术而存在。

确定性推理是推理技术的核心研究内容。所谓确定性推理，即指推理过程中所使用的证据、知识以及推出的结论都是可以精确表示的。其值或为真，或为假，不会有第三种情况出现。按照逻辑基础划分，确定性推理又可分为演绎推理与归纳推理两大类。

演绎推理是从已知的一般性知识出发，推理出适合于某种个别情况的结论的过程。它是一种由一般到个别的推理方法。最为常用的演绎推理形式是三段论式，包括大前提、小前提和结论三个部分。其中，大前提是已知的一般性知识或推理过程得到的判断；小前提是关于某种具体情况或某个具体实例的判断；结论是由大前提推出的，并且适合于小前提的判断。举个简单的例子：

① 只要是教授都至少发表过一篇学术论文。

② Alex 是大学教授。

③ Alex 至少发表过一篇学术论文。

在上述例子中，①即代表一个一般性的大前提，而②则表示隶属于①定义域中的一个具体实例，③为采用大前提①及小前提②所得出的一个特殊结论。

不同于演绎推理，在归纳推理中，不存在大前提，即一个一般性的知识或事实，它需要从大量的特殊实例出发，归纳出一个一般性的结论。举个简单的例子：

① 2 是偶数。

② 4 是偶数。

③ 6 是偶数。

……

通过归纳推理方法，希望能得出所有可以被 2 整除的数都是偶数这一结论。

通过对比分析，发现演绎推理采取的是一个从一般到个别的推理过程，而归纳推理则恰恰相反，它采取的是一个从个别到一般的推理过程。因此，演绎推理相对而言，要更为简单，而归纳推理则往往比较复杂。接下来，将分别对这两种推理方法进行介绍。

7.3.1 演绎推理方法

演绎推理通常是指从一组已知的一般性事实出发，运用某些推理规则，推出结论的过程。常用的推理规则如下：

① 假言三段论：$P \to Q$，$Q \to R => P \to R$

② 假言推理：P，$P \to Q => Q$

③ 拒取式：$\sim Q$，$P \to Q => \sim P$

其中，上述规则中的事实性与规则性知识既适用于命题逻辑，又适用于谓词逻辑。此外，不难看出上述这些规则都很直观：假言三段论规则表示如果事实 P 可以推导出事实 Q 成立，同时事实 Q 可以推导出事实 R 成立，那么就意味着当事实 P 成立时，事实 R 必然成立；假言推理规则则表示事实 P 可以推导出事实 Q，那么当事实 P 确定成立时，可以确定地推导出事实 Q 成立；拒取式表示当事实 P 成立时可以推导出事实 Q，那么当确定事实 Q 不成立时，也可以确定地倒推出事实 P 不成立。

合理利用上述规则，可以用于解决实际的确定性推理问题。求解问题的步骤如下：

1）首先分析问题，并定义问题中的谓词和常量。

2）将问题中的事实性与规则性知识以谓词公式的形式表示出来。

3）采用演绎推理规则来进行推理，得出最终结论。

下面，举一个简单的例子来展示演绎推理的全过程。

例 7-1 设已知如下事实。

1）只要是需要室外活动的课，张三都喜欢。

2）所有的公共体育课都是需要室外活动的课。

3）篮球是一门公共体育课。

求证：张三喜欢篮球这门课。

证明：

1）首先定义谓词与常量。

Outdoor(x)	表示 x 是需要室外活动的课
Like(x, y)	表示 x 喜欢 y
Sport(x)	表示 x 是一门公共体育课
Zhang	表示张三
Ball	表示篮球

2）把一已知事实及待求解的问题用谓词公式表示如下：

$(\forall x)(Outdoor(x) \rightarrow Like(Zhang, x))$

$(\forall x)(Sport(x) \rightarrow Outdoor(x))$

Sport(Ball)

期望推得：Like(Zhang, Ball)

3）推理过程如下：

Sport(Ball), Sport(x)→Outdoor(x) = > Outdoor(Ball)

Outdoor(Ball), Outdoor(x)→Like(Zhang, x) = > Like(Zhang, Ball)

得证。

上述推理过程仅仅采用了两次假言推理规则，便证明了最终结论的正确性。当然，上述的例子较为简单，对于复杂的问题，推理的过程可能会比较烦琐，甚至会在推理过程中产生很多与最终结论无关的中间事实，但考虑到计算机的运行速度，这并不会成为一个问题。

7.3.2 归纳推理方法

归纳推理采取的是一种从个别到一般的推理方式。对于这种推理方式，首先想到的便是数学中常用的一种证明方法：数学归纳法。然而，利用计算机来模拟数学归纳法的证明方式是十分困难的，同时对于很多实际问题也是不适用的。因此，人工智能采用反证法来进行归纳推理。其推理过程为：首先否定掉最终要证明的一般性结论，然后利用归纳推理规则不断产生中间事实，直到发现有两条规则相互矛盾为止。简而言之，其思想就在于：首先假定结论不存在，然后推导出矛盾以证明对结论的否定是错误的，从而间接证明结论的正确性。

为进行归纳推理，首先需要了解谓词逻辑范式的概念。所谓范式，即谓词公式的一种规范化的表示方式。归纳推理要求首先将所有的谓词公式，即已知事实，转化为 Skolem 范式。Skolem 范式要求谓词公式中所有量词全部集中在公式的前面，且不能有存在量词出现，即只能有全称量词出现，同时它的辖域要一直延伸到公式之末。

Skolem 标准化的步骤：

1）消去谓词公式 G 中的蕴涵"→"和双条件"↔"符号，以"~A∨B"代替"A→B"，以"（A∧B）∨（~A∧~B）"替换"A↔B"。

2）减少否定符号"~"的辖域，使否定符号"~"最多只作用到一个谓词上。

3）重新命名变元名，使所有的变元的名字均不同，并且自由变元及约束变元也不同。

4）消去存在量词。

5）移动全部量词到公式左边，且辖域为整个谓词公式。

6）谓词公式化为合取范式。

举例来说明上述步骤如何实施，假设有谓词公式 $(\forall x)((\forall y)(P(x, y) \rightarrow \sim(\forall y)(Q(x, y) \rightarrow R(x, y)))$，其标准化步骤如下：

1）消去连接词"→"与"↔"。

$$(\forall x)(\sim(\forall y)P(x, y) \vee \sim(\forall y)(\sim Q(x, y) \vee R(x, y)))$$

2）减少否定符号"~"的辖域至一个谓词。

$$(\forall x)((\exists y)\sim P(x, y) \vee (\exists y)(Q(x, y) \wedge \sim R(x, y)))$$

3）变量更名。

$$(\forall x)((\exists y)\sim P(x, y) \vee (\exists z)(Q(x, z) \wedge \sim R(x, z)))$$

4）消去存在量词。

$$(\forall x)(\sim P(x, f(x)) \vee (Q(x, g(x)) \wedge \sim R(x, g(x))))$$

5）全称量词移到左边。

6）化为合取范式，即 Skolem 范式。

$$(\forall x)((\sim P(x, f(x)) \vee Q(x, g(x))) \wedge (\sim P(x, f(x)) \vee \sim R(x, g(x))))$$

之所以要将谓词公式均转化为 Skolem 范式的形式，是为了对事实性知识进行进一步的划分。如上例中的结果所示，最终的 Skolem 范式是一个合取范式，当去掉合取连接符号"∧"后，位于该连接符号前后的两个谓词公式均表示一个不可进一步分解的事实。当一个谓词公式无法进一步分裂为两个或多个更小的子公式时，将其称为子句。将子句放入一个集合当中，称该集合为子句集。在解决实际问题时，子句集中保存了与该问题相关的全部已知事实。

在采用问题的给定事实获取初始的子句集后，可以通过归纳推理规则来生成中间事实，并用其来不断扩充子句集。一些常用的规则表示如下：

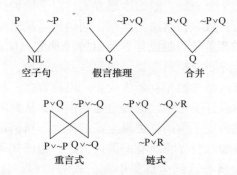

其中，空子句 NIL 代表子句中有互相矛盾的事实存在，它是用来反证的重要依据。

下面举例来说明如何通过归纳推理方法证明一个一般性的结论。

例 7-2 假设有以下前提知识。

1）自然数都是大于 0 的数。

2）所有整数不是偶数就是奇数。

3）偶数除以 2 是整数。

求证：所有自然数不是奇数就是其一半为整数的数。

证明：

1）定义谓词。

N(x)：x 是自然数。I(x)：x 是整数。E(x)：x 是偶数。

O(x)：x 是奇数。GZ(x)：x 大于 0。

定义函数 S（x）表示 x 除以 2。

2）将前提与要求证的问题分别用谓词公式表示。

F1：$(\forall x)(N(x) \rightarrow GZ(x) \wedge I(x))$

F2：$(\forall x)(I(x) \rightarrow E(x) \vee O(x))$

F3：$(\forall x)(E(x) \rightarrow I(S(x)))$

G：$(\forall x)(N(x) \rightarrow (O(x) \vee I(S(x))))$

3）化为子句集。

$\sim N(x) \vee GZ(x)$	（F1）
$\sim N(x) \vee I(x)$	（F1）
$\sim I(x) \vee E(x) \vee O(x)$	（F2）
$\sim E(x) \vee I(S(x))$	（F3）
$N(x)$	（$\sim G$）
$\sim O(x)$	（$\sim G$）
$\sim I(S(x))$	（$\sim G$）

4）归纳推理。

$\sim I(x) \vee E(x)$	（3 与 6 归结）
$\sim E(x)$	（4 与 7 归结）
$\sim I(x)$	（8 与 9 归结）
$\sim N(x)$	（2 与 10 归结）
NIL	（5 与 11 归结）

推出矛盾，得证。

归纳推理不但有完善的理论体系做支撑，而且完美地契合了人类推理思维的方法模式，因此在人工智能的多个应用领域，尤其是自动定理证明领域有着较为广泛的应用。

7.4　状态空间搜索

搜索是人工智能的一个基本问题，是推理不可分割的一部分。实际上，一个问题的求解过程就是搜索过程，所以搜索就是求解问题的一种方法。至于何为搜索，可做如下解释：按照一定的策略或规则，从知识库中寻找可用的知识，从而构造出一条使问题获得解决的推理路线的过程，就称为搜索。

在人工智能范畴内，搜索通常需要依赖状态空间表示法来表示知识，而采用算符来沟通状态间的转化关系，进而找到连接初始状态与目标状态间的最短路径，以求取该问题的最优解。根据在搜索过程中是否利用到了中间状态的信息，可将状态空间搜索技术分为盲目搜索和启发式搜索两种。其中，盲目搜索在整个搜索过程中，只按照预先规定的搜索控制策略进行搜索，而没有利用任何中间信息来改变控制策略；启发式搜索则在求解过程中根据问题本身的特性或搜索过程中产生的中间信息来不断改变和调整搜索的策略，使搜索朝着最有希望的方向前进。显然，盲目搜索策略效率较低，仅适用于求解一些简单的问题，而启发式搜索则具有较高的效率，特别善于解决一些复杂问题，但其对于无法方便抽取问题特性及信息的问题则无能为力。因此，尽管启发式搜索好于盲目搜索，但盲目搜索也会在很多问题的求解中得到应用。

下面，将首先介绍状态空间搜索技术中所涉及的一些基本概念及数据结构，并给出其搜索的一般化流程。然后，我们将分别介绍几种具有代表性的盲目搜索及启发式搜索方法，并讨论它们的特性。

7.4.1 状态空间搜索的基本概念与一般化流程

在7.2节中已经指出，可以用状态空间对一个问题进行表示，而且这一表示也可以使用图示的方式，这种图示的方式称为状态空间图。状态空间图是一个有向图。当把一个待求解的问题表示为状态空间以后，就可以通过对状态空间的搜索，实现对问题的求解。从状态空间图的角度来看，则对问题的求解就相当于在有向图上寻找一条从某一节点（初始状态节点）到另一节点（目标节点）的连通路径。其中，最短的连通路径就是上述问题的最优解。当然，可以把该问题所有可能出现的合法状态都描述出来，并选择合适的算符完全连通，以构造完整的状态空间图。但对于复杂的问题，这可能是不现实，也是毫无必要的，如：围棋棋盘的所有合理的棋子布局状态。事实上，可以从初始状态出发，利用所有合适的算符生成其后继状态，并利用其后继状态进一步生成第二层的后继状态，以此类推，以寻找目标状态的方式来搜索问题的解。而这一求解过程，往往只对应于整个状态空间图中非常小的一部分，利用计算机是完全可以实现的。

下面，给出状态空间图的一般搜索过程。在此之前，先说明一下已扩展节点及未扩展节点的概念。所谓扩展，就是用合适的算符对某个节点进行操作，生成一组后继节点，扩展过程实际上就是求后继节点的过程。所以，对于状态空间图中的某个节点，如果已经求出了它的后继节点，就称其为已扩展节点，而如尚未找到其后继节点，则称为未扩展节点。在利用计算机模拟搜索过程时，分别采用两个数据表来存储这两类节点，未扩展节点放入一个名为OPEN的表里，而已扩展节点则存储于一个名为CLOSED的表中。OPEN表结构见表7-1。CLOSED表结构见表7-2。

表7-1　OPEN表结构

状 态 节 点	父 节 点

表7-2　CLOSED表结构

编　　号	状 态 节 点	父 节 点

在表7-1、表7-2中，之所以存储每个状态节点的父节点，是为了在找到目标节点后得以回溯问题的解。即采用目标节点→目标节点的父节点→目标节点父节点的父节点→…→初

始节点的方式得到问题的解。

状态空间图的一般性搜索算法流程如下：

```
Procedure General_Search
begin
    OPEN:=[S]; CLOSED:=[];
    while OPEN ≠[]do
        begin
            从 OPEN 表中把第一个节点(n)移入 CLOSED 表中;
            if n =目标状态,then return(success);
            把 n 的后继节点放入 OPEN 表;
            修改返回到节点 n 的指针;
            重排 OPEN 表;
        end
    return(failure);
end
```

其中，S 表示初始节点。其基本流程如图 7-5 所示。

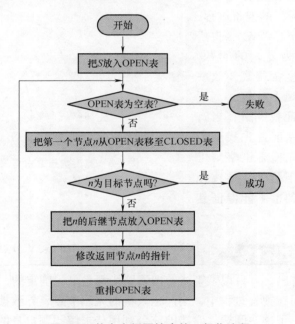

图 7-5　状态空间图搜索的一般化流程

不同的状态空间图搜索算法都遵循上述的流程，它们的区别仅在于：在每一轮循环过程中，重排 OPEN 表时所采取的策略是不同的。重排 OPEN 表也直接关系到了搜索的方向与搜索的效率。

7.4.2　盲目搜索策略

前文提到，所谓盲目搜索策略，表示在状态空间图的搜索过程中，没有利用任何中间信息，而是已知采用某个预设的控制策略来控制搜索的方向，并执行搜索的过程。盲目搜索策略主要包括以下两种：宽度优先搜索及深度优先搜索。

回顾状态空间图搜索的一般化过程可知：各类搜索策略的不同之处在于重排 OPEN 表的策略差异，那么上述两类搜索策略究竟采用了何种重排 OPEN 表的方式呢？宽度优先搜索策略采用了先入先出的排序策略来重排 OPEN 表，即先进入 OPEN 表的节点排在前面，而后进入的则排在后面。也就是说，先放入 OPEN 表的状态节点也会先从 OPEN 表中被取出，用于后继节点的扩展，而这也与数据结构中树的宽度优先遍历算法是一致的。深度优先搜索策略则采用了完全相反的 OPEN 表重排方式，即后入先出，这也与数据结构中树的深度优先遍历算法相一致。为了观察两者的不同之处，我们也给出了相应的图示，如图 7-6 所示的宽度优先搜索与深度优先搜索策略。

从图 7-6 可以看出：宽度优先搜索执行的是"从上到下"的搜索过程，而深度优先搜索则执行了"从左到右"的搜索过程。对于较为复杂的问题，上述两者的时空复杂度都很高，效率低下，但若问题在客观上有解，宽度优先搜索策略可以保证找到解，当有多个解时，其也可以保证首先找到的是最优解，而深度优先搜索策略则可能在某一分支无限向下延伸，导致无法找到解，且即使找到也不能保证其是最优解。

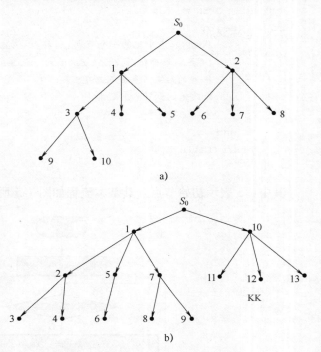

图 7-6　宽度优先搜索与深度优先搜索策略
a）宽度优先搜索　b）深度优先搜索

7.4.3　启发式搜索策略

从 7.4.2 节可以看出，盲目搜索策略的搜索路线都是事先确定的，没有利用被求解问题的任何特性信息，因而在搜索过程中，会产生大量的无用节点，导致搜索效率低下。启发式搜索策略则有效地解决了这一问题，它能够充分利用待求解问题自身的某些特性信息，以指导搜索朝着最有利于问题求解的方向发展，即在选择节点进行扩展时，选择那些最有希望的节点加以扩展，那么搜索的效率就会大大提高。

A* 算法是最有代表性的一种启发式搜索算法，它的计算公式如下

$$f^*(x) = g^*(x) + h^*(x)$$

式中，$f^*(x)$ 称为估价函数，表示从初始节点 S_0 经过节点 x 到达目标节点的最佳路径长度；$g^*(x)$ 称为代价函数，表示从初始节点 S_0 到节点 x 的最佳路径长度，为搜索过程已经付出的代价；而 $h^*(x)$ 则称为启发函数，其表示利用问题本身所反映出的特性信息对从节点 x 到目标节点最佳路径长度的一种预估，而对这种预估有一个基本要求，即其要足够乐

观，至少不能比实际的最佳路径长度还要长。

如何从实际问题中找到符合启发函数所要求的特性信息，下面通过一个实例来加以说明。回顾 7.2 节中所介绍的九宫格问题，假设其初始状态及目标状态如图 7-7 所示，那么，如何从中挖掘特性信息来设计满足要求的启发式信息，以设计启发函数，进而快速地搜索到该问题的最优解呢？

仔细观察图 7-7 中的九宫格结构，并分析该问题的前提约束条件，不难发现：每移动一次空格，最多会将一个数字移动到其在目标状态所对应的位置上去。因此，便可以利用这一特性来构造启发函数。对比图 7-7 中的初始状态与目标状态，可以看出：3、4、5、7 四个数字出现在同一位置，而 1、2、6、8 四个数字则出现在不同

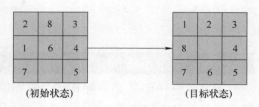

图 7-7　九宫格问题的一个事例

位置，那也就意味着最少要通过 4 次移动，才能令其从初始状态转变为目标状态，而这也是对该问题最优解的最为乐观的一种估计，其真实最优解可能等于，也可能高于，但绝不会低于这个估计。基于这种信息，可给出该九宫格问题的 A* 算法求解全过程，如图 7-8 所示，图中每个九宫格左侧的数字表示该状态的估价函数值，而部分九宫格上方的数字则代表已扩展节点的扩展顺序。

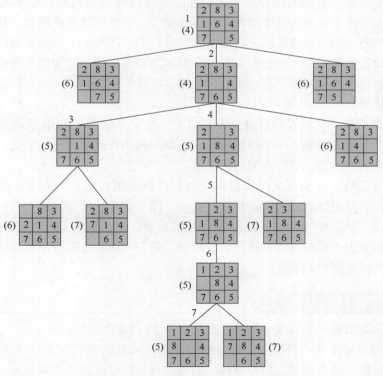

图 7-8　九宫格问题的 A* 算法求解过程

从图 7-8 中可以看出，A* 算法在每一轮搜索过程中均采用估价函数值"从小到大"的顺序对 OPEN 表中的节点顺序进行重排，而这种方式有效地规避了对大部分的无用节点的扩

展，使搜索过程一直在最有希望的方向上延伸，从而极大地提升了搜索的效率。尽管启发式搜索要远优于盲目搜索策略，但并非所有问题中都含有启发式的信息，即使有，每个问题所对应的启发式信息也不尽相同，因而也限制了这种策略的应用范围。

7.5 专家系统

7.5.1 专家系统的定义及其特点

专家系统（ES）是一种具有大量知识和经验的智能程序系统，它能运用领域专家多年积累的经验和专门知识，模拟人类专家的思维过程，求解需要专家才能解决的困难问题。专家系统是含有大量的具有专家水平的领域知识和经验，能够在运行过程中增加新的知识和完善原有的知识，并能够进行推理的智能信息系统。自 1968 年研制成功世界上第一个专家系统 DENDRAL 以来，专家系统技术发展非常迅速，已经应用到数学、物理、化学、医学、地质、气象、农业、法律、教育、交通运输、机械及计算机科学等多个领域，甚至已渗透到政治、经济、军事等重大决策部门，并产生了巨大的社会效益和经济效益。

根据定义，一个专家系统应具有以下特点：

（1）具有启发性　它能利用专家的知识和经验进行推理和判断；专家系统中的知识按其在问题求解中的作用可分为三个层次，包括数据级、知识库级和控制级。其中数据级知识是指具体问题所提供的初始事实以及在问题求解过程中所产生的中间结果及最终结果，数据级知识通常存放在数据库中；知识库知识是指专家的知识，这一类知识是构成专家系统的基础；控制级知识也称为元知识，是关于如何应用前两种知识的知识，如在问题求解中的搜索策略、推理方法等。

（2）具有透明性　它能解释自身的推理过程，专家系统需要利用专家知识来求解领域内的具体问题，系统内需要有一个推理机制，它能根据用户提供的已知事实，借助知识库中的知识，进行有效的推理，以实现问题的求解。

（3）具有灵活性　专家系统的知识库与推理机制既相互联系，又相互独立。它能不断扩展自身的知识，并对已有的知识进行修改完善，以丰富现有的知识库。

（4）具有交互性　专家系统一般都是交互式系统，具有较好的人机界面。一方面它需要与领域专家和知识工程师进行对话以获取知识，另一方面它也需要不断地从用户处获得所需的已知事实并回答用户的询问。

7.5.2 专家系统的分类

专家系统的类型按照其特点及用途可分为如下 10 种类型。

（1）解释型专家系统　根据表层信息解释深层结构或内部情况的一类系统。如化学结构说明、图像分析、语言理解、信号解释、地质解释、医疗解释等专家系统。

（2）诊断型专家系统　根据对症状的观察分析，推导出产生症状的原因以及排除故障方法的一类系统。如医疗诊断、机械故障诊断、设备故障诊断等专家系统。

（3）预测型专家系统　预测型专家系统能根据过去和现在的信息（数据和经验）推断

可能发生和将要出现的情况。例如天气预报、地震预报、市场预测、人口预测、灾难预测等领域的专家系统。

（4）设计型专家系统　设计型专家系统能根据给定要求进行相应的设计。例如用于新产品工艺设计、机电产品设计、电子系统设计、新产品方案设计等一系列工程设计的专家系统。对这类系统一般要求在给定的限制条件下得到最佳的或较佳的设计方案。

（5）规划型专家系统　规划型专家系统能按给定目标拟订总体规划、行动计划、运筹优化等，适用于机器人动作控制、工程规划、军事规划、城市规划、生产规划等。这类系统一般要求在规定的约束条件下能以较小的代价达到给定的目标。

（6）控制型专家系统　控制型专家系统能根据具体情况，控制整个系统的行为，适用于对各种大型设备及系统进行控制。为了实现对控制对象的实时控制，控制型专家系统必须具有能直接接收来自控制对象的信息，并能迅速地进行处理，及时做出判断和采取相应行动的能力。因此，控制型专家系统实际上是专家系统技术与实时控制技术相结合的产物。

（7）监控型专家系统　监控型专家系统能完成实时的监控任务，并根据监测到的现象做出相应的分析和处理。对这类系统必须要能实时收集任何有意义的信息，并能快速地对得到的信号进行鉴别、分析和处理，一旦发现异常，系统能快速地做出反应，如发出报警信号等。

（8）修理型专家系统　修理型专家系统是用于制订排除某种故障并实施排除的一类专家系统，要求能根据故障的特点制订纠错方案并实施该方案排除故障，当制订的方案失效或部分失效时，能及时采取相应的补救措施。

（9）教学型专家系统　教学型专家系统主要适用于辅助教学，并能根据学生在学习过程中所产生的问题进行分析、评价、找出错误原因，有针对性地确定教学内容或采取其他有效的教学手段。

（10）调试型专家系统　调试型专家系统用于对系统进行调试，能根据相应的标准检测被检测对象存在的错误，并能从多种纠错方案中选出适用于当前情况的最佳方案，排除错误。

上述专家系统的分类并不唯一，往往存在多种分类方法，有些专家系统往往是上述若干种类型的复合体。如一台智能机器人往往具备解释型、教学型、诊断型、规划型及控制型等多种类型于一体。

7.5.3　专家系统的组成结构

专家系统的结构是指专家系统各组成部分的构造方法和组织形式。不同应用领域和不同类型的专家系统，其体系结构和功能也不尽相同。通常一个最基本的专家系统应由知识库、综合数据库、知识获取机构、推理机、解释机构和人机接口（用户界面）六个部分组成，各部分的关系如图7-9所示。

专家系统的核心是知识库和推理机，其工作过程是根据知识库中的知识和用户提供的事实进行推理，不断地由已知的事实推出未知的结论即中间结果，并将中间结果存储到综合数

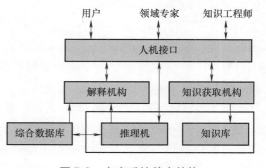

图7-9　专家系统基本结构

据库中，作为已知的新事实进行迭代推理。在专家系统的运行过程中，会不断地通过人机接口与用户进行交互，向用户提问，并向用户解释。专家系统的各个组成部分的功能描述如下。

（1）知识库　知识库主要用来存放领域专家提供的专业知识，其来源于知识获取机构，并为推理机求解问题提供服务。可参照 7.2 节内容确定合适的知识表达方法，使之能充分表示领域知识，又能便于对知识的维护和管理，同时还便于理解与实现。

知识库管理系统负责对知识库中的知识进行组织、检索与维护等。专家系统中的其他组成部分一般都需要与知识库发生联系，因此地位十分突出。在对知识库进行管理时，必须建立严格的安全保护措施，以防止由于操作失误等主观原因使知识库遭到破坏。

（2）综合数据库　综合数据库又称动态数据库，或者称为黑板，主要用于存放初始事实、问题描述及系统运行过程中得到的中间结果及最终结果等信息。

在开始求解问题时，综合数据库中存放的是用户提供的初始事实。综合数据库的内容随着推理的进行而变化，推理机根据综合数据库的内容从知识库中选择合适的知识进行推理并将得到的中间结果再次存放到综合数据库中。因此，综合数据库中记录了推理过程中的各种有关信息。

（3）知识获取机构　知识获取是专家系统建造和设计的关键，也是目前建造专家系统的瓶颈。知识获取的基本任务是为专家系统获取知识，建立起健全、完善、有效的知识库，以满足求解领域问题的需要。知识获取通常是由知识工程师与专家系统中的知识获取机构共同完成的。知识工程师负责从领域专家那里抽取知识，并采取适用的方法把知识表达出来，而知识获取机构把知识转换为计算机可存储的内部形式，然后把它们存入知识库。在存储过程中，要对知识进行一致性、完整性的检测。不同专家系统的知识获取的功能与实现方法差别较大，有的系统采用自动获取知识的方法，而有的系统则采用非自动或半自动的知识获取方法。

（4）推理机　推理机的功能是模拟领域专家的思维过程，控制并执行对问题的求解。它能根据当前已知的事实，利用知识库中的知识，按一定的推理方法和控制策略进行推理直到得出相应的结论为止。

推理机包括推理方法和控制策略两部分，按照推理的知识可分为确定性推理和不确定性推理，按照推理的方向又分为正向推理、反向推理和正反向混合推理。控制策略主要指推理方法的控制及推理规则的选择策略。推理策略一般还与搜索策略有关。推理机的性能与构造一般与知识的表示方法有关，但与知识的内容无关，这有利于保证推理机与知识库的独立性，提高专家系统的灵活性。

（5）解释机构　解释机构用来负责向用户解释专家系统的行为和结果，如回答用户提出的问题，解释系统的推理过程，同时负责跟踪并记录推理过程。当用户提出的询问需要给出解释时，它将根据问题的要求分别做相应的处理，最后把解答用约定的形式通过人机接口展示给用户。

（6）人机接口　人机接口是专家系统与领域专家、知识工程师、一般用户之间进行交互的界面，由一组程序及相应的硬件组成，用于完成专家系统的输入输出工作。知识获取机构通过人机接口与领域专家及知识工程师进行交互，更新、完善和扩充知识库；推理机通过人机接口与用户交互，在推理过程中，专家系统根据需要不断向用户提问，以得到相关的事实数据，在推理结束时也会通过人机接口向用户展示推理的结果；解释机构通过人机接口与用户交互，向用户解释推理过程，回答用户问题。

在不同的专家系统中，由于硬件、软件环境不同，接口的形式与功能有较大的差别。随着计算机硬件和自然语言理解技术的发展，先进的专家系统已经可以用简单的自然语言与用户交互。

7.5.4 模糊专家系统

在传统的专家系统中，规则的条件和结论只能是精确的数据和命题。它们只能在 $\{0, 1\}$ 中取值，如果要模拟领域专家知识的不确定性，只能在规则的尾部引进一个"置信度"，用以表示规则的置信程度，除此之外，规则本身是不允许含有模糊数据（如"大约 0.8"）和模糊命题（如"老王个子很高"）的。采用这种在规则尾部加"置信度"表示整个规则的不确定性，在许多情况下不能很好地模拟领域专家的经验、窍门和求解问题的策略和方法。为了更好地表示领域专家的知识，就需要将不确定性引入规则的内部，即规则的条件和结论中可以包含模糊命题，这就需要在专家系统的研制和开发中，引进模糊数学的理论、方法和技术。

1. 模糊专家系统概述

传统的专家系统实际是一个二值逻辑系统，它只能处理确定性（即只能在 $\{0, 1\}$ 中取值）的数据和命题。模糊专家系统与之不同的是，它可以处理不确定性的数据和命题，即它可以在 $\{0, 1\}$ 中取值，也就是说模糊专家系统是采用模糊集、模糊数和模糊关系等模糊技术手段来表示和处理知识的不确定性和不精确性，输入给系统的可能是一些模糊数和离散的模糊集，规则（即模糊产生式规则）则可能包含模糊数，输出和推理结果则可能是一个模糊集。具体说来，模糊专家系统与传统专家系统之间的区别主要体现在如下几个方面。

（1）知识获取方面　与传统专家系统不同的是，模糊专家系统所要获取的知识不求结构和量的精确描述，即所要获取的知识可以是一些不确定、不完全、不精确和模糊的知识。这在很大程度上方便了领域专家，缩小了知识工程师与领域专家的"距离"，这是因为领域专家求解问题的许多经验、窍门、技巧就是专家本人有时也很难表述清楚。

（2）知识表示方面　传统专家系统的一切变量只能取两个值，即真或假。模糊专家系统中则要求对从领域专家或专业书本上抽取出来的包含各种不确定性的知识，能用一种贴切地反映各种模糊性的方法如实地表示出来，且其中的各种变量应在 $\{0, 1\}$ 中取值。这是一件十分困难的事，这对知识工程师提出了更高的要求。

（3）知识处理方面　这里所说的处理主要是指推理，而推理中的关键就是匹配（若有多条规则满足当前条件，则需要采取冲突消解策略从中选出最优的规则）。在传统的专家系统中，匹配只有两种情况，即规则前件与当前数据库匹配或不匹配，而模糊专家系统中的匹配则要复杂得多。传统的专家系统只允许精确匹配，不允许部分匹配。模糊专家系统则允许部分匹配，从而在知识的处理中提供了一种模糊的推理机制。传统的专家系统只提供了一种精确推理机制。当然，在模糊专家系统中也能处理精确推理，因为精确推理只是模糊推理的一种特殊情况。

由于上述的模糊专家系统与传统专家系统的区别，模糊专家系统的特征主要表现在：

（1）具有模糊的知识表示及获取能力　系统不再是简单地用概率或确信度来表示模糊知识，而是用近似于自然语言的模糊语言来表示知识、规则及事实。系统还提供一种手段，使得知识工程师或领域专家以各种友好的用户界面来给系统传授知识。系统本身具有学习能力，能从自身运行中不断总结正反两方面的经验，从而自动生成新知识，或对旧的知识进行修改和更新。

（2）具有模糊的知识处理能力　由于模糊专家系统的知识库和事实库中含有大量模糊知识，这就要求模糊专家系统具有模糊的知识处理能力，即具有模糊匹配、模糊启发搜索和模糊推理的功能。

2. 模糊语言逻辑

原则上，模糊逻辑是一种模拟人思维的逻辑，要用从区间［0，1］上的确切数值来表示一个模糊命题的真假程度，有时很困难。若想用机器来模仿人的思维、推理和判断，则必须引入语言变量。

Zadeh 教授于 1975 年提出了语言变量的概念，语言变量实际上是一种模糊变量，它用词句而不是用数字来表示变量的"值"。引进了语言变量后，就构成模糊语言逻辑。通俗地说，就是把那些诸如"大约 5""10 左右"等具有模糊概念的数值称为模糊数。用不同的语言值表示模糊变量性态程度的差别，但无法对它们的量做出精确的定义，因为语言值是模糊的，所以可以用模糊数来表示。在实用中，为了便于推理计算，常常还有用模糊定位规则，把每个语言值用估计的渐变函数定位，使之离散化、定量化、精确化。某汽车速度的模糊语言值如图 7-10 所示。

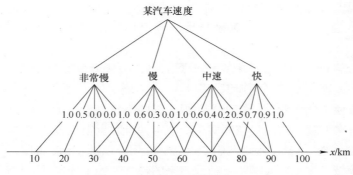

图 7-10　某汽车速度的模糊语言值

3. 模糊集的获取方法

对坐标轴上能够表示的数据，传统的控制系统中采用的模糊集的获取方法，如图 7-11 所示模糊数据举例，这在实际问题应用中就难以处理。为了能比较方便地应用于实际，往往就把模糊函数变量 x 分成若干有限级，目的是可用多值逻辑的方法来处理模糊逻辑问题。上面

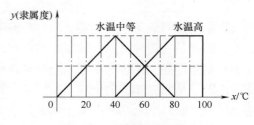

图 7-11　模糊数据举例

的隶属度曲线中"水温中等"和"水温高",则把从 $0 \sim 100℃$ 的水温分割成 10 级,取每级的隶属度用列举法写出其函数

$\mu_M(x) = \{x \mid 0.0/0 + 0.25/10 + 0.5/20 + 0.75/30 + 1.0/40 + 0.75/50 + 0.5/60 + 0.25/70 + 0.0/80 + 0.0/90 + 0.0/100\}$

$\mu_H(x) = \{x \mid 0.0/0 + 0.0/10 + 0.0/20 + 0.0/30 + 0.0/40 + 0.25/50 + 0.5/60 + 0.75/70 + 1.0/80 + 1.0/90 + 1.0/100\}$

4. 模糊推理

在人类的知识领域中,有很大一部分具有过程的性质。一般它们描述"如何做"一件事,例如描述如何一步一步地用消去法解一次联立方程组,如何按步进行法律诉讼,如何描述生产一个产品的工序以及如何描述识别某种事物的程序等。它们都代表一个动态的具有时序动作的过程。

研究计算机的人很容易就会想到这类知识可用一段计算机程序(称为一个过程)来描述。对这种知识的运用就是对描述过程的调用执行。不同条件或不同环境下的运用,可用程序要求的各种不同的调用参数来体现。因为,普通的计算机程序能精确地告诉你先做什么,后做什么,并能决定不同的情况下分别做不同的工作,而且还能表示出一旦遇到异常情况时如何处理等。所以原则上它能表示十分复杂的过程知识。另一方面,它也便于把知识的表示模块化和参数化。而且由于允许过程中调用各种子过程,甚至调用自身(递归调用),所以可把过程知识表示成层次嵌套结构。只要调用接口不变,局部知识的更新并不会影响全局知识的表示。用一种模糊程序设计语言,并规定其模糊执行的语义来对任一模糊过程进行编程,这种模糊语言主要由模糊语句构成。

5. 模糊专家系统的结构

模糊专家系统结构如图 7-12 所示。典型的基于规则的模糊专家系统通常有六个部分组成,分别是:输入输出模块、模糊数据库、模糊知识库、模糊推理机、学习模块和解释模块。

(1)输入输出模块 输入模块主要用于设置专家系统初始化所需要的信息,建库所需知识信息及修改信息等。根据用户需求,信息一般支持确定值、模糊值或者不完备值;输出模块用于输出专家系统推理得出的结论,对推理过程进行解释,显示推理过程中的人机对话等。

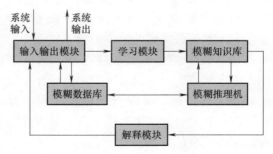

图 7-12 模糊专家系统结构

(2)模糊推理机 模糊推理机是模糊专家系统的执行者,是系统的核心部分。它接收的是外界输入的不确定信息或经过模糊化的信息,然后与模糊知识库中的知识进行匹配,按照一定的策略进行模糊推理,最后得出较为理想的结论。模糊推理机除要具备一般专家系统的推理策略外,还要具备能够使不确定信息传播的一组函数。不确定性描述方法的多样性,使得传播函数也不尽相同,常用的有以下几种:①合并规则前件中各项不确定性的函

数；②由规则前件不确定性和规则置信度推导出结论的函数；③合并不同规则得出相同结论不确定性的函数；④实现由多个可能性结论得出最优解的函数。

（3）模糊数据库　用于存储专家系统初始化的信息，推理过程中的中间信息以及推理的最终结论等。这些信息可以是不确定的，例如对于切削速度模糊语言的定义（切削速度规定大于1000m/min为"高"）存放于模糊知识库中。

（4）模糊知识库　用来存储领域专家总结出来的或者专家系统自动生成的事实和规则，它们可以是确定的也可以是模糊的，若为模糊性的要在事实或规则上添加表示置信度大小的标志。

（5）学习模块　其主要是将领域专家的知识和经验，转化成能被专家系统识别的标准形式的事实和规则。对于能自动获取知识的模糊专家系统，学习模块能够自动总结专家的实践经验生成规则和事实。

（6）解释模块　记录推理过程有关的信息（推理路线、推理过程中用到的规则、产生的中间结果等）及与系统自身有关的信息，不仅可以回答用户提出的有关推理思路和系统本身的问题，还是一个有助于发现错误对系统进行调试的工具。

7.5.5　专家系统的设计

专家系统作为计算机软件系统，其开发过程遵循软件工程的步骤及规范，包括系统规划、系统分析、系统设计及系统实施等过程。考虑到专家系统区别于其他一般的软件系统，专家系统一般具有独特的专家模块部分，如知识获取模块设计、知识表示与知识描述语言设计、知识库模块设计、推理机模块设计、解释模块设计、人机界面设计等，其步骤如图7-13所示。

部分重要过程简要描述如下：

（1）知识获取模块设计　知识获取分为人工获取、半自动获取及自动获取三种。其目的是将专家头脑中的有关知识，特别是经验性知识挖掘、整理并显式地表达出来，知识获取是整个专家系统开发最难，也是专家系统最关键的组成部分。

（2）知识表示与知识描述语言设计　采用7.2小节描述的知识表示方法，设计相应的知识描述语言。可以使用现有的程序设计语言，如 Prolog、LISP 或 JAVA 语言；也可以选择现有的专家系统工具。

（3）知识库模块设计　该模块主要设计知识库的结构，即知识的组织形式。专家系统中的知识库，一般描述为层次结构或网状结构模式，将专家知识分类分层，如按照元知识、专家知识、领域知识等进行分层，构成树形或网状结构。该模块还

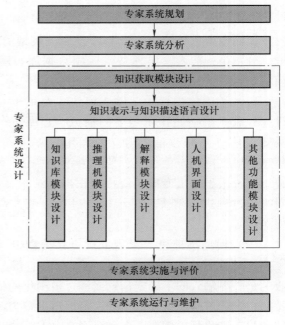

图 7-13　专家系统设计的一般步骤

要实现对知识库中的知识进行增加、删除、更改、查询、检查、重组及统计功能；通过对知识库及推理规则进行改进试验，可归纳出更完善的结果，经过一段时间的改善，使系统在一定范围内达到人类专家的水平。

（4）推理机模块设计　推理机的推理方式是根据知识库中的知识选择的，必须与知识库及其知识相匹配，如知识库中的知识层次、类型、结构形式、知识的表示方法等可以决定推理机的设计方式，如正向推理、方向推理、双向推理、精确推理、模糊推理等。

（5）解释模块设计　该模块主要负责专家系统中的解释功能，用来向用户解释为什么要这样做以及为什么会得到这样的推理结果。解释模块可以作为推理模块的组成部分单独设计。

（6）人机界面设计　该模块是专家系统与用户信息交互的人机接口，用来实现人对系统的询问、系统对人的回答或解释。多媒体技术的迅速发展很大程度上改善了人机界面设计。

7.6　机　器　学　习

机器学习与知识发现是人工智能技术的一个重要方面和分支领域，由于专家系统需要具备学习能力，促进了机器学习的研究，并获得了较快的发展，并研制出了多种学习系统。

7.6.1　机器学习的定义及发展

（1）机器学习的定义　至今，机器学习还没有统一的定义，而且也很难给出一个公认的和准确的定义。目前，这些定义通常是不完全的和不充分的。机器学习是研究如何使用机器来模拟人类学习活动的一门学科，即让计算机具有学习的能力。更严格的定义是：机器学习是一门研究机器获取新知识和新技能，并识别现有知识的学问。这里所说的"机器"，指的就是计算机，包括未来的中子计算机、光子计算机或神经计算机等。

（2）机器学习的发展历程　机器学习是人工智能研究较为年轻的分支，它的发展过程大体上可分为以下 5 个时期：

1）第一阶段是在 20 世纪 50 年代中叶到 20 世纪 60 年代中叶，属于萌芽时期。在这个时期，所研究的是"没有知识"的学习，即"无知"学习，其研究目标是各类自组织系统和自适应系统，指导本阶段研究的理论基础是早在 40 年代就开始研究的神经网络模型。

2）第二阶段在 20 世纪 60 年代中叶至 20 世纪 70 年代中叶，被称为机器学习的冷静时期。本阶段的研究目标是模拟人类的概念学习过程，并采用逻辑结构或图结构作为机器内部描述。

3）第三阶段从 20 世纪 70 年代中叶至 20 世纪 80 年代中叶，称为复兴时期。在这个时期，人们从学习单个概念扩展到学习多个概念，探索不同的学习策略和各种学习方法。本阶段已开始把学习系统与各种应用结合起来。

4）第四阶段从 1986 年至 2006 年。这一时期机器学习技术发展迅猛。究其原因，一方面，由于神经网络研究的重新兴起以及统计学习等新理论的出现；另一方面，实验研究和应用研究得到前所未有的重视。

5）机器学习研究的最新阶段始于2006年。这一阶段是机器学习的爆发期，这主要归功于深度学习的出现与兴起。机器学习技术开始大量走入生产生活，并将会大跨度地改变我们未来的生产生活模式与社会结构。

目前，机器学习已进入一个新的发展时期，主要表现在下面几点：

1）机器学习已成为新的边缘学科并在高校形成一门课程。它综合应用心理学、生物学和神经生理学以及数学、自动化和计算机科学形成机器学习理论基础。

2）结合各种学习方法，取长补短的多种形式的集成学习系统研究正在兴起。特别是连接学习符号学习的耦合，可以更好地解决连续性信号处理中知识与技能的获取与求精问题。

3）机器学习与人工智能各种基础问题的统一性观点正在形成。例如学习与问题求解结合进行，知识表达便于学习的观点产生了通用智能系统SOAR的组块学习。类比学习与问题求解结合的方法已成为经验学习的重要研究方向。

4）各种学习方法的应用范围不断扩大，一部分已形成商品。如归纳学习的知识获取工具已在诊断分类型专家系统中广泛使用；连接学习在声图文识别中占优势；分析学习已用于设计综合型专家系统；遗传算法与强化学习在工程控制中有较好的应用前景；与符号系统耦合的神经网络连接学习将在企业的智能管理与智能机器人运动规划中发挥作用。

5）与机器学习有关的学术活动空前活跃。国际上除每年一次的机器学习研讨会外，还有计算机学习理论会议。

7.6.2 机器学习的分类及常见方法

机器学习分类较多，一般可以按照基于学习策略的分类、基于学习方法的分类、基于学习方式的分类、基于数据形式的分类以及基于学习目标的分类等来划分。基于学习策略的分类又可以分为模拟人脑的机器学习（如符号学习、神经网络学习等）和直接采用数学方法的机器学习（如几何分类学习、支持向量机等）两种分类方法；基于学习方法的分类可分为归纳学习（如符号归纳学习、函数归纳学习等）、演绎学习、类比学习和分析学习四种分类方法；基于学习方式的分类包括导师学习（监督学习）、无导师学习（非监督学习）、强化学习（增强学习）三种分类方法；基于数据形式的分类主要包括结构化学习、非结构化学习两种分类方法；基于学习目标的分类分为概念学习、规则学习、函数学习、类别学习及贝叶斯网络学习五种分类方法。以下列举几个常用的机器学习进行描述。

（1）归纳学习 归纳学习是最基本、发展也较为成熟的学习方法，在人工智能领域中已经得到广泛的研究和应用。归纳学习是由教师或环境提供大量的经验数据中的一些实例或反例，让学生通过归纳推理得出该概念的一般的规则描述和模式，是从特殊情况推导出一般规则的学习方法。归纳学习的目标是形成合理的能解释已知事实和预见新事实的一般性结论。由于环境并不提供一般性概念描述（如公理），因此这种学习的推理工作量远多于示教学习和演绎学习。在归纳学习中，常用的推理技术包括泛化、特化、转换以及知识表示的修正和提炼等。

归纳学习依赖于经验数据，因此又称为经验学习，由于归纳依赖于数据间的相似性，所以也称为基于相似性的学习。

归纳学习一般采用两空间模型：规则空间和实例空间。归纳学习过程大致描述为：首先由示教者给实例空间提供一些初始示教实例，由于示教实例在形式上往往和规则形式不同，因此需要对这些实例进行转换，解释为规则空间接受的形式。然后利用解释后的实例搜索规则空间，由于通常情况下不是一次就从规则空间中搜索到要求的规则，因此还要寻找一些新的示教实例，这个过程就是选择实例。程序会选择对搜索规则空间最有用的实例，对这些示教实例重复上述循环。如此循环多次，直到找到所要求的实例。归纳学习的两空间模型如图 7-14 所示。

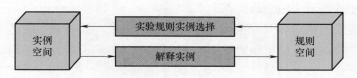

图 7-14   归纳学习的两空间模型

在两空间模型中，实例空间主要考虑实例的质量与实例空间采用何种搜索方法，而规则空间的目的是指定表示规则的操作符和术语，以描述和表示规则空间中的规则，规则空间则关注对规则空间的要求和规则空间采用的搜索方法。

变型空间法是 T·M·Mitchell 于 1977 年提出的一种数据驱动型的学习方法。该方法以整个规则空间为初始的假设规则集合 H。依据示教实例中的信息，对集合 H 进行一般化或特殊化处理，逐步缩小集合 H。最后使得 H 收敛到只含有要求的规则。由于被搜索的空间 H 逐渐缩小，故称为变型空间法。

规则空间的结构描述：在规则空间中，表示规则的点与点之间存在着一种由一般到特殊的偏序关系，称之为覆盖。例如，Machining（x，y）覆盖 Machining（CA6140，z），进而又会覆盖 Machining（CA6140，A4）。

作为一个简单的例子，考虑有这样一些属性和值的对象域：

Sizes = {large，small}、Colors = {red，white，blue}、Shapes = {circle，rectangle，cube}，可以用谓词 Obj（Sizes，Color，Shapes）来表示。用变量替换常量这个泛化操作定义，则一个典型的规则空间描述如图 7-15 所示。

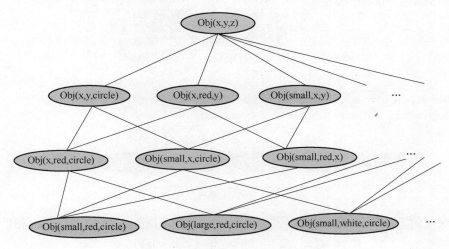

图 7-15   一个典型的规则空间示意图

这样，就可以把归纳学习看成是对同所有训练实例相一致的概念空间的搜索。在搜索规则空间时，使用一个可能合理的假设规则的集合 H，是规则空间的子集。集合 H 由两个子集 G 和 S 所限定，子集 G 中的元素表示 H 中的最一般的概念，而子集 S 中的元素表示 H 中最特殊的概念，集合 H 由 G、S 及 G 与 S 之间的元素构成，即

$$H = G \cup S \cup \{K \mid S < K < G\}$$

式中，"<"表示变型空间中的偏序关系。

假设变型空间法的初始 G 集是空间中最上面的一个点（代表最一般的概念），初始集合 H 就是整个空间，初始 S 集是空间中最下面的一个点（示教实例），则在搜索过程中，G 集不断缩小，逐渐下移（进行特殊化），S 集不断扩大（进行一般化）。集合 H 逐步缩小，最后集合 H 收敛为只含有一个概念时，就发现所要学习的概念。在变型空间中这种学习算法称为候选项删除算法，具体步骤如下：

1）把 H 初始化为整个规则空间。这时 G 仅包含空描述。S 包含所有最特殊的概念。实际上，为避免 S 集合过大，算法把 S 初化为仅含第一个示教正例。

2）接受一个新的示教实例。如果这个实例是正例，则从 G 中删除不包含新例的概念，然后修改 S 为由新正例和 S 原有元素同归纳出最特殊化的泛化。这个过程称为对集合 S 的修改过程。如果这个实例是反例，则从 S 中删去包含新例的概念，再对 G 做尽量小的特殊化，使之不包含新例。这个过程称为集合 G 的修改过程。

3）重复步骤2），直到 G = S，且使这两个集合都只含有一个元素为止。

4）输出 H 中的概念（即输出 G 或 S）。

假设用特征向量来描述物体，每个物体有两个特征：大小和形状。物体的大小可以是大的（lg）或小的（sm）；物体的形状可以是圆的（cir）、方的（squ）或三角的（tri）。要教给系统"圆"的概念，可以表示为（x, cir），其中 x 表示任何大小。

设初始 H 集是规则空间，则 G 和 S 集的描述分别为

$$G = \{(z, y)\}, \quad S = \{(sm \ squ), (sm \ cir), (sm \ tri), (lg \ squ), (lg \ cir), (lg \ tri)\}$$

则初始变型空间示意图如图 7-16 所示。

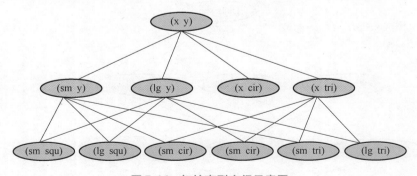

图 7-16　初始变型空间示意图

如训练实例是正例（sm　cir），表示小圆是圆。经过修改 S 算法后就可以得到

$$G = \{(x \ y)\}, \quad S = \{(sm \ cir)\}$$

如训练实例是反例（lg　tri），表示大三角不是圆，因此这一步对 G 集进行特化处理，得到

$$G = \{(x \quad cir), (sm \quad y)\}, S = \{(sm \quad cir)\}$$

如训练实例是正例（lg cir），表示大圆是圆，这一步首先从 G 中去掉不满足此正例的概念（sm y）。再对 S 和该正例做泛化，得到：$G = \{(x \quad cir)\}, S = \{(x \quad cir)\}$，这时算法结束，输出概念（x cir）。

该算法的主要缺点是学习正例时，对 S 进行泛化，这往往扩大 S。学习反例时，对 G 进行特化，这往往扩大 G。G 和 S 的规模过大会给算法的使用造成困难。算法是在训练实例引导下，对规则空间进行宽度优先搜索。对大的规则空间来说，算法性能差的问题非常突出。

（2）决策树学习　决策树是一种知识表示形式，构造决策树可以由人来完成，但也可以由机器从一些实例中总结、归纳出来，即由机器学习而得。机器学习决策树也就是所说的决策树学习。决策树学习是一种归纳学习。由于一棵决策树就表示了一组产生式规则，因此决策树学习也是一种规则学习。特别地，当规则是某概念的判定规则时，这种决策树学习也就是一种概念学习。

决策树也称判定树，它是由对象的若干属性、属性值和有关决策组成的一棵树。其中的节点为属性（一般为语言变量），分枝为相应的属性值（一般为语言值）。从同一节点出发的各个分枝之间是逻辑"或"关系；根节点为对象的某一个属性；从根节点到每一个叶子节点的所有节点和边，按顺序串连成一条分枝路径，位于同一条分枝路径上的各个"属性-值"对之间是逻辑"与"关系，叶子节点为这个与关系的对应结果，即决策。决策树示意图如图 7-17 所示，图中的矩形表示属性，椭圆框代表对应的决策，线段上的值代表属性值。图 7-18 描述了某车间在轴类零件上加工辅助孔时，选用加工设备的决策树，图中 D 表示轴类零件的直径尺寸，d 表示在该轴上加工辅助孔的直径尺寸。

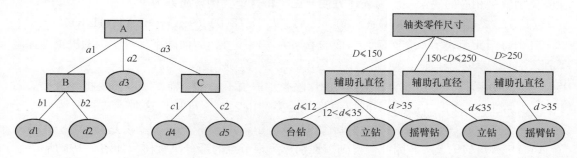

图 7-17　决策树示意图　　　图 7-18　某轴类零件加工辅助孔的设备选用决策树

决策树学习的基本方法和步骤：

1）选取一个属性，按这个属性的不同取值对实例集进行分类；并以该属性作为根节点，以这个属性的诸取值作为根节点的分枝建树。

2）考察所得的每一个子类，看其中实例的结论是否完全相同。若完全相同，则以这个相同的结论作为相应分枝路径末端的叶子节点；否则，选取一个非父节点的属性，按这个属性的不同取值对该子集进行分类，并以该属性作为节点，以这个属性的诸取值作为节点的分枝，继续建树。

3）重复进行 2），直到所分的子集全部满足，实例结论完全相同，而得到所有的叶子节点为止。

4）最终生成一棵决策树。

例7-3 表7-3是一个汽车驾驶保险类别划分事例，请使用决策树完成汽车驾驶保险类别划分。

表7-3 汽车驾驶保险类别划分事例

序 号	实 例			
	性 别	年 龄 段	婚 否	保险类别
1	女	<21	否	C
2	女	<21	是	C
3	男	<21	否	C
4	男	<21	是	B
5	女	≥21 且 ≤25	否	A
6	女	≥21 且 ≤25	是	A
7	男	≥21 且 ≤25	否	C
8	男	≥21 且 ≤25	是	B
9	女	>25	否	A
10	女	>25	是	A
11	男	>25	否	B
12	男	>25	是	B

解： 可以看出，该实例集中共有12个实例，实例中的性别、年龄段和婚否为3个属性，保险类别就是相应的决策项。为表述方便起见，将这个实例集简记为

$S = \{(1,C),(2,C),(3,C),(4,B),(5,A),(6,A),(7,C),(8,B),(9,A),(10,A),(11,B),(12,B)\}$

其中每个元组表示一个实例，前面的数字为实例序号，后面的字母为实例的决策项保险类别。另外，为便于描述，使用"小""中""大"分别代表"<21""≥21 且 ≤25"">25"这三个年龄段。显然，S 中各实例的保险类别取值不完全一样，所以需要将 S 分类。对于 S，按属性"性别"的2个不同取值将其分类。由表7-3可见，这时 S 应被分为两个子集：$S_1 = \{(3,C),(4,B),(7,C),(8,B),(11,B),(12,B)\}$ 和 $S_2 = \{(1,C),(2,C),(5,A),(6,A),(9,A),(10,A)\}$。因此，得到以性别作为根节点的部分决策树，如图7-19a所示。

考察 S_1 和 S_2，可以看出在这两个子集中，各实例的保险类别也不完全相同。还需要对 S_1 和 S_2 进一步分类。对于子集 S_1，按"年龄段"将其分类；同样，对于子集 S_2，也按"年龄段"对其进行分类（注意：对于子集 S_2，也可按属性"婚否"分类）。分别得到子集 S_{11}、S_{12}、S_{13} 和 S_{21}、S_{22}、S_{23}。进一步得到含有两层节点的部分决策树，如图7-19b所示。

同理，对图7-19b进行分类，依次得到图7-19c~图7-19e。

最终，由这个决策树产生如下的规则集：

1）女性且年龄在25岁以上，则给予A类保险。

2）女性且年龄在21岁到25岁之间，则给予A类保险。

3）女性且年龄在21岁以下，则给予C类保险。

4）男性且年龄在25岁以上，则给予B类保险。

5）男性且年龄在21岁到25岁之间且未婚，则给予C类保险。

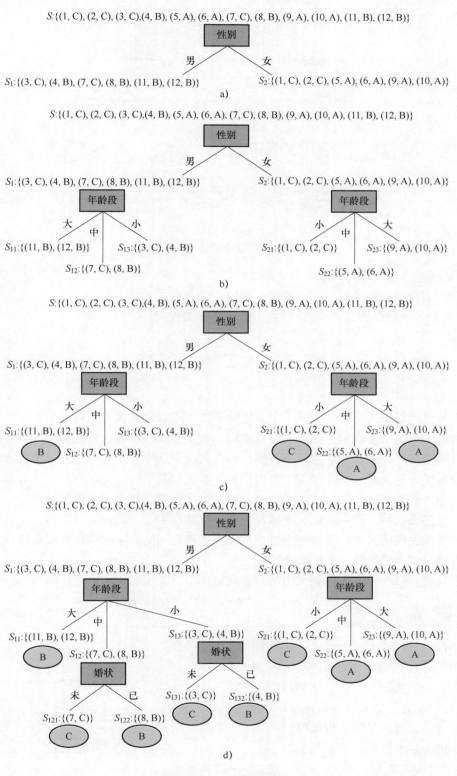

图 7-19 保险决策过程图

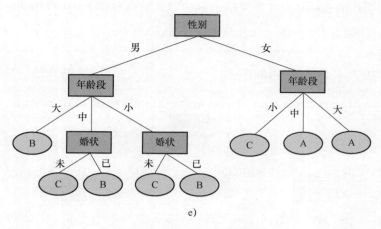

e)

图 7-19 保险决策过程图（续）

6）男性且年龄在 21 岁到 25 岁之间且已婚，则给予 B 类保险。

7）男性且年龄在 21 岁以下且未婚，则给予 C 类保险。

8）男性且年龄在 21 岁以下且已婚，则给予 B 类保险。

7.7 人工神经网络

人工神经网络是人工智能领域一个独特的分支，或者说是人工智能领域中一个独特的流派。与传统的人工智能研究所主张的观点不同，人工神经网络提倡直接模拟人类智能产生的源泉。众所周知，人类之所以会拥有智能行为，其主要原因在于大脑中有一个庞大的神经网络，其由数亿个神经元，即神经细胞组成，每个神经元又可通过突触与几百或者数千个其他神经元互连，并在突触间传递一种名为多巴胺的化学物质，传递时会产生电信号，从而激活某一片神经连通区域，实现记忆、推理及决策等智能行为。可以说，传统的人工智能主张从心理学的角度去模仿人类智能的行为过程，而人工神经网络则主张从最底层来模拟人类智能行为，直接探索人类智能的产生源泉。

下面，将简单介绍几个最为常用的神经网络模型，并探讨它们的工作机理。

7.7.1 感知机模型

感知机是最早出现的一种神经网络模型，其前身 MP 神经网络模型于 1943 年为 Mcculloch 及 Pitts 两人所提出，比人工智能学科的诞生还要早了 13 年。之后，Rosenblatt 对 MP 模型进行了改进，提出了感知机模型。

感知机的基本模型结构如图 7-20 所示。

如图 7-20 所示，x_1，x_2，$\cdots$，x_n 表示一个样例所对应的 n 个属性的取值，w_{i1}，w_{i2}，$\cdots$，

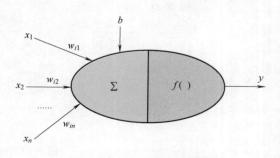

图 7-20 感知机的基本模型结构

w_{in}表示每个属性所对应的权重，b 为调节阈值，$f(\ )$表示激活函数，用以生成网络输出 y。感知机的计算公式如下

$$y = f\left(\sum_{i=1}^{n} w_i x_i - b\right) \tag{7-1}$$

激活函数有很多种，其中 Sigmoid 函数最为常用，若用其作为激活函数，则有

$$f(x) = \frac{1}{1 + e^{-x}} \tag{7-2}$$

从感知机模型的基本结构可以看出：感知机模拟人脑的神经信号传输过程，x_1，x_2，$\cdots$，x_n 可以看作是 n 个神经元，它们的值大小不一，但均与同一个神经元相连，各自传递信号的强度则可由 w_{i1}，w_{i2}，$\cdots$，w_{in}模拟表示，这 n 个信号在传递到此神经元后进行强度叠加，计算输出强度，并产生输出信号。输出信号既可以是分类的类别标记，又可以对应回归问题中的实值输出。

由于网络权重 w_{i1}，w_{i2}，$\cdots$，w_{in}在最开始都是未知的，因此可以先随机给定，然后再根据实际产生的输出与期望输出之间的均方差进行迭代调整，直至均方误差小于一个预设的阈值或迭代次数达到预设的次数为止。在训练后，该模型可以很好地完成线性分类任务，但其不能解决非线性分类任务，因此使用范围十分有限。

7.7.2 多层感知器模型

多层感知器模型于 1985 年由 Rumelhart 和 Mcclelland 所提出，主要用于解决感知机模型不能解决非线性分类的问题。与感知机模型的两层结构不同，多层感知器采用了三层或三层以上的网络结构，通常是三层结构，如图 7-21 所示。

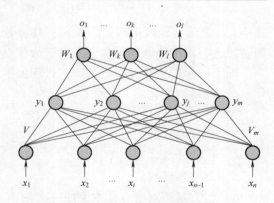

图 7-21　多层感知器的基本模型结构

从图 7-21 可以看出：相比于感知机模型，多层感知器在输入层与输出层中间加入了一个隐藏层。正是由于插入了隐藏层，且令任意两个相邻层神经元之间完全互连，使得该模型具有了非线性分类的能力。在上图中，所有的变量含义如下：

输入向量：$\boldsymbol{X} = (x_1, x_2, \cdots, x_i, \cdots, x_n)^{\mathrm{T}}$。

隐层输出向量：$\boldsymbol{Y} = (y_1, y_2, \cdots, y_j, \cdots, y_m)^{\mathrm{T}}$。

输出层输出向量：$\boldsymbol{O} = (o_1, o_2, \cdots, o_k, \cdots, o_l)^{\mathrm{T}}$。

期望输出向量：$\boldsymbol{d} = (d_1, d_2, \cdots, d_k, \cdots, d_l)^{\mathrm{T}}$。

输入层到隐层之间的权值矩阵：$\boldsymbol{V} = (V_1, V_2, \cdots, V_j, \cdots, V_m)$。

隐层到输出层之间的权值矩阵：$\boldsymbol{W} = (W_1, W_2, \cdots, W_k, \cdots, W_l)$。

事实上，可以将多层感知器看作是多个感知机模型的串联与叠加。对于输出层有

$$o_k = f(net_k), \quad k = 1, 2, \cdots, l$$

其中

$$net_k = \sum_{j=0}^{m} w_{jk} y_j, \quad k = 1, 2, \cdots, l$$

对于隐层有

$$y_j = f(net_j), \quad j = 1, 2, \cdots, m$$

其中

$$net_j = \sum_{i=0}^{n} v_{ij} x_i, \quad j = 1, 2, \cdots, m$$

对于训练的样例，网络的输出误差可以表示为

$$E = \frac{1}{2}(d - o)^2 = \frac{1}{2} \sum_{k=1}^{l} (d_k - o_k)^2 \tag{7-3}$$

展开得

$$E = \frac{1}{2} \sum_{k=1}^{l} \left\{ d_k - f \left[\sum_{j=0}^{m} w_{jk} f \left(\sum_{i=0}^{n} v_{ij} x_i \right) \right] \right\}^2 \tag{7-4}$$

那么，如何通过迭代调整，使得误差 E 越变越小呢？多层感知器采用了误差反传算法，也就是 BP 算法，其理论思想来源于最优化理论中的梯度下降算法。权值的动态调整如下

$$\Delta w_{jk} = -\eta \frac{\partial E}{\partial w_{jk}} \quad j = 0, 1, 2, \cdots, m; \quad k = 1, 2, \cdots, l$$

$$\Delta v_{ij} = -\eta \frac{\partial E}{\partial v_{ij}} \quad i = 0, 1, 2, \cdots, n; \quad j = 0, 1, 2, \cdots, m$$

式中，η 表示每轮权重调整的步长，其值若设得过小，则会大幅增加网络的训练时间开销；而若过大，则可能令网络在训练时于最优点附近振荡，难以获得好的训练效果。

综上，多层感知器模型的训练过程如下：

1）网络初始化。

2）选择训练样本，前向计算各层输出。

3）计算网络输出误差。

4）反向计算各层误差。

5）调整各层权值。

6）检查是否对所有样本完成一次轮训，若没有则转到2）。

7）检查网络总误差是否达到精度要求，若没有则转到2），否则算法结束。

7.7.3 Hopfield 网络模型

前面介绍了多层感知器网络模型，其从输出层到输入层无反馈，因而结构简单，易于编程，也不会使网络的输出陷入从一个状态到另一个状态的无限转换中，因此网络的稳定性较好，人们只需对它着重进行学习方法的研究。但是前馈网络缺乏动态处理能力，因而其计算能力不够强。

还有一种人工神经网络是带有反馈的。它是一类动态反馈系统，比前馈网络具有更强的计算能力。下面介绍的 Hopfield 模型就是一种带有反馈的人工神经网络模型。

Hopfield 模型是 Hopfield 分别于 1982 年及 1984 年提出的两个神经网络模型。1982 年提出的是离散型模型，1984 年提出的是连续型模型，但它们都是反馈网络结构，即它们从输

出层到输入层都有反馈存在。图 7-22 给出了 Hopfield 网络的基本模型结构。

从图 7-22 可以看出，Hopfield 网络的输出要反复地作为输入再送入网络中，这就使网络具有动态性，网络的状态在不断改变，因而就提出了网络的稳定性问题。所谓一个网络的稳定是指从某一时刻开始，网络的状态不再发生改变。Hopfield 网络就是利用了这种稳定性概念来训练网络。

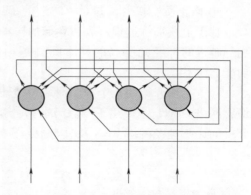

图 7-22　Hopfield 网络的基本模型结构

Hopfield 网络是一种非线性的动力系统，可通过反复的网络动态迭代来求解问题，这是符号逻辑所不具有的特性。在求解某些问题时，其求解问题的方法与人类求解问题的方法很相似，虽然所求得的解不是最优解，但其求解速度快，更符合人们日常解决问题的策略。

7.7.4　自组织特征映射网络模型

前文所提到的几种神经网络模型都可用于解决监督学习问题，如分类或回归任务，那么可否利用神经网络来执行非监督学习任务呢？答案是可以的，自组织特征映射（Self-Organizing feature Map，SOM）网络便可实现这一功能。

SOM 网络于 1981 年由 Kohonen 所提出，主要利用了神经科学领域所发现的一个重要规则，即侧向交互原则：

1）以发出信号的神经元为圆心，对近邻的神经元的交互作用表现为兴奋性侧反馈。

2）以发出信号的神经元为圆心，对远邻的神经元的交互作用表现为抑制性侧反馈。

上述原则所表明的意思是，一个非常活跃的神经元会让离它较近的神经元也变得较为活跃，而离它较远的神经元将变得更不活跃。基于这一原则，SOM 网络的基本模型结构如图 7-23 所示。从图 7-23 可以看出：SOM 网络采用了双层网络结构，分别为输入层和竞争层，其中为了表达神经元之间的远近关系，在竞争层采用了二维的拓扑结构，神经元等间隔分布。另外，输入层中每个神经元均与竞争层中所有的神经元互连。

SOM 网络的训练过程如下：

1）随机初始化网络中的权值，并进行权向量归一化。

2）反复进行以下运算，直到达到预定学习次数或每次学习中权值改变量小于某一阈值为止。

① 输入一个样本计算各输出神经元强度。

② 在竞争层中找出主兴奋神经元，即输出值最大的神经元。

③ 按侧向交互规则确定各输出神经元兴奋度，离主兴奋神经元

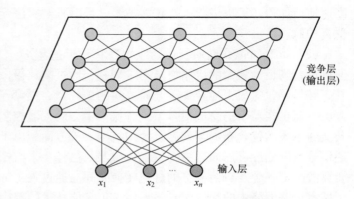

图 7-23　SOM 网络的基本模型结构

近的向大调整，远的向小调整。

④ 修正所有权值，并对权向量重新归一化。

基于上述训练过程，表达相似的样本将逐渐收敛于竞争层的同一个神经元，且在竞争层相隔越近的神经元所属的样本间有越相似表达。因此，SOM 网络可以实现非监督学习的功能。

除了上面介绍的几个神经网络模型外，当前应用最为广泛的神经网络模型还包括：深度信念网络 DBN，主要用于图像与视频分析的卷积神经网络 CNN，主要用于语音信号与文本分析的递归神经网络 RNN 及具有极高鲁棒性的生成对抗网络 GAN 等。

7.8 人工智能的应用现状

近些年来，随着硬件设备的发展，大数据的积累及深度学习技术的出现，人工智能技术受到了前所未有的关注与追捧，并在诸多行业得到了广泛应用。可以说在当前，人工智能技术正处于爆发期，甚至很多人都认为人工智能将引起新一轮的科技革命，进而改变人类现有的生产与生活模式。

下面简单介绍人工智能技术在各行业的应用现状，主要包括医疗、交通、安防、制造业、教育、金融等行业。

（1）人工智能在医疗行业的应用现状 人工智能当前在医疗领域的应用主要有九大类，分别为：虚拟助手、疾病的诊断与预测、医疗影像分析、病例/文献分析、医院管理、智能器械、新药研发、健康管理和基因等。其中采用人工智能技术对医学影像进行分析，已经达到非常高的识别精度，甚至超过了有经验的放射科医生；通过人工智能技术进行的药物靶点筛选则已经大大缩短了医药企业的新药开发周期，而且极大地节约了开发成本；利用人工智能技术对医疗体检大数据进行分析，已经可以对疾病风险进行较为精准的预测，大幅提升了人类患高危疾病（如恶性肿瘤）的生存率；人工智能技术也推动了循证医学与个性化医疗的发展，通过对文献的精准匹配，可以利用全球医生的医疗经验，找到最适合每个病人的治疗方案；辅助诊断系统、虚拟助手等也极大地提高了医生的工作效率。

截至 2017 年底，国内外人工智能＋医疗的初创企业达到了 192 家，而这一数字仍然在高速地增加着。可以说，人工智能技术已经融入健康医疗的每一个环节当中，为人类的健康保驾护航。

（2）人工智能在交通行业的应用现状 近些年来，人工智能技术也已大范围地涉入交通行业，其最为典型的应用便是车牌识别，通过高速摄像头自动判别违章车辆，识别及记录其车牌号码，这极大地减少了交通警察的工作量，缓解了交通领域的人力资源开销。此外，人工智能也在城市的交通信号系统、城市中心的人流控制、交通大数据分析与政府决策、公共交通系统的优化布局与调度及警用机器人等方面做出了技术革新。其中：新一代的城市交通信号系统已经可以通过搭配雷达传感器及摄像头来监控交通状况，然后利用先进的人工智能算法决定各个路口信号灯的灯色转换时间。通过人工智能和交通控制理论融合应用，优化了城市道路网络中的交通流量；采用人工智能技术的警用机器人也已取代交通警察，实现了公路交通安全的全方位监控；人工智能技术也已被用于分析城市民众的出行偏好及生活消费习惯等，基于这些数据，为政府决策部门进行城市规划，特别是为公共交通设施的基础建设提供了指导和借鉴。

人工智能在交通领域的最大革新在于自动驾驶技术的研发。全球主要的汽车制造商，如宝马、通用、福特、奔驰等，以及众多的初创公司已经投入了这一领域，进行研发。通过为汽车搭配众多的传感系统，实时采集道路交通信息，以用于车载人工智能系统的决策，可以极大地降低交通事故的发生率，提高城市交通系统的运行效率，方便实现安全出行。

（3）人工智能在安防行业的应用现状　人工智能技术在安防行业已经得到了快速普及，这主要得益于计算机视觉技术与深度学习技术的发展。生物特征识别技术，如指纹识别、虹膜识别、人脸识别等，已逐渐走向成熟并被广泛应用于安防领域，主要包括安全支付、门禁系统、恐怖与危险分子的甄别、犯罪分子追逃、事故的快速判别与应急响应等方面，极大地提高了公共安全水平，推进了智慧城市与安全城市的建设水平。

近几年，诸多传统的视觉硬件提供商，如海康威视、大华股份等，以及旷视科技、商汤科技等初创型企业都将其最主要的注意力关注到了智能安防领域，并开发了大量的智能安防产品，推动了该行业的发展。

（4）人工智能在制造业的应用现状　近些年，人工智能也在传统制造业中引发了一场技术革命。工业 4.0 也已成为了制造业最流行的名词。可以说，人工智能技术目前已贯穿于制造业的整个流程：在产品设计方面，已采用了人工智能技术进行产品的优化设计；在生产阶段，大量智能化工业机器人已投入使用，从流水线作业到智能化搬运机器人，已成功地降低了人力成本开销，在一定程度上实现了无人化工厂；在设备检测阶段，通过传感器检测设备各方面的运行信号，利用人工智能算法已可以自动判别设备是否出现故障，以及出现了哪些故障，从而通知工程师进行维修。可以说，人工智能技术已经在助力，并且在未来会加速助力全球制造业的升级。

（5）人工智能在教育业的应用现状　人工智能技术也已被广泛用于教育产业。在教育设备方面，采用人工智能技术所开发的未来教室及家庭教育机器人已经为低龄化的学生群体所接受，智能化的网络英语口语练习程序已经可以与人类进行较为自然的对话，英语作文自动批改程序也同样将教师的注意力从烦琐的批改工作中重新转移到课堂教学上来。在教育管理方面，智慧课堂已可以实现自动点名，对学生在课堂上的行为进行自动监控等功能，极大地提升了课堂的教学秩序，缓解了教师的工作压力。在个性化教育方面，已出现搭载人工智能程序的辅助教学工具，根据对学生进行题目测试，自动分析学生对哪些知识点存在短板，辅助学生有针对性地进行学习。此外，人工智能技术也可通过实时分析学生多方面的数据，来对其情绪、思想动态及学习态度等方面进行综合监控，帮助教育管理部门及教学实施部门更有效地对学生进行疏导与管理。

与多年前不同，人工智能技术不再仅仅用于智能组卷这样相对简单的任务上，而是贯穿了整个教育教学过程。在未来几年，相信人工智能技术必然会更加深入地改变这一行业。

（6）人工智能在金融业的应用现状　值得一提的是，人工智能技术同样在深深地影响着金融业。当下，越来越多地金融公司都在其业务中采用了人工智能技术。其应用主要体现在：通过人工智能技术对个人大数据进行分析，可以为个人信用进行评级，这直接影响到个人从银行及金融机构的贷款事务，降低了银行及金融机构的放贷风险；通过人工智能技术对股价走势进行分析，对投资方案进行自动智能决策，可以提升金融机构的投资精准度，规避投资风险；通过对客户行为大数据进行智能化分析，可以在信用卡定额与发放、客户保持等方面做出有效的管理，并大幅地降低运营的成本。

除了上述行业，人工智能技术对其他诸多行业，如家居行业、物流行业、零售行业、广告行业，乃至娱乐行业都已经产生了深远影响。例如，搭载智能传感器的家居可以根据环境的变化做出智能化的决策控制；无人化商店可以在保证商品销售安全性的同时，降低人力成本开销；可以通过分析个人在网络上的历史行为数据，进行精准投放广告等，这些都是人工智能已有的具体应用。

有理由相信，随着人工智能技术的发展，它将会在不久的将来影响更多产业的发展，并最终推动新一轮的科技革命，改变我们人类的生产生活方式。

参 考 文 献

[1] 史红卫, 史慧, 孙洁, 等. 服务于智能制造的智能检测技术探索与应用 [J]. 计算机测量与控制, 2017, 25 (1): 1-5.

[2] 周佳军, 姚锡凡, 刘敏, 等. 几种新兴智能制造模式研究评述 [J]. 计算机集成制造系统, 2017, 23 (3): 624-639.

[3] 王媛媛, 张华荣. 全球智能制造业发展现状及中国对策 [J]. 东南学术, 2016 (6): 116-123.

[4] 周济. 智能制造: "中国制造2025" 的主攻方向 [J]. 中国机械工程, 2015, 26 (17): 5-16.

[5] 戴宏民, 戴佩华. 工业4.0与智能机械厂 [J]. 包装工程, 2016, 37 (19): 206-211.

[6] 卫凤林, 董建, 张群. 《工业大数据白皮书 (2017版)》解读 [J]. 信息技术与标准化, 2017 (4): 13-17.

[7] LI BOHU, HOU BAOCUN, YU WENTAO, et al. Applications of artificial intelligence in intelligent manufacturing: a review [J]. Frontiers of Information Technology & Electronic Engineering, 2017, 18 (1): 86-96.

[8] 阮梅花, 袁天蔚, 王慧媛, 等. 神经科学和类脑人工智能发展: 未来路径与中国布局: 基于业界百位专家调研访谈 [J]. 生命科学, 2017, 29 (2): 97-113.

[9] 王喜文. 应对工业4.0的中国进路 [J]. 新疆师范大学学报 (哲学社会科学版), 2018, 39 (3): 87-93.

[10] 迎九. 尤政院士谈中国制造与传感器/MEMS的发展前景 [J]. 电子产品世界, 2017 (1): 3-10.

[11] 赵升吨, 贾先. 智能制造及其核心信息设备的研究进展及趋势 [J]. 机械科学与技术, 2017, 36 (1): 1-16.

[12] 欧阳劲松, 刘丹, 汪烁, 等. 德国工业4.0参考架构模型与我国智能制造技术体系的思考 [J]. 自动化通览, 2016 (3): 62-65.

[13] 王友发, 周献中. 国内外智能制造研究热点与发展趋势 [J]. 中国科技论坛, 2016 (4): 154-160.

[14] 林汉川, 汤临佳. 新一轮产业革命的全局战略分析: 各国智能制造发展动向通览 [J]. 学术前沿, 2015 (11): 62-75.

[15] 吕铁, 韩娜. 智能制造: 全球趋势与中国战略 [J]. 学术前沿, 2015 (11): 6-17.

[16] 王媛媛. 智能制造领域研究现状及未来趋势分析 [J]. 工业经济论坛, 2016, 5 (3): 530-537.

[17] 丁汉. 机器人与智能制造技术的发展思考 [J]. 机器人技术与应用, 2016 (4): 7-10.

[18] 刘星星. 智能制造: 内涵、国外做法及启示 [J]. 河南工业大学学报 (社会科学版), 2016, 12 (2): 52-56.

[19] 查建中, RAO M. 现代设计方法与智能工程 [J]. 机械设计, 1991, 8 (6): 3-6.

[20] 周济, 王群, 周迪勋. 机械设计专家系统概论 [M]. 武汉: 华中理工大学出版社, 1989.

[21] 殷国富. 机械智能CAD的结构模型和发展趋势 [J]. 计算机科学, 1994, 21 (3): 53-56.

[22] 钱学森. 关于思维科学 [M]. 上海: 上海人民出版社, 1986.

[23] 路甬祥, 陈鹰. 人机一体化系统与技术立论 [J]. 机械工程学报, 1994, 30 (6): 1-9.

[24] 王群. 机械产品方案设计专家系统: 理论、方法、实践及工具 [D]. 武汉: 华中理工大学, 1990.

[25] "863计划" 自动化领域CIMS主题专家组. 计算机集成制造技术与系统的发展趋势 [M]. 北京: 科学出版社, 1994.

[26] 郭伟. 并行设计实施理论与方法的研究 [D]. 天津: 天津大学, 1994.

[27] 臧勇. 现代机械设计方法 [M]. 北京: 冶金工业出版社, 2011.

[28] 陈子辰, 唐任仲. 21世纪制造业面临的挑战和对策 [J]. 机电工程, 1998 (1): 2-5.

[29] 王红岩, 蔡卫东, 史锦屏. 智能制造系统的关键技术 [J]. 锻压机械, 2001 (6): 3-5.

［30］ 张向军，桂长林. 智能设计中的基因模型［J］. 机械工程学报，2001（2）：8-11.

［31］ ROSTON G P, et al. A Genetic Design Methodology for Structure Configuration［C］. Design Engineering Technical Conferences, ASME, 1995.

［32］ 欧阳渺安. 机床模块综合的智能决策支持系统研究［D］. 武汉：华中理工大学，1996.

［33］ MOSTOV K S, et al. Conceptual Design of Complex Electronic System［C］. In Proc 1995 IEEE Int Conf on System, Man and Cybernetics, 1995.

［34］ 肖人彬，周济，查建中. 智能设计：概念、发展与实践［J］. 中国机械工程，1997，8（2）：48-52.

［35］ 吕大刚，王光远，王祖温. 信息时代的 CAD：计算机集成智能设计系统［J］. 工程设计 CAD 与智能建筑，2000（1）：38-42.

［36］ 倪其民，钱瑞明，王水来，等. 回转支承智能设计系统研究与开发［J］. 机械科学与技术，1999，18（5）：709-711.

［37］ 欧阳渺安. 智能设计体系结构的研究［J］. 计算机工程与科学，1999，21（2）：12-17.

［38］ 孙守迁，包恩伟，陈蘅，等. 计算机辅助概念设计研究现状和发展趋势［J］. 中国机械工程，1999，10（6）：105-109.

［39］ 阳湘安. 板料回弹控制的工艺参数优化和模面补偿技术的研究［D］. 广州：华南理工大学，2011.

［40］ 张美菊. 基于多目标粒子群算法的锌电解能耗优化方法研究及应用［D］. 长沙：中南大学，2009.

［41］ 陈文亮. 基于多目标优化的活性污泥工艺节能减排权衡分析［D］. 上海：华东理工大学，2015.

［42］ 孙光永. 薄板结构成形与耐撞性优化设计关键技术研究［D］. 长沙：湖南大学，2011.

［43］ 谢科磊. 薄壁件虚拟制造的切削力仿真及切削参数优化研究［D］. 太原：中北大学，2014.

［44］ KATAYAMA T, NAKAMACHI E, NAKAMURA Y, et al. Development of process design system for press forming：multi-objective optimization of intermediate die shape in transfer forming［J］. Journal of Materials Processing Technology. 2004，30（155）：1564-1570.

［45］ 赵斌. 高亮度 LED 芯片制造工艺知识挖掘方法的研究及应用［D］. 广州：广东工业大学，2006.

［46］ 刘同明，等. 数据挖掘技术及其应用［M］. 北京：国防工业出版社，2001.

［47］ 史忠植. 知识发现［M］. 2 版. 北京：清华大学出版社，2011.

［48］ 高伟. 工艺设计信息系统中的知识发现技术研究［D］. 成都：四川大学，2005.

［49］ 王明艳. 基于智能的冲压工艺设计专家系统推理机的研究［D］. 合肥：合肥工业大学，2009.

［50］ 敖志刚. 人工智能与专家系统导论［M］. 合肥：中国科学技术大学出版社，2002.

［51］ 王万森. 人工智能原理及其应用［M］. 4 版. 北京：电子工业出版社，2018.

［52］ 邓朝晖，唐浩，刘伟，等. 凸轮轴数控磨削工艺智能应用系统研究与开发［J］. 计算机集成制造系统，2012，18（8）：1845-1853.

［53］ 刘伟，商圆圆，邓朝晖. 磨削工艺智能决策与数据库研究进展［J］. 机械研究与应用，2017，2（30）：171-174.

［54］ 程贤福. 稳健优化设计的研究现状及发展趋势［J］. 机械设计与制造，2005（8）：158-160.

［55］ 陈立周. 工程稳健设计的发展现状与趋势［J］. 中国机械工程，1998，9（6）：52-58.

［56］ 吴召齐. 板料拉深成形工艺参数优化与翘曲回弹稳健设计［D］. 上海：上海交通大学，2013.

［57］ 包雷. 多元稳健设计理论及其在点焊工艺中的应用研究［D］. 武汉：湖北工业大学，2008.

［58］ 丁继锋. 飞行器设计中的稳健设计方法研究［D］. 西安：西北工业大学，2006.

［59］ KIRITSIS D. A Review of Knowledge-Based Expert Systems for Process Planning. Methods and Problems［J］. The International Journal of Advanced Manufacturing Technology, 1995, 10（4）：240-262.

［60］ LEO KUMAR S P. State of The Art-Intense Review on Artificial Intelligence Systems Application in Process Planning and Manufacturing［J］. Engineering Applications of Artificial Intelligence, 2017, 65：294-329.

［61］ 秦宝荣. 智能 CAPP 系统的关键技术研究［D］. 南京：南京航空航天大学，2003.

［62］孟庆智. 智能 CAPP 系统关键技术研究［D］. 秦皇岛：燕山大学，2010.

［63］刘伟. 智能 CAPP 系统中工艺路线和切削参数的决策研究［D］. 天津：天津大学，2010.

［64］刘献礼，刘强，岳彩旭，等. 切削过程中的智能技术［J］. 机械工程学报，2018，54（16）：45-61.

［65］牟文平，隋少春，李迎光. 飞机结构件智能数控加工关键技术研究现状［J］. 航空制造技术，2015 （13）：56-59.

［66］刘战强，黄传真，万熠，等. 切削数据库的研究现状与发展［J］. 计算机集成制造系统- CIMS， 2003，9（11）：937-943.

［67］崔云先，张博文，刘义，等. 智能切削刀具发展现状综述［J］. 大连交通大学学报，2016，37（6）： 10-14.

［68］KANG H S，JU Y L，CHOI S S，et al. Smart manufacturing：Past research，present findings，and future directions［J］. International Journal of Precision Engineering and Manufacturing- Green Technology，2016， 3（1）：111-128.

［69］LIANG S Y，HECKER R L，LANDERS R G. Machining process monitoring and control：The state-of-the-art ［J］. Journal of Manufacturing Science & Engineering-Transactions of the ASME，2004，126（2）：599-610.

［70］ZHANG J Y，LIANG S Y，YAO JUN，et al. Evolutionary optimization of machining processes［J］. Journal of Intelligent Manufacturing，2006，17（2）：203-215.

［71］DAVIS J，EDGAR T，PORTER J，et al. Smart manufacturing，manufacturing intelligence and demand-dynamic performance［J］. Computers and Chemical Engineering，2012，47（12）：145-156.

［72］李峰，刘静延，蒋录全. 预测方法的发展及最新动态［J］. 情报杂志，2005（6）：76-77.

［73］MASTERS T. Neural，Novel&Hybrid Algorithms for Time Series Prediction［M］. New York：John Wiley&Sons，1995.

［74］邓聚龙. 灰理论基础［M］. 武汉：华中科技大学出版社，2002.

［75］刘思峰. 灰色系统理论的产生与发展［J］. 南京航空航天大学学报，2004，36（2）：267-272.

［76］SUN J，HONG G S，RAHMAN M，et al. Improved performance evaluation of toll condition identification by manufacturing loss consideration［J］. International Journal of Production Research，2005，43（6）： 1185-1204.

［77］PORTILLO E，MARCOS M，CABANES I，et al. Recurrent ANN for monitoring degraded behaviours in a range of workpiece thicknesses［J］. Engineering Applications of Artificial Intelligence，2009，22（8）： 1270-1283.

［78］SPECHT D F. Probabilistic neural networks［J］. Neural Networks，1990（3）：109-118.

［79］VAPNIK V N. The Nature of Statistical Learning Theory［M］. New York：Springer，1995.

［80］FRANCIS E H TAY，CAO LI JUAN. Application of support vector machines in financial time series forecasting［J］. Omega，2001，29（4）：309-317.

［81］吴德会. 铣削加工粗糙度的智能预测方法［J］. 计算机集成制造系统，2007，13（6）：1137-1141.

［82］WONG C H，SHAH S L，FISHER D G. Fuzzy relational predictive identification［J］. Fuzzy Sets and Systems，2000，113（3）：417-426.

［83］李少远. 模糊智能预测控制研究［D］. 天津：南开大学，1997.

［84］张化光，吕剑红，陈来九. 模糊广义预测控制及其应用［J］. 自动化学报，1993，19（1）：9-17.

［85］王家忠，王龙山，李国发，等. 外圆纵向磨削表面粗糙度的模糊预测与控制［J］. 吉林大学学报 （工学版），2005，35（4）：386-390.

［86］江亮，刘健，潘双夏. 基于支持向量机的加工误差预测建模方法研究［J］. 组合机床与自动化加工 技术，2005（8）：13-15.

［87］董华，杨世元，吴德会. 基于模糊支持向量机的小批量生产质量智能预测方法［J］. 系统工程理论

与实践，2007（3）：98-104.

[88] 吴德会. 基于最小二乘支持向量机的铣削加工表面粗糙度预测模型［J］. 中国机械工程，2007，18（7）：838-841.

[89] 黄吉东，王龙山，李国发，等. 基于最小二乘支持向量机的外圆磨削表面粗糙度预测系统［J］. 光学精密工程，2010，18（11）：2407-2412.

[90] 汪平宇，王岩，王焕发，等. 基于赋值型误差传递网络的多工序加工质量预测［J］. 机械工程学报，2013，49（6）：160-170.

[91] 苑希民，李鸿雁，刘树坤，等. 神经网络和遗传算法在水科学领域的应用［M］. 北京：中国水利水电出版社，2002.

[92] 卢庆熊，姚永璞. 机械加工自动化［M］. 北京：机械工业出版社，1990.

[93] 陈永洁，方宁，师汉民，等. 切屑的三维卷曲流动［J］. 华中理工大学学报，1993，21（4）：1-6.

[94] FANG X D, FANG Y J, HAMIDNIA S. Computer animation of 3-Dchip formation in oblique maching［C］. Transactions of the ASME, Journal of Manufacturing Science and Engineering, 1997（119）：433-438.

[95] FANG X D, JAWAHIR I S. An expert system based on a fuzzy mathematical model for chip breakability assessments in automated machining［C］. Proceedings of the ASME, Int ConfMI'90, Atlanta, GA. 1990（4）：31-37.

[96] 汪文津. 数控车削系统物理仿真建模及其虚拟切削过程的研究［D］. 天津：天津大学，2005.

[97] 邓朝辉，万林林，邓辉，等. 智能制造技术基础［M］. 武汉：华中科技大学出版社，2017.

[98] 邱胜海，许燕，江伟盛，等. RFID 技术在物料管理信息系统中的应用研究［J］. 机械设计与制造，2015（5）：256-259.

[99] 谭建荣，刘振宇. 智能制造关键技术与企业应用［M］. 北京：机械工业出版社，2017.

[100] 辛国斌，田世宏. 智能制造标准案例集［M］. 北京：电子工业出版社，2016.

[101] 张振明，许建新，贾晓亮，等. 现代 CAPP 技术与应用［M］. 西安：西北工业大学出版社，2003.

[102] 盛晓敏，邓朝辉. 先进制造技术［M］. 北京：机械工业出版社，2000.

[103] 张明建. 智能制造系统框架运作模型研究［J］. 宁德师范学院学报（自然科学版），2018，30（2）：127-131.

[104] 王芳，赵忠宁. 智能制造基础与应用［M］. 北京：机械工业出版社，2018.

[105] 张映锋，赵曦滨，孙树栋. 面向物联制造的主动感知与动态调度方法［M］. 北京：科学出版社，2015.

[106] 蒋明炜. 机械制造业智能工厂规划设计［M］. 北京：机械工业出版社，2017.

[107] 但斌. 供应链管理［M］. 2 版. 北京：科学出版社，2017.

[108] 戴定一. 智慧物流案例评析［M］. 北京：电子工业出版社，2015.

[109] 廉师友. 人工智能技术简明教程［M］. 北京：人民邮电出版社，2011.

[110] 王宇，吴智恒，邓志文，等. 基于机器视觉的金属零件表面缺陷检测系统［J］. 机械工程与自动化，2018（4）：210-214.

[111] 郭德瑞. 汽轮机叶片与叶根槽阵列涡流检测技术应用［J］. 中国设备工程，2018（12）：92-95.

[112] 邓小雷，林欢，王建臣，等. 机床主轴热设计研究综述［J］. 光学精密工程，2018，26（6）：1415-1429.

[113] 庞尔江. 机器视觉在测量领域的应用专利技术综述［J］. 传感器世界，2018，24（4）：7-13.

[114] 汤勃，孔建益，伍世虔. 机器视觉表面缺陷检测综述［J］. 中国图象图形学报，2017，22（12）：1640-1663.

[115] 张靖靖，王福元. 整体叶轮电解加工过程监控及故障诊断［J］. 机械设计与制造工程，2017，46（12）：47-50.

[116] 朱建辉，师超钰，冯克明，等. 磨削加工过程声发射检测技术发展现状 [J]. 工具技术，2017，51 (9)：6-11.

[117] 王刚，陈细涛，毛金城，等. 航空叶片加工过程在线检测方法研究 [J]. 装备制造技术，2017 (9)：1-6.

[118] 韦富余. 基于机器视觉的零件在线检测系统研究 [D]. 扬州：扬州大学，2017.

[119] 李杰，谢福贵，刘辛军，等. 五轴数控机床空间定位精度改善方法研究现状 [J]. 机械工程学报，2017，53 (7)：113-128.

[120] 韩昊铮. 数控机床关键技术与发展趋势 [J]. 中国战略新兴产业，2017 (4)：118-124.

[121] 郑谦. 薄片零件尺寸机器视觉检测系统关键技术探讨 [J]. 南方农机，2017，48 (1)：109-110.

[122] 范丽娟. 基于传热学分析的金属零件缺陷电磁激励红外热成像检测方法 [D]. 南昌：华东交通大学，2013.

[123] 张毅，姚锡凡. 加工过程的智能控制方法现状及展望 [J]. 组合机床与自动化加工技术，2013 (4)：3-8.

[124] 杨建国，肖蓉，李蓓智，等. 基于机器视觉的刀具磨损检测技术 [J]. 东华大学学报（自然科学版)，2012，38 (5)：508-518.

[125] 赵林惠，张建成，宁淑荣. 基于机器视觉的微小型刀具磨损检测试验研究 [J]. 制造业自动化，2012，34 (10)：53-56.

[126] 刘波，罗飞路，侯良洁. 平板表层缺陷检测涡流阵列传感器的设计 [J]. 传感技术学报，2011，24 (5)：679-683.

[127] 张祥敢. 基于人工智能的加工过程质量诊断与调整研究 [D]. 济南：山东大学，2011.

[128] 陈少平. 基于机器视觉的零件表面缺陷检测 [D]. 南昌：南昌航空大学，2011.

[129] 张定华，罗明，吴宝海，等. 智能加工技术的发展与应用 [J]. 航空制造技术，2010 (21)：40-43.

[130] 伍济钢，宾鸿赞. 薄片零件尺寸机器视觉检测系统研究与开发 [J]. 机床与液压，2010，38 (17)：88-101.

[131] 蔡欢欢，张才盛. 红外技术在机械零件内部缺陷无损检测中的应用 [J]. 沈阳工程学院学报（自然科学版)，2007 (2)：187-189.

[132] 伍济钢，宾鸿赞. 机器视觉的薄片零件尺寸检测系统 [J]. 光学精密工程，2007 (1)：124-130.

[133] 蒋刚，龚迪琛，蔡勇，等. 工业机器人 [M]. 成都：西南交通大学出版社，2011.

[134] 蔡志楷，梁家辉. 3D 打印和增材制造的原理及应用 [M]. 陈继民，陈晓佳，译. 北京：国防工业出版社，2017.

[135] 张曙. 智能制造与 i5 智能机床 [J]. 机械制造与自动化，2017 (1)：1-8.

[136] 王勃，杜宝瑞，王碧玲. 智能数控机床及其技术体系框架 [J]. 航空制造技术，2016，59 (9)：55-61.

[137] 张曙. 智能制造及其实现途径 [J]. 金属加工（冷加工)，2016 (17)：1-3.

[138] 卢秉恒，邵新宇，张俊，等. 离散型制造智能工厂发展战略 [J]. 中国工程科学，2018 (4)：44-50.

[139] 陆建林，周永亮. 中国智能制造装备行业深度分析 [J]. 智慧中国，2018 (8)：40-45.

[140] 欧阳劲松. 对智能制造的一些认识 [J]. 智慧中国，2016 (11)：56-60.

[141] WANG SHIYONG, WAN JIAFU, ZHANG DAQIANG, et al. Towards smart factory for industry 4.0：A self-organized multi-agent system with big data based feedback and coordination [J]. Computer Networks, 2016，101：158-168.

[142] STROZZI F, COLICCHIA C, CREAZZA A, et al. Literature review on the 'smart factory' concept using bibliometric tools [J]. International Journal of Production Research, 2017，55 (22)：1-20.

[143] 王士同. 人工智能教程 [M]. 2 版. 北京：电子工业出版社，2006.

[144] BHARGAVA A. 算法图解 [M]. 袁国忠，译. 北京：人民邮电出版社，2017.

［145］张仰森，黄改娟．人工智能教程［M］．2 版．北京：高等教育出版社，2016．

［146］贾可荣，毛新均，张彦铎，等．人工智能实践教程［M］．北京：机械工业出版社，2016．

［147］韩力群．人工神经网络教程［M］．北京：北京邮电大学出版社，2006．

［148］蔡自兴，DURKIN J，龚涛．高级专家系统：原理设计及应用［M］．2 版．北京：科学出版社，2014．

［149］刘培奇．新一代专家系统开发技术及应用［M］．西安：西安电子科技大学出版社，2014．

［150］NEWEN A，BARTELS A，JUNG E M．Knowledge and Representation［M］．Stanford：Centre for the Study of Language & Information，2011．

［151］KYBURG H E，LOUI R P，CARLSON G N．Knowledge Representation and Defeasible Reasoning［M］．Boston：Kluwer Academic Publishers，1990．

［152］周志华．机器学习［M］．北京：清华大学出版社，2016．

［153］HAYKIN S，神经网络与机器学习［M］．申富饶，徐烨，郑俊，译．北京：机械工业出版社，2011．

［154］杉山将．图解机器学习［M］．许永伟，译．北京：人民邮电出版社，2015．

［155］于剑．机器学习：从公理到算法［M］．北京：清华大学出版社，2017．